点　题

主编　李克勤

U0320520

中国水利水电出版社
www.waterpub.com.cn

·北京·

内 容 提 要

统计分析是经济分析的一种形式，是实现统计职能的重要手段。其主要目的是运用统计数据，抓住政府工作重点，以及社会关注的热点和难点，对经济形势进行分析判断，找出数据背后的逻辑，为决策服务。与其他经济分析或经济研究一样，撰写统计分析首先就要解决写什么的问题。

点题实质上是指导研究。通过点题开展统计分析，发挥了独特而重要的作用，取得了出人才、出成果、造风气的良好效果。

本书收录了经编者点题后撰稿人完成的统计分析 56 篇，统计项目涉及国计民生的多个层面，有地区经济，也有行业发展，涉及的研究方向较多。在这些文章中，编者分别结合撰稿人面临的实际工作，从国家政策出发，结合当地、行业实际，引导作者思考和调整方向，讲方法，讲实际，为更好地表述、分析和使用经济数据，最终形成优秀的统计分析提供了指导意见。

本书可供从事统计分析相关工作，经常调查数据、撰写报告的读者参考，也可供对有志于从事相关工作的人员阅读。

图书在版编目（ＣＩＰ）数据

点题 / 李克勤主编. — 北京：中国水利水电出版社， 2020.8 （2024.1重印）
ISBN 978-7-5170-8727-4

I. ①点… II. ①李… III. ①统计分析－文集 IV.①O212.1-53

中国版本图书馆 CIP 数据核字（2020）第 138093 号

书　　名	点题　DIANTI
作　　者	主编　李克勤
出版发行	中国水利水电出版社 （北京市海淀区玉渊潭南路 1 号 D 座　100038） 网址：www.waterpub.com.cn E-mail：sales@waterpub.com.cn 电话：（010）68367658（营销中心）
经　　售	北京科水图书销售中心（零售） 电话：（010）88383994、63202643、68545874 全国各地新华书店和相关出版物销售网点
排　　版	北京智博尚书文化传媒有限公司
印　　刷	三河市元兴印务有限公司
规　　格	185mm×260mm　16 开本　17 印张　420 千字
版　　次	2020 年 10 月第 1 版　2024 年 1 月第 2 次印刷
印　　数	0001—2000 册
定　　价	89.00 元

前　　言

我在湖北省统计局工作期间，局内网上经常会有如下类似的新闻。

案例1：由李克勤局长点题，综合处宋雪撰写的《从企业三张表看我省实体经济困扰》（《湖北统计资料》2017年第11期），获省委书记蒋超良批示。蒋书记对文章的内容做出了充分的肯定，并指示相关部门认真研究，着力解决影响我省实体经济发展的问题。

案例2：2016年12月1日，由李克勤局长点题，调查监测分局年轻干部朱倩、陈院生撰写的《沿海自贸区发展对湖北的启示》研究报告，被省政府办公厅《鄂政阅》2016年第32期刊发后，获代省长王晓东批示。

这是省统计局内网刊发的两篇工作信息，讲的是我点题指导年轻干部撰写的经济分析引起了省领导的关注，获得了批示，发挥了决策参考作用。我在统计部门工作多年，期间除自己撰写了大量统计分析外，也花了许多精力指导培养青年才俊。点题就是一种具体的途径。近几年来，我点题指导年轻干部撰写的统计分析、专题报告过百篇，其中大部分文章得到省级领导签批或省两办刊发。本书收集的就是其中一部分，具体完成时间是2013年到2018年上半年。

统计分析是经济分析的一种形式，是实现统计职能的重要手段。其主要目的是运用统计数据，抓住省委省政府工作重点，以及社会关注的热点和难点，对经济形势进行分析判断，找出数据背后的逻辑，为决策服务。与其他经济分析或经济研究一样，撰写统计分析首先就要解决写什么的问题。

点题实质上是指导研究。通过点题开展统计分析，发挥了独特而重要的作用，取得了出人才、出成果、造风气的良好效果。一是培养了人才。要提高统计为经济高质量发展的服务水平，人才是第一资源。通过点题指导统计分析，着力培养统计干部的专业能力和专业精神，着力培养统计干部观大势、谋全局的能力，使他们善于从宏观全局、前瞻视野来看待和分析问题，善于精准分析和研判形势，从而加快培养一批专家学者型统计分析研究人才，不断增强统计部门把脉经济运行的实力和权威。二是服务了决策。科学的决策来源于对形势的正确判断，正确的判断来源于对数据的正确解读和科学分析。统计干部要"身在兵位，胸谋帅事"。通过点题，突出问题导向、目标导向、效果导向，聚焦重大决策、重大部署、重大事项，增强统计分析的针对性，提高统计解读的及时性和统计服务的有效性。三是履行了职责。统计工作是一项非常重要的基础性工作，是整个国民经济健康运行的重要监测手段，是掌握国民经济社会发展信息的主渠道。准确、全面、及时、系统的数据和信息是科学决策的依据，是落实党的路线、方针、政策的基础支撑。统计分析是统计部门和统计人员的法定之责，是决策之需，是价值之要。通过点题分析，强化数据解读、预测预判，从而更精准、更有效地履行统计职责。四是激励了研学。通过点题分析，围绕热点、难点问题，以业务辅导、调研考察、案例剖析、数据分析、读书交流等多种形式，激发年轻干部的工作热情和创新思维，达到经验共享、取长补短的目的，实现学理论与学业务、提能力与促工作相结合，让青年干部求真学问、练真本领，不断提升年轻干部的业务能力和综合素质。为此，省统计局还成立了8

个研学小组，集中 40 岁以下的年轻干部，建立了学练结合的研学机制，形成了自觉学习、热爱学习的良好风气。

本书收录了经编者点题后撰稿人完成的统计分析 56 篇，统计项目涉及国计民生的多个层面，有地区经济，也有行业发展，涉及的研究方向较多。在这些文章中，编者分别结合撰稿人面临的实际工作，从国家政策出发，结合当地、行业实际，引导作者思考和调整方向，讲方法，讲实际，为更好地表述、分析和使用经济数据，最终形成优秀的统计分析提供了指导意见。

我再一次深深地体会到：天下最快乐之事莫过于培养青年才俊！

李克勤

2020 年 1 月

目　　录

01 上海自贸区建立对湖北经济的影响

舒 猛 章 玲

[《湖北统计资料》2013年第85期；本文受到时任省委办公厅副秘书长、省委政研室主任赵凌云的充分肯定，被省委《内部参阅》（2013年第26期）全文转载，同时被省政府《决策调研》（2013年第102期）全文刊发]

中国（上海）自由贸易试验区（以下简称"上海自贸区"）的建立是中央在新形势下推进改革开放的重大战略决策，对我国经济社会的未来发展必将产生重大而深远的影响。作为同属长江经济带的湖北理应未雨绸缪，适时做好各种应对，努力推进湖北跨越式发展。

一、上海自贸区的四大改革创新点与三大效应

（一）上海自贸区的四大改革创新点

上海自贸区以上海东部的外高桥保税区为核心，辅以外高桥保税物流园区、机场保税区和洋山港临港新城，涵盖保税区、保税物流园区、保税港区和机场综合保税区等四类海关特殊监管区，总面积为28.78平方公里。作为我国政府设立的第一个国家级自由贸易试验区，上海自贸区将在四个方面开展积极探索。

一是推进投资的自由化。上海自贸区扩大了投资开放领域，在金融服务、航运服务、商贸服务、专业服务、文化服务以及社会服务六大领域试行准入前国民待遇，充分营造有利于各类投资者平等准入的市场环境。同时，积极创新投资管理模式。一方面借鉴国际通行规则，探索建立负面清单管理模式；另一方面积极构筑对外投资服务促进体系，支持区内各类投资主体开展多种形式的境外投资。

二是推进贸易的便利化。上海自贸区将按照国际自由贸易区通行的"境内关外"政策，实施"一线逐步彻底放开，二线高效管住，区内自由流动"的创新监管服务模式。同时还将为拓展新型贸易业务提供便利，力争形成以技术、品牌、质量、服务为核心的外贸竞争新优势，加快提升我国在全球贸易价值链中的地位。

三是推进金融的国际化。自贸区将扩大金融系统的国际化开放程度，在资本项目可兑换、利率市场化、人民币跨境使用和外汇管理方面加快制度创新，进一步促进贸易投资便利化，促进金融为实体经济服务，提高中国参与全球资源配置的能力和效率。

四是推进行政管理的现代化。自贸区将进一步加快转变政府职能，改革创新政府管理方式，按照国际化、法制化的要求，积极探索建立与国际高标准投资和贸易规则体系相适应的行政管理体系，推进政府管理由注重事先审批转为注重事中、事后监管，培育更为优质良好的营商环境。

（二）上海自贸区将带来的三大效应

上海自贸区作为我国加快转型升级，开放服务市场和资本市场，抢占国际经济竞争制

高点的先行者，未来其示范效应、窗口效应和制度效应将对我国的经济发展产生重大而深远的影响。

一是自由贸易园区的示范效应。当前，我国在自由贸易方面的发展滞后。上海自贸区在海港、空港、物流园区等全方位、多类型海关特殊监管区开展升级自贸区试验，将形成可复制、可推广的经验，从而让自贸区试点更好地向全国铺开，全面带动我国国际贸易的提档升级。

二是全球贸易开放的窗口效应。当前国际贸易保护主义抬头，我国面临的贸易摩擦日渐增多。同时，欧美国家正力图构建国际贸易的新秩序，或将使我国面临"二次入世"的严峻压力。上海自贸区作为我国对外开放的试验窗口，一旦取得成功，并具备全国复制的可行性，将为我国加入 TPP（跨太平洋伙伴关系）协定和启动 BIT（双边投资协定）谈判提供实践的基础。同时也将为我国更好地融入世界贸易体系，提升对外开放水平，以及我国企业更好地走向国际舞台，深度参与国际竞争，提供更为便捷和有力的平台。

三是以开放促进改革的制度效应。以更进一步的开放来倒逼更进一步的改革是上海自贸区承载的"国家任务"。从过去 30 余年的经验来看，对外开放不但提升了国内标准，促进了各领域的改革与国际接轨，而且参与国际竞争和国际规则制定也倒逼了国内体制改革。现在上海自贸区打开了中国新一轮对外开放的大门，未来在贸易、投资和金融等领域的深度开放，将以贸易的便利化倒逼市场准入限制的改革，以投资的自由化倒逼行政审批制度的改革，以金融的国际化倒逼资本项目开放加速，从而推动新一轮的改革浪潮加快到来。

二、上海自贸区的设立对湖北经济的潜在影响

（一）湖北省面临的三大挑战

1. 思想观念面临更新的挑战

在前几轮改革开放的大潮中，湖北省由于身处内陆，思想观念不够解放，未抢得先机，直接导致与沿海发达地区拉开了距离。上海自贸区建立的终极目标是以开放促改革，以改革促发展。湖北省能否抓住本轮改革的重要机遇，充分借力上海自贸区的开放东风，进一步解放思想是关键。未来湖北省如何将思想观念由向资源向人口要"红利"，转变到向开放向制度要"红利"，如何大胆开展先行先试，加快改革开放步伐，进一步缩小与沿海发达地区的差距，面临重要挑战。

2. 要素资源面临"虹吸"的挑战

上海自贸区运营后将赋予企业国际化运营、贸易便利化、金融自由化等更大幅度的优惠政策，可能在较短时间内对东、中部地区，在企业、资金、人才等各类要素上都产生巨大的"虹吸"效应。未来，自贸区或将吸引东、中部地区有海外业务的企业在自贸区设立财务中心、运营中心和营销中心等功能性的企业总部，这对湖北省特别是武汉着力发展的区域性总部经济将产生较大压力。湖北省的部分高端制造业、高端服务业在竞争中也将处于劣势，甚至可能流向自贸区。此外，由于贸易和金融的便利性，自贸区对外资企业、中小企业将产生较大的吸引力，这对于湖北省招商引资和企业成长培养也会产生潜在的影响。

3. 区域竞争面临更大的挑战

上海自贸区在加快上海向服务型国际城市升级的同时，也将加快上海一般性制造业向外转移的步伐。这一方面给长江中下游地区带来了更多机遇，另一方面也将加剧区域间的竞争。

相比湖北省，同属中部的安徽省、江西省距离上海更近，在借力辐射带动和承接产业转移时将更具地缘优势。未来两省如在借力自贸区促进自身发展上占得先机，湖北省中部领先的地位将面临不小冲击，"建成支点"的战略将受到较大挑战。此外，上海自贸区的设立，已经引起其他地区的高度关注，天津、广州、厦门、重庆等地均纷纷准备效仿申请自贸区。未来湖北省能否成功申请到新的自贸区落地，必将面临更激烈的竞争。

（二）湖北省面临的四大机遇

1．以龙头带龙身，自贸区窗口效应将为湖北省提升对外开放水平带来重大机遇

作为内陆省份，经济外向度不高一直是湖北省的一块短板。2012年湖北外向型经济发展综合评价指数仅为10.97，分别相当于广东、上海、江苏的14.0%、17.7%和21.6%，居全国第18位；在中部地区，也由前几年的居前列退到第5位，被河南、安徽、江西、湖南超越。而此次上海自贸区的设立或将为湖北省提升对外开放水平、补齐自身短板带来重大机遇。

湖北和上海同属长江经济带，一个龙头一个龙身，龙头起舞必然带起龙身联动。作为在长江的出海口上崛起的国际经济、贸易、金融和航运中心，一方面，上海自贸区的建设需要长江黄金水道和广大的中下游市场提供强有力的支撑。湖北正是其中最广阔、也是最不可或缺的组成部分。湖北拥有的长江通航里程约占长江全长的38%，居沿岸各省市之首。湖北长江经济带人口占全省的47.8%，地区生产总值占全省的63.4%，无论在规模上还是对本省经济贡献上都是安徽、江西、湖南等省份沿江经济带所无法比拟的。另一方面，上海自贸区的窗口效应又会反过来带动湖北省对外开放水平的提升。一是自贸区贸易的便捷化，将进一步方便湖北省产品的进出口。自贸区建立必将带动长江运力全面提升。未来湖北省若能利用好长江这条天然纽带，进一步探索和扩大与自贸区之间的互动合作，充分借力其境内关外的特殊政策，湖北省产品的进出口程序将简化，成本将进一步降低。二是自贸区金融的国际化，将更好地带动我省企业"走出去"。2012年湖北省对外承包工程完成营业额居全国第6位，居中部第1位；而在中国企业国际化50强排行榜中，湖北却榜上无名。领先的外包工程却未能有效地带动湖北省企业"走出去"的步伐。究其原因，对外经济服务的人才、资金、信息、中介等要素系统不健全是主要瓶颈。未来湖北省企业若能用好这个自贸区平台，企业的境外投资审批程序将大大简化，阻碍企业"走出去"的短板将得到有效弥补。

2．以错位促发展，自贸区溢出效应将为湖北省产业转型调整带来重大机遇

上海在加快向服务型国际城市升级的同时，也将抬升本地的商务成本。2012年上海职工平均工资为4692元/月，出让土地均价10915元/平方米，这些都比中部地区要高出很多。基于降低商务成本的考虑，上海制造业和相应的制造生产环节将会向内陆腹地、长江中上游地区拓展和转移。与长江中上游，特别是和周边省份相比，湖北在承接产业转移上具有四大优势：一是产业基础完备，具有较强的产业吸纳和融合能力；二是区位优势明显，湖北和上海同属长江经济带，加之湖北居九省通衢，地理位置得天独厚，交通运输发达便捷，在承接产业转移方面更具优势；三是人才和科技资源充沛，湖北人才资源丰富，科技实力雄厚，在部分领域的科研成果居全国领先地位，为承接产业转移奠定了较好的基础和条件；四是合作传统良好，沪鄂两地在经济上一直保持着密切合作，并有过不少成功案例。随着两地在全领域合作的深入推进，未来上海企业落地湖北将更添宾至如归的感觉。

面对上海自贸区可能带来的溢出效应，湖北省若能立足自身优势，制定合理的错位发展战略，有针对性地加强与自贸区内跨国公司的技术、资本等方面的合作，加大对上海产业转移的承接力度，则湖北省推动产业规模跃上新台阶，结构调整再造新优势将迎来新一轮的重要机遇。

3．以倒逼促改革，自贸区制度红利将为湖北省优化发展环境带来重大机遇

目前湖北软环境不佳的问题比较突出，发展的综合成本比周边省份要高。特别是面对开放型经济的竞争，还有四个方面有待优化：一是服务体系有待优化，湖北省外向型经济机构不完善，懂外语、懂国际贸易和国际金融规则的专业人才严重短缺，企业"走出去"缺乏融资渠道和资金支持；二是制度障碍有待破除，一些地方政府部门针对投资者的各项制度重复烦琐；三是功能区探索有待深化，现有的出口加工区发展不快，保税区的引领示范作用也远未发挥；四是政策效应有待发挥，在促进出口方面湖北在中部地区已形成较大的政策落差。

上海自贸区在试验的过程中，必将产生大量值得我们学习借鉴的新思路、新方法和新制度，特别是其在负面清单管理模式、金融创新和开放投资领域方面进行的积极探索，将为湖北省在优化开放型经济发展环境，推动政府职能转变和管理方式创新方面带来宝贵经验和重要启示，也将为湖北省在特殊区域开展先行先试提供参考。

4．以试点带支点，自贸区示范效应将为大武汉重塑辉煌带来重大机遇

根据党的十八届三中全会精神，未来我国要"在推进现有试点基础上，选择若干具备条件地方发展自由贸易园（港）区"。从现有条件来看，武汉在未来申请新的自贸区试点落户上具有一定优势。一是具有较大的经济规模。2012 年武汉市 GDP 总量突破 8000 亿元，居中部城市之首。二是具有较强的辐射能力。武汉被国务院批复为中部地区中心城市。目前武汉背后一个年生产总值过 4 万亿元的庞大长江中游城市集群已初现雏形。三是具有较为发达的现代服务业。贸易较为活跃，截至 2012 年，武汉商品交易市场已发展到 500 多个，商业机构 1 万多家。物流较为发达，2012 年武汉拥有 A 级物流企业近 70 家，物流业增加值占 GDP 的比重超过 10%。

未来一旦武汉能在进一步夯实自身实力的基础上，争取到新的自贸区试点落户本地，必将进一步激活武汉的发展潜力，增强武汉的辐射效应，加速武汉国家创新中心、国家先进制造业中心和国家商贸物流中心的"三大中心"建设，为武汉建成"立足中部、面向全国、走向世界"的国家中心城市奠定更坚实的基础。

三、对湖北借力上海自贸区促进自身跨越发展的建议

（一）更新理念，积极抢抓改革开放的新机遇

上海自贸区的设立本质上是以开放促改革、促发展。从过去数次改革的经验来看，湖北未能抢得先机的主要原因是思想不够解放，意识慢人半拍。本轮改革力度前所未有，对湖北未来发展将具有决定性意义，我们必须牢牢抓住，绝不能有丝毫懈怠。为此，全省上下要积极贯彻落实党的十八届三中全会的重要精神，力争通过观念更新早人一步，改革行动快人一步，抢得更多的发展先机，赢得更多的制度红利。

（二）密切关注，主动吸取上海自贸区的新经验

全省各部门、各地市应密切关注跟踪自贸区发展动态，及时了解自贸区优惠政策，做好相关研究。此外，还应加强对外贸、物流等相关领域的统计监测和调查研究，充分做好自贸区对湖北省影响的评估研判，为及时调整、制定相应对策提供有力保障。

（三）先行先试，大胆探索管理体制的新模式

上海自贸区的核心精神是改革创新。在自贸区的试验过程中，湖北不应坐等。一方面要立足自身优势，以现有保税区为基础，积极申请新自贸试验区落户武汉；另一方面要在国家政策允许范围内大胆开展先行先试，努力缩小政策差距。

（四）内挖外引，大力提升跨越发展的新动力

上海自贸区的溢出效应和窗口效应为湖北省内挖潜力、外接转移提供了难得的机遇。为此，对内湖北省应做好分类指导和辅导培训，对外要加强定点招商，因地制宜地争取上海自贸区设立后溢出的先进制造业、服务业项目落地生根。

02　对实现一季度经济运行良好开局的几点建议

付春晖　王　道

（《湖北统计资料》2014年增刊第2期；本文获时任常务副省长王晓东签批，通过《鄂政阅》印发各市州主要党政领导参阅）

今年是全面深化改革的第一年，是实施"十二五"规划承上启下的关键一年，面对国际国内错综复杂的经济形势，我们必须坚定信心，按照全省经济工作会议提出的"竞进提质、升级增效"核心要求，实现一季度经济运行的良好开局。"一年之计在于春"，良好的开局是成功的一半，是鼓舞士气的号角，是赢得主动的先机，是决胜全局的关键。

一、良好开局是赢得主动的法宝

一季度经济运行动态是判断全年经济发展走势的风向标。对近7年来全国及湖北一季度与全年经济数据进行分析后可知，一季度GDP、工业增加值、投资、消费等指标对全年增长有着重要影响，不仅影响预期，更影响趋势。

（一）一季度是抢占市场的最佳时期

一季度是元旦、春节、元宵以及其他传统节日集中的时段，也是消费需求旺盛的季节，是商家促销商品的重要窗口期。对历年消费品零售市场的数据进行分析后可知，一季度特别是1—2月商品零售、餐饮、旅游等是全年经济增长最快的时段之一。从旅客周转量看，一季度高出全年平均值约10%，增幅比全年平均高出1～2个百分点。

（二）一季度是企业抢抓市场订单的重要时期

从近几年全国采购经理人指数水平看，一季度是抢抓生产订单的重要时期，当季指数全年最高，均在50以上，也是指数同比上升时期。反映到工业生产上，表现为工业发展影响GDP增长趋势。湖北省多年规模以上工业数据回归分析结果表明，一季度工业增长速度回落，则全年工业增幅低于上年。2009年受金融危机影响，湖北省一季度工业仅增长11.8%，当年工业增幅和GDP增幅双双回落。而当一季度工业增长20%及以上时，则全年工业增长也在20%左右，全年GDP增长12%以上。2006—2013年，工业增加值和全年不变价GDP的相关系数为0.915，表明两者相关程度极高。

（三）一季度是争取和落实政策的最佳时机

岁末年初是国家经济社会政策出台的重要时段，也是认真梳理政策，并找出其与湖北省经济社会发展衔接点的最好时机。争取、落实、用足这些政策特别是投资政策，对湖北来讲是难得的机遇。如湖北省仍处于工业化中期，投资需求仍居主导地位，在应对当前经济下行压力时见效也最快。一季度施工项目特别是新开工项目进度对后续投资增长有较明显示范效应。从近年来湖北省工业投资对工业发展的作用看，凡是工业投资起步好、力度大的年份，工业发展就快，反之亦然。如 2009 年一季度湖北省第二产业投资由上年同期增长 43.8% 回落到 16.3%，当年工业增加值也出现较大幅度回落。而一季度第二产业投资稳定增长的年份，工业增加值也保持了快速增长势头。

（四）实现良好开局有助于经济保持平稳发展态势

如 2010 年和 2011 年湖北省工业投资起步较高，市场消费稳定增长，当年一季度 GDP 增长率及全年经济增长率均保持在 14% 以上。从近几年季度 GDP 环比增长率规律看，若某年一季度环比增长率比上年高，则该年全年经济增长率也高于上年，反之亦然。如 2010 年第一季度经济环比增长率为 1.9%，高于 2009 年同期的环比增长率 3 个百分点，2010 年全年经济增长率也高于 2009 年 1.6 个百分点。

二、充分认清当前湖北发展面临的形势

（一）充分认清湖北发展所处的阶段

当前湖北处于工业化中级阶段，一方面人均 GDP、人均收入低于全国平均水平，区域内发展也不平衡，2012 年湖北人均 GDP 与国家全面建成小康社会目标值相差 38.5%，处于新型工业化、城乡一体化、农业现代化爬坡过坎的转换期。另一方面也是经济增速换挡期、结构调整阵痛期、前期刺激政策消化期。因此，湖北的发展面临双重任务、双重压力，既要扩大经济总量，缩小发展差距，又要促进结构转型升级，增强竞争力。

（二）充分认清当前经济运行的态势

总体上看，湖北当前经济平稳运行，稳中有进，但结构性矛盾依然突出，面临的不确定因素较多。一是经济稳中有升、稳中向好的态势持续。2013 年下半年以来，GDP、工业增加值等指标增势趋稳上升，市场主体总量增长加快，工业企业生产经营逐月向好，用电量逐月上升，财税收入、居民收入稳定增长。二是结构性矛盾仍较突出。工业生产者出厂价格持续下行，1—11 月工业品出厂价格指数下降 0.8%。产能过剩行业生产经营仍较困难，特别是钢铁、化工、电力行业产量仍在下降。三是投资项目储备仍显不足。1—11 月，我省施工项目 25666 个，仅增长 6.7%；新开工项目 18680 个，下降 0.8%。全省投资项目，尤其是新开工项目数量增速低迷，直接影响全省投资及经济发展后劲。

（三）充分认清国家和省宏观经济政策的变化

结合中央提出的"稳中求进、改革创新"和省委确定的"竞进提质、升级增效"的总体要求，综合判断，今年要通过改革创新，激发市场活力，增强发展后劲，保持经济平稳较快发展，提升发展质量和效益，改善民生，政策的核心将把"稳增长"和"升级增效"放在更加突出的位置。实现良好开局，必须贯彻落实国家政策要求和省委决策部署：一是增长要稳，实现稳增长不是追求高增长，而是保持经济增长处于一个合理区间，掌控好拉动经济增长的"三驾马车"，防止波动过大，实现经济平稳较快发展、物价水平基本稳定、要素供给稳定、社会大局稳定；二是投资要扩，扩大投资既是稳增长的主导拉力，也是调结构的重要法宝；三是结构要调，把结构调整到依靠创新驱动和发展节能环保产业上来；四是效益要增，重点是实现经济增长与收入增长同步、产量增长与附加值提高同步、经济效益提升与社会效益提升同步。

三、实现一季度良好开局的着力点

面对错综复杂的国内外经济形势和更加激烈的区域竞争态势，务必清醒地认清风险和挑战，早认识、快行动、抓落实，以饱满的精神状态创造今年的良好开局。

（一）着力于扩大投资有效需求

一是切实加强项目储备。要针对当前我省施工项目和新开工项目增长乏力的问题，谋划一批事关长远的大型项目，为保持全省投资平稳增长提供坚实支撑。二是切实解决影响项目开工的审批核准、资金、土地供应和拆迁等问题，加快在建项目建设进度。三是切实加大投资结构调整力度，促进经济加速转型升级。四是拓宽民间投资领域，围绕改善民生、保障城市安全等重点领域，加快推进城市基础设施建设。

（二）着力于激发实体经济活力

一方面要深化改革、释放制度红利。简政放权，减少政府对市场作用发挥的干扰，激发市场创新创造活力，发挥市场在资源配置中的决定性作用。尤其要创新政策支持体系，打造一流的市场主体准入环境，引导民间投资进入基础设施、基础产业和公用事业等领域，培育市场主体，发展新兴行业，盘活存量资产，促进创业就业。创新宏观调控方式，设置经济增速调控的底线与下限，保持政策的稳定性和连续性，关注政策效果的滞后性，稳定市场预期。另一方面要抓好政策扶持，清费减负，拓宽企业融资渠道，确保全年小微企业贷款增速不低于各项贷款平均增速，增量不低于上年。

（三）着力于创新和转型升级

技术创新是推动产业升级和发展方式转变的中心环节，在一些行业产能过剩的情况下，需借助新产品的开发推动。要充分发挥湖北省研发和创新服务平台的优势，策划实施一批带动作用强、技术领先、市场前景好的重大技术创新项目，破解一批长期制约工业发展的技术瓶颈。要针对当前湖北省冶金、化工、纺织等行业生产经营困难的情况，加速淘汰一批落后产能，继续推进钢铁、化工、水泥等行业的联合重组，提高产业集中度，同时集中力量抓好这些行业的技术改造，提升传统工业运营质效。加速培养战略性新兴产业成长点，推动加速发展壮大，成为工业增长的排头兵。

（四）着力于经济运行监测与生产要素保障

围绕国家统计局经济转型升级指标以及涉及国民经济核算的全社会用电量、货物周转量、从业人员数、税收四个核心指标，强化重点监测，加强对比分析。要根据国家政策的变化，特别是在 GDP 核算上采取严格的趋势性控制的新情况，努力实现一季度增长的高起点、高质量。要加强苗头性、风险性问题的监测预警，增强分析判断的及时性、科学性。做好生产要素调度平衡，确保重点行业、企业的生产要素供给。特别是在资金、用工、电力和土地供应上，要及早谋划、及早准备，科学调度，确保实现经济平稳较快发展。

03 工业经济开局稳健 四大期盼应予重视

乐友来 宋雪

（《统计专报》2014年第4期；本文获时任副省长许克振签批）

今年以来，国际国内经济环境并未有效改善。美国 QE 退出造成的资本流动压力，对新兴经济体影响较大。从国内看，虽然经济总体情况向好，但反映经济走向的宏观指标 PMI 却持续走低。为准确把握工业运行情况，省统计局根据大中型企业趋势判断调查资料，并通过实地调研、召开座谈会等形式，对工业开局走势做了分析，供领导参考。

一、开局走势

（一）工业开局稳健

（1）开工率较高。截至2月13日，全省工业企业开工率达92.8%。宜昌、黄冈、随州、咸宁、鄂州、襄阳、孝感、仙桃、潜江等9个市（州）开工率超过90%。

（2）开工时间有所提前，较上年提前1～3天。襄阳风神汽车、旺旺食品初三开工，宜化、葛洲坝水泥、荆门石化、湖北双环、鄂钢节日坚持生产。

（3）生产运行好于预期。根据2013年四季度的工业企业专项调查结果显示，过八成企业预计2014年一季度生产增速将有所提高或持平。重点企业节后复产情况好于上年。1月东风本田完成产值70亿元，增长53%；吴城钢铁公司完成产值1.54亿元，增长106%；鄂钢公司完成产值10.26亿元，增长17.9%；神龙汽车生产汽车6.5万辆，增长20%；襄阳风神汽车公司生产乘用车6000台，增长15%。

（二）先行指标稳中有升

（1）用电情况略有好转。1月全省工业用电89.26亿千瓦时，同比下降0.3%。扣除线损的影响后为88.16亿千瓦时，较上年同期（扣除线损）净增6.38亿千瓦时，同比增长7.8%。其中武汉、宜昌、襄阳、鄂州、孝感、荆州、咸宁、随州、恩施用电较上年同期均有所增长。

（2）订单稳定增长。部分地区采取多种方式，如利用微信、微博、微视等互联网工具加强宣传，积极抓好节日市场促销活动，组织不同行业、不同产业链的供需洽谈会，引导企业通过电子商务等手段开拓市场等，助推了订单增长。据调查企业反映，一季度订单同比增长10%以上。

（三）增长后劲不断增强

（1）新入库企业拉动作用提升。自去年12月以来全省新入库623家新增企业，预计拉动全省工业增长1.8个百分点，同比上升0.9个百分点。

（2）投入不断增加。根据去年四季度专项调查结果，近两成企业在一季度有扩大固定资产投资计划的意向。不少重点企业如华新水泥（武穴）、福娃、中航精机、明达玻璃已经追加大额投资正在进行厂房扩建或技术改造。

（3）重大建设项目增量效应将显现，如武汉市即将竣工投产的周大福珠宝、北车轨道交通、力诺药业等。

（四）转型升级不断推进

在市场竞争日趋激烈、利润空间压缩的情况下，不少企业把突破口瞄准了产品结构升级，中航精机、中日龙、大力电工等企业的增长来自新产品，特别是高端产品的研发。

以新冶钢为代表的黄石钢铁企业，主动对接市场，以销定产，加大对高端产品的研究开发和生产。1月新冶钢的生铁、粗钢产量分别下降6.2%、2.4%，但实现产值同比增长4.8%。

东风公司十堰地区受国Ⅳ标准正式实施的影响，产量同比下降，但因产品结构调整，预计一季度产值增长10%左右。

（五）重点行业运行平稳

（1）汽车行业形势较好。根据四季度专项调查结果显示，近四成企业对本行业一季度生产形势持乐观态度。其中乘用车形势乐观，1月武汉神龙、东风本田产量增速在20%以上。商用车企稳不明显，东风商用车1月初排产计划只有7000辆，企业开工实行"上三休四"。

（2）钢铁行业低位企稳。在钢铁市场持续处于供过于求的背景下，钢铁行业整体增长比较缓慢。但重点企业通过淘汰落后产能、产品结构升级等方式，生产较上年同期有所好转。1月吴城钢铁公司实现工业总产值1.54亿元，同比增长106%；鄂钢公司实现工业总产值10.26亿元，同比增长17.9%；新冶钢实现工业总产值13.04亿元，同比增长4.8%。

（3）水泥行业价格回升。1月水泥平均价格同比上涨1.92%。葛洲坝水泥、华新水泥、荆工水泥年初生产运行良好。其中，葛洲坝水泥1月生产水泥18.8万吨，同比增长63.5%，计划全年水泥产量达到280万吨，同比增长75%。华新水泥实施国际化战略，走出国门，目前已是塔吉克斯坦最大品牌，而第二个海外项目、进军东南亚的柬埔寨水泥项目即将投产。

（4）石化行业参差不一。石油化工受青岛管线爆炸事件影响，总部对管道运输量进行限制，形势不容乐观。中石化荆门分公司2014年计划原油加工量为490万吨，比2013年减少10万吨。基础化工因春耕备货，需求旺盛，企业运行良好，特别是磷化工企业基本满负荷生产。宜化、兴发节后生产情况均好于上年四季度。

（5）食品行业开局旺盛。食品企业抓住元旦、春节期间市场旺销的机遇，加大市场开拓力度，主动争取销售订单。稻花香、劲牌、福娃等重点企业生产销售红红火火。但也有少数农产品加工企业受"八项规定"的影响，高档烟酒和礼盒生产下滑。1月孝感麻糖米酒公司产量同比下降21%。

（6）纺织行业内部分化。服装企业订单有所回升，市场明显回暖，新港服装、湖北动能体育用品、福力德等服装企业生产较上年同期均有所提升。棉纺企业因国内外原棉价差依然较大、国外市场需求低迷、企业成本上升过快等原因，形势较为严峻，1月孝棉集团主营业务收入同比下降13.4%。

在看到工业开局走势企稳向好的同时，也应看到部分行业，尤其是季节性较强的企业开工缓慢、企业成本刚性上升、市场需求恢复缓慢等深层次问题未从根本上得到缓解。

二、企业期盼

调研发现，企业希望政府在企业用工、资金筹措、产业配套、企业税负上多采取积极举措，多想些办法，以缓解企业经营压力，优化外部环境。

（一）用工缺口大

企业用工存在总量和结构性缺口，不少企业虽然工资标准不低且在上涨，但招工仍难，尤其是技术工、熟练工、装卸工等工种更难，劳动密集型企业招工困难尤为突出。襄阳市汽车产业用工缺口约1万人，孝感市工业企业用工缺口在2.8万人左右，仙桃市93.4%的被调查企业认为留人难、招工难，有11.4%的被调查企业用工缺口在30%以上。鄂州市枫树线业三期生产线缺100多名熟练技工而致生产线时产时停，晨龙精密因用工不足导致有订单不敢接。

（二）融资成本高

受金融信贷规模未及时下达、货款回收慢且拖欠、企业往来实行承兑汇票结算方式等多种因素影响，企业流动资金紧缺。银行提高贷款利率上浮水平、担保成本增加等因素导致中小企业的实际融资成本远高于大型企业，中小企业融资环境异常吃紧。荆门市规模以上工业企业中，有三成以上的企业流动资金紧张。武汉南华黄冈江北造船有限公司已经签订9艘船舶价值9亿多元的订单，但是由于企业流动资金周转困难，目前生产不饱和。

（三）产业配套弱

产业集群发展滞后和产品配套率明显偏低，造成企业工业用地产出率偏低，难以有效地降低企业的制造成本，影响了企业竞争力。襄阳美利信、孝感宏盛昌电子等企业深受产业配套能力不强所带来的负面影响，建议政府在制定招商设计时，紧扣产业集中出击，延伸产业链条，强化配套能力，打造出特色鲜明的优势产业和簇群板块。

开发区内生产配套设施，尤其是生活性配套设施不够完善，是企业反映最突出的问题之一。骆驼蓄电池公司反映，停一天水企业就会损失利润200万元。开发区企业均认为政府要抓好规划，促进园区功能设施协调配套，统筹协调力度，加大园区员工公寓、食堂、教育、医疗、商场、文化、金融、物流、通信、邮政、交通等配套设施建设。

（四）企业税负重

一些企业，尤其是中小企业普遍反映税费负担重，利润中的三成以上缴了各种税费。如中航精机、大力电工、九洲数控等企业担心高税负带来的不仅仅是增加企业生存压力，最终制约市场竞争力提升，建议政府有关部门减小企业隐性负担，减轻企业税率或规定定额税率。

04 实现"竞进提质、升级增效"必须发挥投资的关键性作用

雷炳建

（《湖北统计资料》2014年增刊第4期；本文获时任常务副省长王晓东签批，通过《决策参考》印发省内各地）

2013年，湖北省固定资产投资迈上2万亿元台阶，实现了历史性突破，为实现国民经济"稳中有进、进中向好"起到了重要支撑作用。面对"建成支点、走在前列"的新任务和新要求，如何发挥好投资对经济增长和升级增效的关键性作用，实现做大经济总量和加快转型升级的双重任务，是我们必须要解决好的重大问题。

2013年，湖北省固定资产投资总量取得了历史性突破，为实现国民经济良好开局打下了坚实基础。2014年，省委、省政府提出了"竞进提质、升级增效"的总体要求，要想实现这一目标任务，必须继续发挥投资的关键性作用。

一、发挥好投资的关键作用关系湖北大局

（一）从稳增长的角度看，发挥好投资的关键作用是湖北"建成支点"的现实需要

"建成支点"首先体现在量的扩张。投资快则增长快，投资始终是拉动经济增长的"驾辕之马"。一是由湖北跨越发展的历程决定的。统计显示，湖北投资率由1999年的41.8%上升到2013年的84.1%；2008－2012年，投资对GDP的贡献率稳定在60%以上，其中2012年分别高出消费、出口28.0个百分点、70.6个百分点，11.3%的GDP增速中，投资拉动7.5个百分点，投资在拉动湖北区域经济增长中处于主导地位。二是由湖北的省情特点决定的。湖北作为中部欠发达省份，当前经济运行的最突出矛盾是有效需求不足。2013年，全省规模以上工业产销率月度基本维持在96%～97.4%之间，全年产销率仅为97.3%。在外需持续低迷的情况下，全省消费率（最终消费占GDP比重）自2003年以来连续10年下降，2013年全省消费增幅更创8年来新低，想保持一个高于全国平均水平的"湖北速度"，必须以"钉钉子"精神紧抓投资不放松。三是由湖北所处的阶段性特征决定的。当前，湖北处于工业化城镇化中后期的上升时期，正处在爬坡过坎、加快赶超的关键时期，现代产业体系加速形成，城乡基础设施加速完善，亟须通过加快扩大投资来支撑经济持续增长和急剧放量。

（二）从促转型的角度看，发挥好投资的关键作用是湖北"走在前列"的重要途径

"走在前列"关键在于质的提升。湖北发展不够，既有规模总量的问题，更有结构质量的问题。多年以来，经济增长质量不高和效益偏低，一直是困扰湖北省经济发展的"短板"。一是创新能力不强，产业层次水平较低。2012年，湖北省创新能力在全国排名下降，整体创新水平低于全国平均水平，创新指数比东部省市低40个百分点左右。二是资源利用效率低，经济发展粗放型特征明显。湖北省规模以上工业主营业务收入约占全国的3.2%，但能源消费量却占全国的4.73%。从今后的发展看，无论是新兴战略性产业的跨越发展，还是传统产业的

升级改造；无论是增量的扩充，还是存量的盘活，都需要依靠投资来支撑，应充分发挥投资对调结构、转方式、提质量、增效益的关键性作用，力促湖北省经济行稳致远。

（三）从惠民生的角度看，发挥好投资的关键作用是湖北念好"八字经"的有力支撑

念好"衣食住行、业教保医"八字经旨在民生的持续改善。投资是社会扩大再生产的重要手段，也是满足人民群众日益增长的物质文化生活需要的重要手段。一是夯实改善民生的财力基础。2013年，湖北省财政用于民生的支出占公共财政支出比重达75.4%，较上年提高0.4个百分点。二是提高消费拉动的贡献率。2013年，湖北省消费品零售总额突破1万亿元，但消费需求拉动偏弱的格局并未根本改变。逐步加大民生项目投资，人民群众将受益于基本公共服务均等化，有利于居民形成良好的消费预期。逐步加大产业项目投资，带来更多的就业岗位，提高居民收入，增强消费能力。三是激发持续创新的活力。逐步加大涉及健康、文化、科技等领域民生投资，有利于将人才资源等比较优势转化为现实优势、发展优势，加快建设"创新强省"。

二、科学研判形势，切实增强发挥投资关键作用的紧迫感

（一）湖北经济持续向好的基本面没有变，但发展的内外部环境更加复杂

在全球化、一体化的背景下，国际国内的发展环境总体对湖北有利，但内外部环境更加复杂。从国际看，世界经济恢复步伐有望略有加快，但影响全球经济复苏的不确定性、不稳定性因素依然较多。美国量化宽松政策退出节奏仍不明朗，欧元区债务上升问题依然突出，日本短期刺激政策效应递减，新兴经济体相对减速格局仍将维持。世界经济的深度调整，将对我国出口形成制约。从国内看，"四化同步"大格局的深入推进，将为扩大内需提供广阔空间，但消费需求难以短期内提振，经济回升的基础尚不稳固。在这种情况下，迫切要求将投资作为拉动经济增长的关键性力量，充分利用好今后5年乃至10年的黄金机遇期，保持较高的速度和较大的规模，为湖北科学发展、跨越式发展打牢"硬支撑"。

（二）湖北经济继续高于全国发展水平的条件没有变，但发展的标准和内涵有新提升

"建成支点、走在前列"，湖北既有比较优势，又有核心优势，还有潜在优势，但调结构、转方式、促转型已成为唯一出路。当前，湖北省结构不优的问题正集中凸显。从产业结构看，传统产业比重过高，战略性新兴产业、高新技术产业发展不足。2013年，全省高新技术产业增加值占GDP比重仅为14.6%；现代服务业和生产性服务业发展滞后，占GDP的比重仅为36.9%，钢铁、化工、建材、纺织等产能过剩行业却较为集中，块头较大。从区域结构看，2013年湖北省GDP过千亿元的城市有9个，河南有15个（共18个地市），湖南有12个（共14个地市）；2012年度全国百强县（市）中，块头小于湖北的福建，占据7席，条件与湖北相当的辽宁，占据11席，湖北省仅占1席，与中部地区的湖南（4个）、河南（3个）、江西（2个）均有差距。差距就是机遇，就是发展的动力，坚持扩大投资总量和优化投资结构"两手并重"，狠抓项目建设，推动全省经济结构战略性调整，已经变得刻不容缓。

（三）"五局汇聚"的大势没有变，但区域竞争的态势愈加激烈

凭借运作和经营"五局"之势，湖北发展持续快于全国、领先中部，但绝不能"松气"。从经济总量上看，湖北刚突破2万亿元，与过5万亿元和3万亿元的兄弟省份相比，还处在"万亿元俱乐部"的第三层次。湖南、福建、安徽等省发展态势逼人，唯有"竞进"，才能避免被

"边缘化"。从发展层次看，产业结构偏重，产业发展层次不高，转型升级任务艰巨。湖北工业重化工业特征明显，12个千亿元产业中有9个是重化类。据测算，2011年湖北转方式进程指数仅为55.58，低于全国平均水平，与东部沿海省份相比，仍落后近20个点。国内区域格局加速分化整合，竞争压力前所未有，充分发挥投资对湖北"竞进提质、升级增效"的关键性作用，是由激烈的区域竞争态势决定的，是实现由欠发达省份向发达省份跨越的历史任务决定的。

三、抢抓改革机遇，充分发挥好投资对"竞进提质、升级增效"的关键性作用

（一）立足于"扩"，谋项目、扩总量，促稳定增长

与发达省份相比，湖北最大的实际是发展不够，继续扩大投资需求，对于稳增长、促跨越至关重要。一是抢抓机遇谋项目。要按照超前性开发、前瞻性储备、战略性部署的原则，紧扣国家投资方向和重点，长于做"加法"，加大项目策划和争取力度。二是向内挖潜扩项目。各级政府要加大协调推进力度，在投资建设环境、建设用地、资金拨付等方面确保项目快速推进，如期投产，尽早发挥效益。三是招大引强兴项目。各地都要结合本地实际和资源禀赋，着力引进带动力强、对产业结构升级有先导作用的大产业、大企业，招大商、招好商、招优商。

（二）着力于"转"，调结构、转方式，促转型升级

以优化投资结构促经济结构转型升级既是"走在前列"的现实要求，也是跨越发展的长远战略。一是着力壮大支柱产业。深入实施"两计划一工程"，将钢铁、汽车、石化、电力、食品、电子信息、纺织、装备制造、建材等九大支柱产业进一步做大、做强、做优。二是着力提升传统产业。要将改造提升传统产业、增强竞争力作为工业发展的基本任务。三是着力淘汰落后产能。要勇于做"减法"，采取坚决、果断措施，通过"关停并转"，淘汰落后产能，为发展先进生产力腾出空间。四是着力培育新增长点。以战略眼光和魄力，充分挖掘新能源、新材料、生物技术等新型产业增长点，强力推动生物医药、电子信息、循环产业、农产品深加工等产业加快发展，抢占产业制高点，高起点构建现代产业体系，提升湖北省产业层次。

（三）着眼于"改"，增动力、激活力，促提质增效

投资效益不高，一直制约着湖北省经济发展的整体效益水平。近5年（2009—2013年）来，湖北全社会投资年均增长32.2%，2013年总量居全国第9位，但近5年湖北省投资效果系数（GDP增量占投资比重）平均仅为0.207，2013年降至0.117，居全国第15位，在中部地区中湖北省投资效果系数仅低于湖南（低0.019）。必须充分利用政策和市场双重"倒逼机制"，以投资领域改革创新增内生动力，激发市场活力，力促升级增效。一是加快政府职能转变。各级政府要善于"松手""收手"和"援手"，加大简政放权力度，当好市场"守夜人"，激发全社会投资热情。二是实施创新驱动战略。善于做"乘法"，重点扩大高新技术产业投资占比，充分发挥湖北科技、人才优势，依托四个高新技术开发区，坚持体制创新和对外开放相结合，发展壮大以电子信息、生物技术、新材料、先进制造等高新支柱产业为主导的特色高新技术产业群，培育企业创新能力，增强经济增长的内生动力。三是放宽民间投资准入。根据"新36条"的原则要求，切实放宽民间投资准入限制，破除"玻璃门""弹簧门"和"旋转门"，培育经济发展后劲。在实施领域上，要充分利用好武汉城市圈综合配套改革试验区先行先试的良机，争取在能源、交通、通信、医疗等众多领域率先突破，在省域竞争中抢占先机，力争民间投资占比提高到70%以上。

（四）落脚于"好"，强基础、保重点，促民生改善

为保证投资改革红利全民共享，必须加大民生项目投资，做到四个突出。一是突出民生工程建设。重点投向棚户区和农村危房改造、保障性住房、城乡电网、农村小型水利设施等领域，提高和改善人民生产生活条件。二是突出城乡基础设施建设。在城镇投资方面，以完善城市功能和强化产业支撑为中心，重点投向园区建设、市政设施、用水用电、污水处理、城市住房等领域。在乡村投资方面，重点投向水、电、路、气、房的建设。三是突出快速交通运输体系建设。铁路方面，尽快启动武西高铁汉十段建设，确保武汉至鄂州、黄石、黄冈的城际铁路投入运营。公路方面，力争年内建成高速公路 749 公里，确保"十二五"末实现县县通高速。航空方面，加快推进襄阳机场改建、天河机场三期和武当山机场建设。四是突出生态环境建设。要敢于做"除法"，大力推动生态文明建设，重点加强对三江、五湖和六库等重点流域区域综合治理；深入推进天然林保护、退耕还林、长江防护林等重点生态工程，加强三峡库区、丹江口库区和汉江中下游生态保护和水污染防治；要加强节能减排，加大对低碳和环保产业的投资力度。

05 打造"钢腰"振兴荆州的初步分析

叶培刚

(《湖北统计资料》2014年增刊第6期；本文获时任副省长许克振签批)

在湖北长江经济带上，下游有武汉市，上游有宜昌市，荆州市处在武汉与宜昌之间，长江自西向东横贯全市，全长483公里，占全省总流程的近一半，地理位置极其重要。2011年省委省政府针对"龙头""龙尾"都很强劲，而作为"龙腰"的荆州发展偏慢的情况，决定实施"壮腰工程"战略，明确提出"三年见成效、五年大跨越、十年大振兴"的总体要求。两年过去了，今年是"三年见成效"的关键之年，报告以统计数据为依据，客观分析实施"壮腰工程"所取得的成效，同时，根据美国经济学家钱纳里的"标准结构"理论，对荆州发展中的"软肋"进行分析判断，并提出对策建议。

一、实施"壮腰工程"成效明显

1. 总量规模持续扩张，综合实力得到增强

2012年、2013年，荆州分别完成地区生产总值1195.98亿元和1334.93亿元，按可比价计算2012年比上年增长11.1%；2013年在宏观经济下行压力增大的不利情况下，仍然保持了10.4%增幅，增幅高于全省平均水平0.3个百分点。地区生产总值占全省的比重两年均为5.4%，两年累计提高0.1个百分点；地区生产总值仅次于武汉、襄阳、宜昌。

（1）人均GDP逐年提高。2012年、2013年，人均GDP分别为20912元和23259元，分别比上年增长10.8%和10.0%（预计数），增幅高于全省平均水平0.1和0.3个百分点，见表1。

表1　荆州市地区生产总值完成情况

指　标	绝对值/亿元			增长速度/%	
	2011年	2012年	2013年	2012	2013年
GDP	1043.12	1195.98	1334.93	11.1	10.4
第一产业	265.15	292.76	319.09	4.7	4.9
第二产业	448.83	522.54	596.20	14.6	13.5
工业增加值	407.41	475.34	539.84	15.5	13.0
第三产业	329.14	380.68	419.64	11.5	10.2
人均GDP/元	18288	20912	23259	10.8	10.0

（2）工业经济主体地位日益突出。荆州规模以上工业企业两年净增286家，达到999家，分别完成规模以上工业增加值434.06亿元和530.49亿元，分别比上年增长16.8%和13.9%，增幅高于全省平均水平2.2个和2.1个百分点；2013年增速在全省各市州排第2位。规模以上

工业增加值占全省的比重分别为4.5%和4.8%，两年累计提高0.7个百分点。

2. 产业结构有所优化，城镇化水平不断提升

2012年、2013年，荆州三次产业构成分别为24.5∶43.7∶31.8和23.9∶44.7∶31.4。第一产业比重分别降低0.9个和0.6个百分点，第二产业比重分别提高0.7个和1个百分点，第三产业比重2012年提高0.2个百分点，2013年下降0.4个百分点。

城镇化水平不断提升。2012年、2013年，城镇人口分别增加12.09万人和9.53万人，城镇化率分别达到46.5%和48.0%，城镇化率两年累计提高3.5个百分点，见表2。

表2 荆州市三次产业结构、城镇化率变化情况

指 标	三次产业构成及城镇化率/%			增减/百分点	
	2011 年	2012 年	2013 年	2012 年	2013 年
第一产业	25.4	24.5	23.9	−0.9	−0.6
第二产业	43.0	43.7	44.7	0.7	1
工业增加值	39.1	39.7	40.4	0.6	0.7
第三产业	31.6	31.8	31.4	0.2	−0.4
城镇化率	44.5	46.5	48.0	2	1.5

3. 三大需求继续扩大，增长势头有增无减

（1）固定资产投资增长较快。2012年、2013年，荆州分别完成固定资产投资995.49亿元和1287.40亿元，分别比上年增长36.1%和29.3%，增幅高于全省平均水平8.5个和3.6个百分点，增速在全省各市州分别排第3位和第6位；固定资产投资占全省的比重分别为6.0%和6.2%，两年累计提高0.5个百分点。

（2）消费品市场日趋活跃。2012年、2013年，荆州分别完成社会消费品零售总额650.54亿元和738.26亿元，分别比上年增长16.1%和13.5%，2012年增幅高于全省平均水平0.1个百分点，在全省各市州排第4位；这两年社会消费品零售总额占全省的比重均为7.1%，累计提高0.1个百分点。

（3）出口不断扩大。2012年、2013年，荆州分别完成外贸出口9.22亿美元和11.27亿美元，分别比上年增长19.8%和22.2%，增幅高于全省平均水平20.4个和4.5个百分点；外贸出口占全省的比重分别为4.8%和4.9%，两年累计提高1个百分点，见表3。

表3 荆州市三大需求变化情况

指 标	绝对值/亿元			增长速度/%	
	2011 年	2012 年	2013 年	2012 年	2013 年
固定资产投资	733.53	995.49	1287.40	36.1	29.3
社会消费品零售总额	556.84	650.54	738.26	16.1	13.5
出口总额/亿美元	7.70	9.22	11.27	19.8	22.2

4. 经济运行质量提高，三大收入稳定增长

（1）工业经济效益明显提高。2012年、2013年，荆州规模以上工业企业分别完成产品销售收入1342.30亿元和1709.07亿元，分别比上年增长22.7%和20.6%；产品销售收入占全省的比重分别为 4.3% 和 4.5%；分别实现利润总额 57.73 亿元和 101.20 亿元，分别比上年增长 17.0% 和 62.6%；应交税金总额分别为 31.65 亿元和 54.90 亿元，分别比上年增长 11.8% 和 64.5%。

（2）财政收入稳定增长。2012 年、2013 年，荆州分别完成地方公共财政预算收入 56.76 亿元和 71.95 亿元，分别比上年增长 28.1 和 26.8；地方公共财政预算收入占全省的比重分别为 3.1% 和 3.3%，两年累计提高 0.4 个百分点；地方公共财政预算收入占 GDP 的比重分别为 4.7% 和 5.4%，分别比上年增加 0.5 个和 0.7 个百分点；在地方公共财政预算收入中，税收收入分别达到 42.46 亿元和 53.39 亿元，分别占地方公共财政预算收入的 74.8% 和 74.2%。

（3）城乡居民收入有较大增加。2012 年、2013 年，城镇居民人均可支配收入分别为 17010 元和 18706 元，分别比上年净增 2063 元和 1696 元，分别比上年增长 13.8% 和 10.0%。农民人均纯收入分别为 8710 元和 9909 元，分别比上年净增 1046 元和 1199 元，分别比上年增长 13.7% 和 13.8%，2013 年增速在全省各市州排第 5 位，见表 4。

表 4　荆州市财政、居民收入变化情况

指　标	绝对值			增长速度/%	
	2011 年	2012 年	2013 年	2012 年	2013 年
地方公共财政预算收入	44.33 亿元	56.76 亿元	71.95 亿元	28.1	26.8
城镇居民人均可支配收入	14947 元	17010 元	18706 元	13.8	10.0
农民人均纯收入	7664 元	8710 元	9909 元	13.7	13.8

二、对荆州发展"软肋"的分析判断

从以上数据看，荆州地区生产总值、规模以上工业增加值、固定资产投资、社会消费品零售总额和地方公共财政预算收入占全省的比重偏小（在 3.1%～7.1% 之间），提高的幅度不大（在 0.1～0.7 个百分点之间），其根源是工业发展不够，工业增加值占 GDP 的比重仅为 40.4%。下面运用钱纳里"标准结构"理论，初步分析判断荆州工业化和城镇化水平。

1. 划分工业化阶段的经典理论

原世界银行经济顾问、美国经济学家钱纳里等人 20 世纪 80 年代把经济增长理解为经济结构的全面转变，通过对 101 个市场经济国家（人口在 100 万人以上）的研究，提出工业化阶段理论，他们将经济发展阶段划分为前工业化、工业化实现和后工业化三个阶段，其中工业化实现阶段又分为工业化初期、工业化中期和工业化后期三个时期。国际上衡量工业化程度主要从总量和结构指标来判断，通用的主要经济指标有 5 项：人均 GDP、工业增加值占 GDP 比重（工业化率）、三次产业结构、第一产业就业人员占比和城镇化率（见表 5）。

表 5　工业化不同阶段划分的标志值

数　据　项	前工业化阶段	工业化实现阶段			后工业化阶段
		工业化初期	工业化中期	工业化后期	
人均 GDP（1964 年）/美元	100～200	200～400	400～800	800～1500	1500 以上
人均 GDP（2011 年）/美元	600～1200	1200～2400	2400～4800	4800～9000	9000 以上
工业增加值占 GDP 比重/%	20 以下	20～40	40～50	50～60	60 以上

数 据 项	前工业化阶段	工业化实现阶段			后工业化阶段
		工业化初期	工业化中期	工业化后期	
三次产业结构/%	$A>I$	$A>20, A<I$	$A<20, I>S$	$A<10, I>S$	$A<10, I<S$
第一产业就业人员占比/%	60 以上	45~60	30~45	10~30	10 以下
城镇化率/%	30 以下	30~50	50~60	60~75	75 以上

注：（1）人均 GDP（1964 年，美元）的发展阶段划分标准来自钱纳里的《工业化和经济增长的比较研究》（上海人民出版社，1995 年）。

（2）根据世界银行公布的美国 1964—2011 年国内生产总值平减物价指数，测算 2011 年与 1964 年人均 GDP 的换算因子后取整。

（3）A、I、S 分别代表第一产业、第二产业和第三产业增加值在 GDP 中所占的比重。

（4）部分资料来源：陈佳贵等《中国工业化进程报告》（2007 版）。

2．对荆州工业化阶段的判断分析

2012 年、2013 年，荆州人均 GDP 分别为 3313 美元和 3756 美元（按 2012 年平均汇率 6.3125 和 2013 年平均汇率 6.1926 折算），处于工业化中期。工业增加值占 GDP 比重分别为 39.7% 和 40.4%，由工业化初期迈进工业化中期。第一产业增加值占 GDP 的比重分别为 24.5% 和 23.9%，大于 20%，处于工业化初期；第二产业比重分别大于第三产业比重，处于工业化中期。第一产业就业人员占比分别为 34.1% 和 32.8%，处于工业化中期。城镇化率分别为 46.5% 和 48.0%，处于工业化初期（见表 6）。

表 6　荆州市 5 项特征指标值

特 征 指 标	指 标 值	
	2012 年	2013 年
人均 GDP（按当年汇率计算）/美元	3313	3756
工业增加值占 GDP 比重/%	39.7	40.4
三次产业结构/%	24.5：43.7：31.8	23.9：44.7：31.4
第一产业就业人员占比/%	34.1	32.8
城镇化率/%	46.5	48.0

注：荆州 2012 年全社会从业人员 341.47 万人，其中第一产业从业人员 116.43 万人；预计 2013 年全社会从业人员 345 万人，其中第一产业从业人员 113 万人。

综合分析判断：荆州工业化水平不高，整体上处于工业化中期的低限位置。其总量不大，产业结构不优，城镇化总体上滞后于工业化进程。

三、加快振兴荆州对策建议

今年是实施壮腰工程"三年见成效"的关键之年，为加快实现省委省政府的战略目标，把荆州打造成为湖北长江经济带的"钢腰"，并针对以上问题，提出以下对策建议。

1．加快产业结构调整，实现经济跨越发展

一是稳步发展第一产业。荆州 8 县市区位处江汉平原，是国家粮、棉、油种植基地，国家对耕地面积和种植规模都有刚性要求，农业已成为不可缩小的基础，相对比较稳定。二是突破发展第二产业。在整个工业化实现阶段，突破发展第二产业是优化产业结构、加快地方经济发展的唯一出路，平稳持续发展不可能彰显其实力，只有超常规跨越式发展，才能真正打牢湖北经济增长"第四极"的位置；同时，制造业的发展过程实质上是一个提高技术、聚集人才、积累资金的过程。三是大力发展第三产业。在工业化的中后期，第三产业不大可能突破性发展，只有当工业化进入后工业化阶段时，才会迎来迅猛发展的大好时机，因为大量的人力、物力已转向技术设计、产品开发、精细化管理等服务性行业。

2．多措并举，不断壮大工业经济总量

一是要在荆州掀起以招商论本领，以项目论英雄，只争朝夕抓项目，全力以赴上项目的招商热潮，全力抢抓国家依托长江建成新支撑带来的机遇，始终保持项目洽谈一批、签约一批、在建一批、受益一批，从而保证经济发展的后劲和活力。二是要加快湖北荆州承接产业转移示范区建设，着力加强城镇产业园区建设，吸引资金、人才和技术等要素聚集，促进产业集群发展；重点培育具有明显区位和产业优势的企业集群，打造一批超千亿元、超百亿元产业园区。三是要充分发挥岸线资源优势，大力改造和提升传统产业，促进传统产业向高端、高质和高效迈进。四是要进一步营造宽松的政策环境、优质的服务环境、规范的法制环境、良好的信用环境和人文环境，筑巢引凤；真正做到想客商之所想，急客商之所急，帮客商之所需。五是要制定奖惩政策，对落户的企业，要求边建设边受益，尽快形成新的增长点，对于"只打围墙不冒烟"的伪企业，要坚决采取措施。

3．坚持以工业化带动城镇化，走城镇化良性发展之路

一是坚持以产兴城，把产业园区作为"两化"互动发展、产城融合的重要结合点与突破点，扩大产业规模，增加城镇对人口的吸纳和集聚能力，带动周边农村的城镇化。二是坚持新型工业化道路，以产业转型升级，增强城市产业的核心竞争力，延伸产品价值链，提高产品附加值，提高工业化发展的质量和水平，增强城市可持续发展能力。三是注重城镇发展规划，加大政府对城镇基础设施投资力度，提升城镇综合承载能力；加强农民工培训力度，促进农村富余劳动力有序转移，坚决防止农村人口盲目进城无活干，而成为社会的不稳定因素。

06　咸丰经验对县域经济发展的启示

李团中　舒　猛

[《湖北统计资料》2014 年增刊第 8 期；先后被省委《内部参阅》（2014 年第
12 期）和省政府《决策调研》（2014 年第 32 期）全文转载刊发]

近年来，在省委、省政府的坚强领导下，湖北全省县域经济发展取得了长足进步。面对
"竞进提质、升级增效"的新形势和新要求，湖北省县域经济特别是山区县域经济发展还存在
一些困惑和问题，例如如何处理好发展中既要"快"又要"好"的关系，如何完成既要"赶"
又要"转"的任务，如何满足广大群众既要"金山银山"又要"绿水青山"的期盼，等等。乘
借市县开展党的群众路线教育实践活动契机，我们带着这些问题于今年 3 月初和下旬，先后两
次到咸丰县开展专题调研，我们觉得，咸丰发展县域经济的经验或许能为全省县域经济特别是
山区县域经济的发展提供一些思路和启示。

一、可喜的变化

咸丰县地处鄂西南边陲，县域面积 2550 平方公里，总人口 38.5 万人，全域国土空间布局
均属于限制开发区域。受区位条件和发展基础制约，在过去较长一个时期，县域经济发展一直
处于"慢车道"。用三个字可以概括咸丰的"底色"：一是"闭"。作为湖北离省城最偏远的县，
境内以高山、二高山为主的山地面积占 77%，长期为山所阻、为路所困、为运所难。二是"农"。
作为传统的山区农业县，多年来第一产业占比一直在 44% 左右，分别高出全州、全省平均水
平 6 个、28 个百分点以上。三是"贫"。作为国家扶贫开发工作重点县，农村人口占全县总人
口近 80%，建档立卡农村贫困人口达 19.6 万人。

近年来，咸丰县坚持走"特色开发、绿色繁荣、可持续发展"之路，加快产业化城镇化
"双轮驱动"，县域经济呈现健康发展的喜人局面。一是速度趋快。2013 年，全县地区生产总
值、规模以上工业增加值、全社会固定资产投资分别是 2007 年的 2.9 倍、7.1 倍、5.5 倍，年
均增长 13.1%、29.5%、30%。二是结构趋优。三次产业结构比由 2007 年的 43.8∶19.4∶36.8
调整为 2013 年的 25.7∶31.7∶42.6，第二、三产业比重分别提高 12.3 个、5.8 个百分点，逐步
实现了由农业一业独大向三次产业协调发展转型。三是质量趋好。2013 年，全县财政总收入、
地方公共财政预算收入分别是 2007 年的 3.5 倍和 4.4 倍，年均增长 21.6%、22.3%；城镇居民
人均可支配收入、农民人均纯收入分别是 2007 年的 2.2 倍、2.5 倍；万元 GDP 能耗下降 20.3%。
四是后劲趋足。全县固定资产投资连续 7 年保持 30% 左右的增幅，2013 年，招商引资到位资
金、实现外贸出口、直接利用外资分别比上年增长 31.4%、15.9%、200%。

二、可贵的探索

短短几年，咸丰县域经济从"慢车道"驶入"快车道"，得益于以"绿色 GDP、民生 GDP"

理念谋发展，发挥生态优势，做足特色文章，走出了一条绿色繁荣之路。

（一）以经营理念发展现代农业

在印象中，分散、粗放、低效是山区农业的代名词，而咸丰县立足绿色、有机、生态、富硒这些独特价值，以市场需求为导向经营农业，推动了农业转型升级。一是规模化经营。建成50万亩特色农产品基地，形成年出栏生猪70万头、大雁等特禽80万羽养殖规模，重点打造了茶叶、烟叶、畜牧、果蔬、珍稀苗木五大绿色富民产业集群，是全省最大的乌龙茶产区和全国生猪调出大县。二是标准化经营。制定和发布了5个省级地方标准，建成了1个国家级和3个省级农业标准化示范区，是全国首个有机农业（茶叶）示范基地县和全国绿色食品（茶叶）原料标准化生产基地县。三是品牌化经营。创建了2个国家地理标志证明商标，"三品一标"认证产品达到74个，"馨源宜红功夫茶"成为中国名优硒产品，"百年木山茶油"是湖北知名品牌，"乌龙茶""老鹰红"等产品产销两旺。

（二）以绿色理念发展新型工业

一直以来，人们总把工业与污染直接画等号，作为限制开发区域的山区县更是谈"工"色变。咸丰县大胆探索，在立足本地特色加快工业发展的同时，全面推进资源综合循环利用，实现了工业经济与环境保护共同发展。一是工艺全循环。县内工业企业运用物理方法，建成污水—处理塔（分离）—出水回用工艺流程，废水循环综合利用率达95%以上。二是材料全利用。形成了石材废料—工艺品—墙体气压砖—人造大理石—钡钛（钙钛）涂料，茶废料（茶粕、茶壳）—茶皂素—有机肥，酒糟—饲料—有机肥等产业链，实现了原材料"吃干榨尽"。三是排放全达标。推行环境保护"三同时"制度和"重点企业环保驻厂员"监管制度，对污水、废气、粉尘排放等开展日巡查，先后关停多家排放不达标企业。在绿色理念的指引下，咸丰特色的石材产业和绿色食品加工业从无到有，迅速崛起。咸丰县被中国石材协会授予"中国·武陵石材之都"称号，全省石材产品质量监督检验中心也设在咸丰。

（三）以双赢理念发展市场主体

山区县的市场主体总量偏少、质量偏弱，对经济的拉动力有限。咸丰县千方百计地推动生产要素、利好政策、优质服务向市场主体集聚，实现了市场主体壮大和县域经济发展双赢。一是建好园区聚企业。在县级财力十分吃紧的情况下，发挥财政资金的撬动作用，投入资金40亿元，科学规划，全力打造"一区多园"产业发展平台。"咸丰大理石产业园"纳入省政府"两计划一工程"建设范畴，绿色食品产业集群是全省重点成长型产业集群。2007年以来，园区聚集企业数、产值和利税均保持每年两位数的增长。二是配置资源强企业。舍得拿出最好的资源配置给企业，充分激发市场主体潜能。短短三年时间，全县规模以上企业翻了两番，鑫磊矿业成长为全国最大的大理石板材生产加工企业，发夏食品成长为省级农业产业化和林业产业化重点龙头企业。三是优化服务护企业。树牢"产业第一，企业家老大"的理念，清理规范行政审批事项，建立健全服务规章制度，依法保护各类市场主体合法权益，为企业发展创造良好环境。

（四）以精品理念发展生态旅游

山区县旅游资源相对富集，但存在着景区开发不够、服务要素不全等短板。咸丰县坚持走精品路，打生态牌，打文化牌，建成鄂西生态文化旅游圈的核心板块。一是景区上档次。强力推进坪坝营生态休闲旅游区、黄金洞旅游区、"朝阳画廊"景区、二仙岩高山湿地旅游区、乡村旅游观光区"五景"建设，建成两个国家AAAA级景区，被省政府表彰为"湖北旅游强县"，省领导称赞咸丰"来了不想走，走了还想来"。二是服务有质量。实施"宾馆创星、旅行社创强、服务创优"行动，有效提升了接待能力和水平。2013 年，接待游客人次、旅游综合收入分别是 2007 年的 20 倍和 60 倍。三是文化创品牌。坚持把文化作为旅游的灵魂来打造，举全县之力推进唐崖土司城申遗工作。2013 年，唐崖土司城遗址被列入 2015 年中国唯一申报世界文化遗产项目。申遗成功后，咸丰县唐崖土司城遗址将成为恩施土家族、苗族自治州乃至湖北省生态文化旅游的一张世界级名片。

（五）以民生理念发展新型城镇

山区县山地多、平地少，城镇发展空间受限。咸丰县没有走"摊大饼"式的城镇扩张路子，而是更加注重内涵式发展，将"衣食住行、医教保业"八字经贯穿于新型城镇化全过程。一是建设精品城市。先后实施了道路黑色化、垃圾污水处理场（厂）、4 所县级医院、6 所城区学校、文体"五馆"等市政工程建设，建成了 13 个街心花园和 2 条市容环境美好示范街，城市绿化率提高到 41.5%。二是建设宜居集镇。结合各乡镇实际，打造了现代农业型、工业带动型、旅游服务型和商贸流通型四种类型集镇；在每个乡镇配套建设了公立幼儿园、卫生院、集中供水厂、垃圾污水处理场（厂），有效改善了居民生活环境，小乡村被评为"全国环境优美乡镇"，高乐山镇成为全省"新农村建设示范乡镇"。三是建设美丽乡村。全县 263 个行政村村均拥有产业基地 1216 亩，公路通畅率达 98%，户用沼气池保有量达 6.5 万户。坪坝营村成为"湖北旅游名村"，麻柳溪村入选全国"美丽乡村"创建试点。

三、可鉴的启示

咸丰县域经济发展的生动实践，有效解决了山区县产业发展和城镇发展的诸多困难，带给我们许多深刻的启示。

（一）错位发展一马当先

山区县产业发展最大的特点是"产业趋同"，最难摆脱的是"路径依赖"，只有走人无我有、人有我优、人优我特的错位发展道路，才能在发展中抢占先机。咸丰县产业发展不盲目跟风，不急功近利，而是基于优势，运用"田忌赛马"的错位策略抓产业，让县域经济走出了"同质化"怪圈。一是新型工业突出"无中生有"。充分发挥特色农产品品质优良，大理石、方解石、砂岩等非金属矿资源丰富的优势，以园区化模式培强壮大绿色食品加工业和石材产业，使其成为县域经济的重要支撑。二是现代农业突出"有中生特"。在传统中不走寻常路，大力发展以乌龙茶、红茶、花卉园林为主的种植业和以大雁、山鸡为主的特色养殖业，使传统种养业由单一结构向多元格局转变，实现了农民"短中长"持续增收，避免了与相邻地区的"竞争撞车"。三是生态旅游突出"特中生新"。依托仅次于神农架的森林覆盖率，全力打造"森林生活·神往咸丰"旅游品牌，鄂西南生态"天然氧吧"成为吸引游客的新亮点，同时，依托境内丰富的红色文化和土司文化资源，推进文化与旅游深度融合，全力打造唐崖土司城世界文化遗址公园，在山区县塑造了一张旅游的世界文化名片。

（二）科学发展一步到位

长期以来，山区县自然资源富集与发展方式粗放并存，经济发展所付出的环境代价较高，如何实现"快"与"好"的辩证统一是山区县发展的难题。咸丰坚守"绿色决定生死"理念，不走"先污染后治理"的老路，守住了发展底线，推动了绿色发展。一是在产业建设上，用严格的制度规范产业发展，制定出台《规范工业产业布局推进工业园区化的通知》《关于规范石材产业发展的意见》等制度，从招商引资、企业选址、资源开发、工艺流程、"三废"排放等方面设立硬性标准，规范了企业行为，提升了产业层次，实现了经济效益与绿色效益的一步到位。二是在城镇建设上，采取拆墙透绿、见缝插绿、见空植绿等办法美化绿化县城和乡集镇，以一点一处的"绿"形成一块一片的"绿"；以13个"美丽乡村"示范点建设为引领，注重保留村庄原始风貌，坚持在原有村庄形态上改善居民生活条件，实现了城镇发展与尊重自然的一步到位。三是在生态建设上，坚持"青山绿水也是政绩"的理念，舍得从有限的财力中加大生态投入，实施天然林保护、退耕还林、低次林改造、小流域治理、石漠化防治等工程，号召全县每个家庭栽种50棵以上珍稀树种，使全县国土绿化率维持在82%的高位，实现了打造"绿色家园"与建设"绿色银行"的一步到位。

（三）借力发展一以贯之

山区县自身造血能力低，仅靠自身力量难以在短时间内改变贫穷落后的面貌。咸丰县不等不靠不要，一方面自力更生、艰苦创业，另一方面以干求助、借力行船，为县域经济发展聚集了能量。一是以干求助。抢抓武陵山少数民族经济社会发展试验区建设及"616"工程等重大机遇，积极争取上级支持，把各项政策资源转化为加快发展的强大动力，内化为管长远的体制机制。目前，全县共实施受援项目58个，投资总额近10亿元，极大地推动了全县经济社会发展。二是招商引资。转变千军万马、盲目被动的招商方式，突出专业部门招商、产业链招商、商务推介招商，招引产业关联度强、用地节约、投资强度大、税收贡献大、环境保护好的项目落户咸丰，提升了招商引资规模和质量。2013年招商引资到位资金是2007年的28倍。三是招才增智。制定出台《关于加快推进咸丰县工业园区人才工作的实施意见》，大力实施"工业园英才计划"和茶业人才开发"十百千示范工程"，设立"工业园区人才发展专项资金"，大力引进急需的高层次科技研发人才、紧缺的专业技术人才，积极争取上级部门选派管理型、专家型、技术型人才到咸丰挂职工作，把他们的智慧和研究成果转化为推动发展的生产力。

（四）务实发展一鼓作气

山区县最不缺的就是务实苦干的精神，他们对贫困的感受更深，对摆脱贫困的愿望更强，在推动发展、追求幸福的过程中显得尤为务实。咸丰县把务实的理念渗透进了思想最深处，体现在了每个细节中。一是思路务实。坚持"项目化、具体化"的工作思路，把县域经济发展细化、实化为一个个看得见、摸得着的具体项目，用实实在在的项目推动实实在在的发展，为人民群众谋取实实在在的利益。二是能力务实。强化"能力席位"理念，树立能者上、平者让、庸者下的用人导向，激励广大党员干部"动起来提能力""跳起来摘桃子"，敢与强者争高下，扭住发展不放松，形成了力争上游、不甘落后的良好氛围。三是作风务实。先后制定出台《加强干部作风建设优化发展环境暂行办法》《咸丰县进一步加强国家公职人员管理的若干规定》等制度，推行一项重点工作由一个领导负责到底的"单一领导责任制"，打造雷厉风行的决策、执行、监督、考评、奖惩一体化的"落实链条"，激发自身活力，挖掘内生潜能，全县上下形成了"热爱咸丰、发展咸丰、维护咸丰"的良好氛围。

四、可循的对策

咸丰县广大干部群众凝神聚力，苦干实干，让县域经济发生了巨大变化，为山区县域经济发展探索了路径、提供了经验。但也必须清醒地看到，总量不大、质量不高、结构不优、竞争力不强，仍是包括咸丰在内的广大山区县市面临的最大问题。这些存在的问题，亟须上级顶层设计，更需要山区县自身努力，共同把问题解决好，把县域经济发展好。

（一）以加快科学发展为根本，全力营造稳神竞进的气场

发展不够是我省县域经济最主要的问题，加快发展是县域经济面临的最主要的任务，特别是对于山区县市，"限制发展"绝不等于"停止发展"，不考核 GDP 绝不等于放弃追求绿色 GDP 和民生 GDP。我省当前正处于积蓄能量的释放期、爬坡过坎的发力期、综合优势的转化期、工业和城镇化加速的推进期"四期共存"的黄金发展阶段，我们一定要紧紧抓住这千载难逢的机遇，按照"效速兼取、升级增效"的目标要求，凝神聚力、一鼓作气、苦干实干，加快推进我省县域经济的科学发展、跨越式发展。

（二）以提升发展质量为核心，全力培壮延伸产业链条

山区县的产业发展要牢固树立绿色发展、循环发展、低碳发展、永续发展的理念，立足转型升级、调优结构、提高效益，依托优势资源开发，坚持错位发展、特色发展不动摇，充分发挥市场"无形之手"的作用，打破一、二、三产业界限，以现代产业的组织方式（产业链模式）抓产业，建设具有山区特色和竞争优势的产业链，并且不断延伸、加粗加长、提质增效。

（三）以增强发展后劲为目标，全力破解要素瓶颈制约

要按照"政府引导、社会参与、市场运作"的思路，加强项目和资金整合力度，发挥财政资金引导作用，深化投融资机制改革，激活民间资金投入，解决"融资难"问题；用好、用活、用足土地政策，创新用地保障机制，促进节约集约利用，解决"用地难"问题；加大人才培养、培训力度，积极引进产业发展、城镇建设急需的技术领军人才和各类管理人才，并创新用人机制，用感情留人，用事业留人，解决"人才难"问题；加快推进基础设施建设，着力打造"内畅外联"的交通网络，不断夯实发展的基础条件，提升发展的承载能力。

（四）以统筹城乡发展为抓手，全力推进新型城镇化

必须坚持走"以人为本、城乡统筹、产城互动、节约集约、绿色生态、宜居宜旅"的新型城镇化道路，立足山区实际，因地制宜，在落实全域规划基础上，突出将产业发展和城镇化发展结合起来，突出将民生改善和城镇化发展结合起来，突出将绿色生态和彰显城镇特色结合起来，让居民望得见山、看得见水、记得住乡愁。

（五）以推动绿色繁荣为重点，全力推进生态文明建设

切实加大环境保护力度，提高产业和城镇建设项目的环保准入门槛，严格环境保护制度，扶持发展绿色产业、环保产业，发展低碳经济和循环经济，落实节能减排目标责任制；牢固树立生态文明观念，加强生态文明宣传教育，积极推进生态安全保障体系建设，提高生态安全保障能力。

07 湖北消费基础作用明显不足，经济发展内生动力有待增强

罗 勇 陶红莹

[《湖北统计资料》2014 年增刊第 5 期；获省政府《政府调研》（2014 年 7 月 14 日）首篇全文刊发]

中央经济工作会议强调"要努力释放有效需求，充分发挥消费的基础作用"。经济发展实践表明，拉动经济增长的"三驾马车"中，最可持续的拉动力是消费需求。近年来，湖北消费总量不断扩大，消费结构不断优化，但同时也面临着消费的基础作用明显不足，消费率持续低迷，消费倾向不断下降等问题。从"建成支点、走在前列"总体目标要求和当前经济运行的实际情况看，必须把扩大消费需求，释放居民消费潜力，作为经济发展持久可靠的内生动力，以确保今后相当长一个时期经济持续快速健康发展。

一、湖北消费的基础作用有待增强

2013 年全省社会消费品零售总额首次突破 1 万亿元，达到 10465.94 亿元，标志着我省消费品市场规模的发展进入更高层次。消费具有庞大的基础作用，是最终需求，是拉动经济增长最稳定、最持久的动力。然而，对于全省而言，消费对经济拉动作用还没有充分发挥出来，基础作用不强，一直是拉动湖北经济发展的"短板"，消费需求不足已经成为制约我省国民经济快速增长的一个重要因素。

（一）消费增长慢于经济增长

改革开放以来，湖北经济一直保持较快的发展势头，经济总量迅速扩大，居民消费水平逐年递增。但从总体看，湖北消费增长速度慢于经济增长速度。1979－2012 年，湖北 GDP 年均增长 10.4%，而消费年均增长为 9.9%。其中，1990－1999 年，GDP 年均增长 10.8%，消费年均增长为 8.7%，消费增长率明显低于经济增长率；2000－2012 年，GDP 年均增长 12%，消费年均增长仅为 11%左右。2005 年以来 GDP 年均增长 13.9%，消费年均增长仅为 11.4%。数据显示，从 20 世纪 90 年代开始，湖北消费增长明显滞后于经济增长，并呈现进一步拉大趋势。

（二）消费率连续 10 年呈下降趋势

消费率又称最终消费率，通常指一定时期内最终消费（总消费）占国内生产总值（按支出法计算）的比率。据统计，自 2003 年以来，我省消费率连续 10 年下降。2003 年消费率为 57.4%，2012 年为 44.1%，10 年来下降了 13.3 个百分点，平均每年下降 1.3 个百分点。尤其是随着工业化、市场化进程再度加快，湖北经济增长进入新一轮周期的上升期，全省固定资产投资一直保持 20%以上的高速增长，消费率长期占据半壁江山的格局在 2009 年被打破，降为 47.8%，此后继续保持下滑的趋势，并一直在 50%以下运行，2012 年降至 44.1%，为历史最低点。

居民消费是最终消费的重要组成部分，居民年均消费率（居民消费占 GDP 的比重）下降

幅度也相当明显。2012年居民消费率为31.3%，比2009年下降了2.4个百分点。目前全省人均GDP已超过6000美元，但消费率如此低，反映出消费需求对经济发展的影响作用不够突出，对经济增长的贡献趋于减弱态势。

（三）消费与投资增长不协调

近年来，尽管我省消费品市场出现了良好升温的势头，增长速度较快，但是与投资和出口的高速增长相比，消费依旧是个短板，就像与兔子赛跑的乌龟，尽管前行但差距太大，消费需求对经济增长的贡献还远不够高，消费不足问题已经成为制约我省经济持续健康发展的障碍。

一是投资增速与消费增速的差距较前几年进一步拉大。2003年全省实现社会消费品零售总额增长10.8%，全省完成全社会固定资产投资增长11.1%，两者增速的差距仅为0.3个百分点，2005年差距为7.1个百分点，2013年又扩大为12个百分点。二是投资率持续攀升，消费率持续下降。近年来，面对外需疲软，在扩内需、稳增长的基调之下，以政府行政推动为主导的新一轮投资热潮掀起，造成投资迅猛增长，与此同时，消费需求持续低迷。投资率由2003年的41.9%上升至2009年的51.6%和2012年的55.4%，同期消费率由57.4%逐渐下降至历史最低点44.1%。三是消费对经济增长的贡献趋于减弱，投资贡献率不断提高。2000年湖北消费贡献率为41.6%，2001年达到72.3%后，呈逐年下滑趋势，2012年降到38.2%，与2003年相比十年间下降32.3个百分点。同期，投资贡献率由17%波动上升至66.2%，上升49.2个百分点。十年来，消费拉动GDP下降2.5个百分点，投资拉动GDP则上升5.9个百分点。

（四）新的消费热点不突出

近年来随着人们收入的不断提高，我省消费升级步伐不断加快，居民生存型消费比重平缓下降，发展、享受型消费比重逐步上升，但与全国平均水平相比，仍存在较大差距，消费热点不够突出。2012年我省城镇居民家庭年末拥有家用汽车为平均每百户12.48辆，仅为全国平均水平的58.0%；人均娱乐教育文化服务消费1651.92元，为全国平均水平的81.2%；互联网宽带接入用户数为128万户，占全国的比重仅为0.7%。

二、消费基础性作用不强对我省经济发展的影响

消费的基础作用不强、消费需求不足已经制约了我省经济的发展和生活水平的提高，主要影响表现在：

一是制约了人们需求的增长。2012年，按不变价计算，我省最终消费和居民消费仅为2003年的2.6倍和2.9倍，而GDP、固定资本形成总额已经达到2003年的3.1倍和4.4倍。居民消费提高的幅度为GDP的77.4%，固定资本形成总额的54.5%。消费率偏低直接反映出经济总量中用于消费的部分相对偏少，必将在一定程度上影响城乡居民生活水平的提高。

二是制约了第三产业发展。2013年我省第三产业占GDP的比重为38.1%，比全国平均水平低8个百分点，居民文化生活服务消费还远远不能满足需要，特别是生活服务消费目前还比较落后，这种消费结构难以为第三产业发展开拓空间。

三是制约了经济发展质量的提高。消费率长期偏低，就会使投资增长失去最终需求的支撑，不可避免地会形成重复建设、低水平建设和盲目建设的现象，直接影响企业经济效益和企业归还银行贷款的能力，使国民经济陷入恶性循环。

　　四是制约了就业扩大。国民经济中第三产业单位增加值所能吸纳的就业人数是第二产业的 2 倍以上，但是由于近几年我省消费不足，需求不旺，特别是居民消费增长缓慢，从而造成市场活力不足，影响了社会用工增加。

三、消费基础性作用减弱的主要原因

　　造成我省消费基础作用明显减弱的原因是多方面的，比较突出的有以下几个方面。

（一）消费重视不够，强投资，弱消费

　　消费对经济增长的基础作用没有得到充分重视。长期以来，地方政府为了追求经济增长速度，把增加投资作为推动经济快速增长的主要途径，在资源配置、政策扶持、环境营造等方面给予最大力度的支持、帮助和引导，甚至将投资作为政府的主要考核指标，并不惜一切代价直接参与组织。而出台的消费政策更多的是"一事一策"等临时性政策，没有形成长效机制，不能持久地拉动消费市场的发展。

（二）消费意愿不高，重储蓄，轻消费

　　由于社会保障体系不完善，人们对未来养老、教育、医疗、住房等方面的支出预期严重影响了即期消费水平，储蓄意愿增强，制约了居民增加当前消费的积极性，制约了整体消费水平的提高。改革初期，全省城镇居民消费倾向一般在 0.9 左右，1988 年高达 0.94 后开始连续下降，到 2012 年已降至 0.696；农村居民消费倾向和城镇居民的变化趋势基本一致，但滞后 4 年左右，1988 年上升并突破 0.9，1994 年开始逐年下滑，到 2012 年仅为 0.729。与此相对应的是，2000 年以来，全省城乡居民人均储蓄存款余额以年均 18.1% 的速度增长，而人均居民消费额仅以 13.5% 的速度递增。由此可见，传统的消费观念加之社会保障体系的不健全造成消费倾向下降，消费需求不足。

（三）消费能力不足，收入低，差距大

　　绝对收入低于全国平均水平，增速趋缓并明显低于 GDP 增幅。2013 年，我省城镇居民人均可支配收入为 22906 元，低于全国平均水平 4049 元，差距比上年扩大 324 元；我省农民人均纯收入 8866.95 元，仍低于全国平均水平 29 元。2005－2012 年，城镇居民人均可支配收入和农村居民人均纯收入年均增长分别为 9.4% 和 10.5%，分别比同期 GDP 增速低 4.1 个和 3 个百分点。2013 年两者扣除价格影响后均低于同期 GDP 的增长速度。

　　城乡之间、地区之间的经济发展不平衡。长期的"二元经济结构"使农民低收入、低消费的状况仍十分严重，城乡居民收入比（以农村为 1）由 2000 年的 2.44：1 扩大到 2013 年的 2.58：1。目前，农村居民消费水平仅相当于城镇居民的 1/3。城镇居民可支配收入最高与最低之比由 2004 年的 3.88：1 扩大到 2012 年的 6.45：1。地区间城镇居民可支配收入最高与最低之比由 2004 年的 1.63：1 扩大到 2013 年的 1.99：1；农村人均纯收入最高与最低之比由 2001 年的 2.33：1 扩大到 2013 年的 2.43：1。

（四）消费环境不优，流通弱，成本高

　　频发多发的消费安全事件折射出消费环境特别是社会文化环境不优，消费存在风险。消费者获得产品信息的成本较高，因信息不对称而对消费品的"真实信息不了解"所产生的恐惧心理是消费者不良预期的因素之一。同时市场无法提供出足够丰富高质的产品来满足人们不断升级的消费需求。

商业流通组织化程度和流通效率低下以及流通成本居高不下。2012 年，我省限额以上连锁零售餐饮企业零售额占社会消费品零售总额的 13.8%，比江苏、广东分别低 3.4 个和 2.6 个百分点。销售额 10 亿元以上的连锁零售企业有 25 家，仅占全国总数的 5.6%，营业额亿元以上的连锁餐饮企业有 10 家，仅占全国总数的 4.5%。2012 年，我省物流总费用占 GDP 的比重为 17.9%，与 2011 年相比提升 0.3 个百分点，而发达国家还不到 10%。

四、增强消费基础性作用的建议与策略

充分发挥消费的基础作用有助于推动消费结构转型升级，满足人民消费新要求，有助于推动需求结构转型升级，增强经济内生增长新动力，有助于推动产业结构转型升级，构建现代产业发展新体系。切实提高对消费基础作用的认识，通过积极扩大消费需求，推动经济结构战略性调整，加快转变经济发展方式，提高经济增长的质量和效益，从而实现经济持续健康发展。消费基础作用不强的原因是多方面的，扩大消费需求也必须多措并举，对症下药。

（一）找准切入点，提高居民收入水平

扩大消费需求应在富民的前提下，立足于居民主体消费能力的整体提升，做到藏富于民。根据不同收入群体的不同消费弹性，提高中低收入阶层的收入水平将促进社会总体消费水平的提高，在全面提升收入水平的同时，调节过高收入，保障低收入者收入水平，努力扩大中等收入群体，逐步缩小收入分配差距，激发全社会的消费活力。

（二）把握基本点，健全社会保障体系

调整财政支出结构，扩大政府财政在公共产品方面的支出，变经济建设财政为公共财政。进一步提高农村社会保障水平，全面推行落实农村社会救助制度和城乡统一养老保险制度。只有建立起保障和改善民生的长效机制，实现基本公共服务全覆盖，以政府的转移支付来增加居民的实际可以支配收入，才能解除扩大消费的后顾之忧，形成稳定的消费预期。

（三）加强着力点，协调投资消费比例

调整投资与消费的关系，使投资不能脱离消费而自我循环，各类投资主体应当以市场导向为主要依据，关注政策导向，优化投资资源的配置。要在结构优化的前提下保持适当的投资率，避免单纯的投资规模扩张。因此，投资与消费要遵循一定的比例关系，实现投资与消费对经济增长的双重拉动。

（四）抓好关键点，促进消费结构升级

把握消费发展趋势，捕捉消费市场热点，积极培育消费新增长点，从而增强消费意愿是促进消费的关键所在。区别城乡培育消费热点、重点，积极拓展信息产品、电信服务等信息消费市场空间，培植壮大家庭信息服务产业链，使信息消费成为新一轮居民消费的热点。大力发展电子商务，把电子商务作为本省增强消费对经济增长的基础作用、实现商品销售的重要渠道和手段。

（五）强化支撑点，优化城乡消费环境

加强市场流通体系建设，加快市场信息化进程。构建市场化的信息平台，提供准确、及时、全面、丰富的消费信息，降低消费者信息成本，提升消费便利性。进一步规范市场秩序，创新维权模式，完善调解手段和救助体系。加强消费教育，切实落实监管责任，同时发挥社会的监督作用，共同营造安全有序的消费环境。

08　对缓解工业企业融资难的几点建议

宋　雪

（本文获时任副省长许克振签批，被省政府《决策调研》转载）

受宏观经济、政策取向、企业自身等多重因素影响，工业企业，尤其是中小企业出现资金困难、融资成本上升等问题，成为政府和社会关注的焦点。湖北省统计局对大冶市 313 家规模以上工业企业开展了融资情况问卷调查（收回 284 份，其中有效问卷 275 份），并结合全省工业经济运行情况，对企业融资难、融资贵等方面情况进行了深入调研，旨在为政府和部门贯彻落实国办发〔2014〕39 号文，缓解工业企业融资困难提供有价值的参考依据。

一、工业企业融资问题的基本判断

总体上看，工业企业融资形势可概括为"三个并存"：即总量融资难与结构融资难并存、融资难与融资贵并存、融资贵与经营压力重并存。

（一）总量融资难

受访的 275 家企业中，85.1%的企业有融资情况，融资的主要目的是补充流动资金和扩大生产经营规模，分别占 45.5%和 28.5%。大冶市资金紧张的企业占 46.9%，预计今年资金需求缺口达 25.9 亿元。

1. 银行贷款难

银行或信用社是企业融资的主要渠道。受访企业中，企业中长期融资的 85.9%、短期融资的 79.5%来自银行。问卷反映，59.4%的企业认为今年向银行贷款的难度比上年更困难，29.5%的企业向国有四大银行申请融资而未获批，24.4%的企业向其他商业银行申请融资而未获批。银行拒绝企业融资申请的主要理由是抵押无法落实，又缺乏其他有效的担保，占 25.5%；以财务状况或经营状况无法满足贷款条件为由的占 20.7%；以不符合银行要求的其他贷款条件为由的占 18.2%；以企业信用等级达不到银行贷款要求为由的占 9.8%。

2. 直接融资难

企业融资方式较为单一，主要来自银行，大冶市受访企业中没有一家企业采取债券市场、股票市场这种直接方式进行融资。

3. 长期融资难

受访的有融资情况的企业中，中长期融资仅占 30.3%。湖北迪峰换热器股份有限公司正在申请新三板上市，目前准备扩展一个新的项目，固定资产投资缺口 1 亿元。由于银行对固定资产贷款控制非常严格，企业只能用短期流动资金支撑固定资产投资，造成企业资金异常紧张。

4. 担保融资难

在有融资需求的企业中，有近五成企业认为对企业的担保条件过于苛刻，达 46.2%。企业获得银行贷款的担保方式可选择余地较少，42.6%的企业以自有房产、设备抵押担保，24.1%

的企业以担保公司提供担保。大冶市 5 家担保公司承担 60 亿元的担保额，风险极大，其他形式的担保方式如诚信担保、项目担保等极少。

（二）结构融资难

1．新建企业难

19 家注册成立年限在 0～2 年的企业中，44.4% 的企业目前资金状况紧张，3～5 年的企业中，43.3% 的企业资金状况紧张。这两类企业今年资金缺口占大冶市近四成，达 10 亿元。注册成立年限在 0～2 年的企业中，64.3% 的企业认为今年向银行贷款的难度比上年更困难。湖北陈贵顺富纺织服装有限公司于 2012 年 10 月投产，资金整体运行情况严重不足，银行贷款仅 8900 万元，民间融资 5800 万元，设备租赁 4000 万元，资金缺口仍在 6000 万元左右。该公司为一家从广东转移过来的新企业，反映融资效率低，周期长，从申请到银行放贷需要 3 个月甚至半年，而在广东一般 15 天左右。

2．民营企业难

208 家私人控股企业中，近五成企业目前资金状况紧张，达 47.3%，资金缺口达 17.3 亿元，占大冶市总缺口的 78%，而国有控股企业中仅两成企业反映资金紧张。

3．小微企业难

191 家小微企业中，46.0% 的企业资金紧张，缺口达 9.7 亿元，占大冶市的 37.7%。78 家中型企业中，51.3% 的企业资金紧张，缺口达 11.0 亿元，占全市的 42.6%。而大型企业中仅三成企业资金紧张。55.8% 的小微企业和 68.1% 的中型企业认为今年向银行贷款的难度比上年更困难。目前各大银行对于以大型企业为核心的产业链放贷较为支持，比如大冶市以劲牌、武钢为依托的上下游企业的融资情况较好，但大冶的五大核心产业链仅能覆盖到 30 家左右的企业，占比不足一成。

4．扩能企业难

23 家扩大生产的企业中，近四成的企业资金紧张，缺口达 4.7 亿元，占大冶市资金缺口的 18.0%。

5．亏损企业难

31 家亏损企业中，六成的企业资金紧张，缺口达 5.9 亿元，占大冶市资金缺口的 24.0%。65.4% 的亏损企业认为今年向银行贷款的难度比上年更困难。

6．限制行业难

水泥、炼钢、炼铁、化纤、电解铝和煤炭等产能过剩行业已成为银行禁贷行业。这些行业普遍资金紧张，融资困难。1—7 月大冶市的黑色金属矿采选业、非金属矿采选业、建材、钢铁"两项资金"占用同比增速较快，分别达到 18.1%、22.9%、11.9%、31.3%，而这四大行业的流动资金增速则较低，分别为 7.7%、12%、−4.3%、2.7%。黄石成美建材有限公司因是水泥行业而被银行限制贷款，武汉重冶集团大冶分公司甚至只是因为其上游产品为炼钢而被银行一刀切为钢铁行业。银行贷款受限，融资困难加剧。

（三）企业融资贵

1．贷款利率贵

受访企业中近四成企业认为银行实际贷款利率明显偏高，难以承受。向银行获得短期贷款的企业中实行同期银行贷款基准利率的企业仅占 34.6%。在基准利率的基础上上浮的达 40.1%，其中上浮 0～10% 的为 22.6%，上浮 10% 以上的为 17.5%。获得中长期资金来源的企业中实行基准利率的企业仅占 39.0%，利率上浮的达 33.1%，其中上浮 0～10% 的为 18.0%，上浮 10% 以上的为 15.1%。

湖北百世吉服饰有限公司 1－7 月生产成本为 2716 万元，营业费用支出为 312 万元，实现主营业务利润为 640 万元，营业利润为 915 万元，其中支付管理费用 180 万元，财务费用 623 万元（其中利息支出 614 万元），利息支出占营业利润的 67%。2013 年公司的融资利率一般在 6.88% 左右，而今年在 7.8%～9.0% 之间。由于银行利率的提高，1－7 月公司的利息支出比上年多付 100 万元。

2. 综合费用贵

除银行利息外，财务顾问费用、抵押物评估费、担保费、财产保险费、抵押登记费用等占比较大。有的银行要求公司在融资贷款时需要第三方担保公司为公司进行融资担保，担保费多在 2.4%～3.1% 之间。湖北航宇鑫宝管业有限公司反映所承担的担保费、评估费等综合成本高达 12%，湖北迪峰换热器股份有限公司的综合成本高达 8%，其中担保费占 2.4%，1000 万元的收入中有 20 多万元要用于担保。

3. 续贷成本贵

按照银行规定，借款企业必须还完旧贷才能借新贷。许多企业因周转资金不足、抵押担保不足，要通过小贷公司或民间借款等多方筹措"过桥资金"还贷款，才能继续从银行贷款，大大推高了融资成本。受访企业中，近两成企业的短期资金融资来源于民间借贷，而 69.8% 的企业认为民间贷款实际利率明显较高，难以承受。由于短期"过桥"费用高，加之解除抵押和再次抵押的还旧借新过程长，大约 1－2 个月才能完成，这也造成了企业融资成本激增。

每当一笔融资贷款到期时，百世吉服饰有限公司必须提前筹集"过桥资金"，销售部门除了催收应收账款外，还必须对原材料供应商进行部分货款拖延支付，并且对一些产品进行降价销售，公司整个生产经营处于一种非常不利的境地。

4. 贴现成本贵

近年来，金融行业开具的承兑汇票逐渐增多，企业收到的客户货款以承兑汇票的形式也不断增多，三角债严重抬头，而企业各项费用支出多以现金形式支付，易导致资金周转不灵，不得不办理银行承兑汇票贴现以缓解资金紧张。企业收到的商业承兑汇票在银行贴现率较银行承兑汇票高出 1～2 个百分点，贴现成本高。黄石晨信光电有限责任公司今年银行贴现率最高达 8%，较去年上涨了 1.5%，导致公司贴现利息比去年同期增加 56 万元。

（四）经营压力重

1. 费用增长快

1－7 月大冶市规模以上工业企业"三项费用"达 33.01 亿元，同比增长 15.3%，其中财务费用为 4.41 亿元，增长 62.1%。新建企业的财务费用增速高达 125%，私人企业增速高达 107.7%。

2. 成本上升快

1－7 月大冶市规模以上工业企业营业成本为 415.97 亿元，同比增长 23.9%，高于全省 11.5 个百分点。其中主营业务成本为 414.01 亿元，增长 23.9%，高于全省 11.2 个百分点。

二、当前工业企业融资难原因分析

影响企业融资的主要因素，既有政策性因素，也有结构性因素；既有市场环境的因素，也有企业自身的因素；既有金融体系不健全的问题，也有企业信用体系不健全的问题。

（一）宏观政策调控的结果

2014年宏观调控政策仍保持稳中求进的总基调，继续采用积极的财政政策和稳健的货币政策，货币供应量保持稳定。资金价格提高，提升了企业融资成本。

受宏观政策调整的影响，银行采取了抓存款、调信贷、控风险等一系列控制流动性风险的举措，对贷款发放控制趋于严格。信贷规模调整、银根趋于紧缩，对企业融资需求产生较为明显的影响。调查显示：稳健货币政策对企业经营没有影响的仅占6.9%，对企业影响较大的高达21.5%。

（二）经济下行压力的结果

目前宏观经济形势虽然逐步走向稳定，但下行趋势并未完全遏制，仍面临着较大的困难和问题，经济下行压力仍然较大。湖北工业经济处于调结构、转方式的关键时期，由于长期积累的矛盾比较突出，落后产能淘汰和退出政策措施不尽完善，需求增长依然乏力，经济运行稳中有忧，一些领域的潜在风险不容忽视。2014年1－7月，全省工业增加值增速回落，工业投资增速放缓，导致发展后劲不足。

（三）金融机构运营的结果

一是金融机构对中小企业惜贷。大冶市金融机构数量较多，以四大国有银行为主体，中信、兴业等其他商业银行和自办村镇银行构成了整个银行金融服务体系。虽然金融主体比较完备，然而，在企业实际申请贷款的过程中，银行往往偏向于大型或优质型工业企业，"嫌贫爱富"特征比较明显。银行对中小微企业贷款不够重视，设置的贷款门槛较高，限制了中小微企业贷款意愿。大冶市村镇商业银行虽然贷款条件较低，然而存款规模小，真正发放给企业的数额小，难以满足中小微企业的贷款需求。

二是审批手续复杂。当前银行管理体系标准逐渐提高，为严控风险、降低呆账坏账率，银行对贷款审批程序管理也愈发严格，对企业财务状况或经营状况要求也更加苛刻。今年以来，大冶市各大银行纷纷将贷款额度控制权上收，甚至过千万额度的贷款都需要上一级进行审批，导致审批过程缓慢，发放不及时，这与中小微企业"贷款急、频率高、时间短"的融资需求严重不相适应，中小微企业甚至因此不得不放弃向银行贷款。调查显示：企业没有融资的主要原因是贷款费用高、审批时间长、手续复杂，这些原因占受访企业的三成。

三是金融创新不足。虽然银行的金融产品形式上品种多，但产品同质化现象严重，适合中小微企业融资的金融产品较少。由于中小微企业贷款额度小、风险大，银行管理成本高，因此银行不愿开发相关金融产品来支持中小微企业融资。

四是市场信用体系不健全。银行通常难以了解借款企业的真实意图和实际还款能力，对企业提供资料难以确认真实性，无法了解企业的财务状况、经营状况、市场状况、资金用途等。再加上银行缺乏灵活有效的贷款风险评估机制，对中小微企业的贷款申请无法做出准确有效的评估。

（四）企业自身不足的结果

调查显示：企业资金紧张的主要原因是劳动力成本上升，占比达50.5%；其次是原材料涨价过快，而自身产品难以随之上调价格，导致利润空间受到挤压，这种原因占比达44.4%；产品销售渠道不畅，产成品和应收账款占比高，达32.4%。

（1）企业经营模式粗放。大冶市部分中小微企业属于个体私营企业，以家族、合伙等方式经营，模式粗放、随意性强、稳定性不高。在经营产品定位和生产过程中，没有充分调研市场，盲目扩张生产投资规模，流动资金配套跟不上需求。产品在市场中也具有同质性，缺乏竞争力，市场占有率低。

（2）市场需求受到抑制。因下游需求缺乏，大冶市工业企业产品库存和应收账款都较快上升。尤其是传统行业，由于自主创新能力薄弱，产品销路受阻，资金周转不灵。调查显示，大冶市规模以上工业企业中有23.6%的企业库存上升，38.9%的企业应收账款上升。企业产成品大量积压，款项也无法收回，不仅影响企业资金周转，造成企业资金紧张，更影响到了企业经营业绩和发展规划。1—7月大冶市规模以上工业企业"两项资金"占用达60.74亿元，同比增长22.2%，增速高于全省8.2个百分点，"两项资金"占流动资金的比重为20.2%，同比新增"两项资金"11亿元，占新增流动资产的18.9%。

三、缓解工业企业融资难的几点建议

破解企业融资难、融资贵难题，要遵循市场化原则，全面深化改革，多措并举，标本兼治，重在治本，从政府引导、金融机构支持以及企业自身建设"三位一体"入手。

（一）政府层面：加强完善政策，营造良好的融资环境

问卷调查数据显示：企业认为政府营造融资环境的顺序依次是，加快发展中小微企业资本市场；加大对中小微企业信用担保机构的支持力度；加强政府与中小微企业的沟通；建立和完善统一的企业诚信体系；鼓励发展小额贷款公司，利用政策引导金融机构更多地向中小微企业贷款。

企业认为政府应通过推动企业成立小额贷款机构、推动成立企业间互保基金、与金融机构合作，推出适合企业的金融品牌债券、建立企业信用档案、组织企业捆绑发行中长期债券等活动推动企业融资。

企业认为政府应采取出台扶持政策引导企业运用金融创新产品、举办金融创新产品培训会、专门成立推进金融创新产品服务企业机构等措施推进企业参与金融创新产品。为此：

一是充分发挥政府调控宏观经济作用。进一步提高服务意识，强化服务职能，改进服务方式，提高行政效率。

二是充分发挥政策导向作用。在中央结构性减税和取消不合理收费政策引导下，各级政府要尽快出台实施细则，帮助企业减轻负担，缓解企业资金紧张状况。财政政策实施上要加大税收政策和财政补贴政策对中小微企业的优惠倾向，以弥补中小微企业在获取资源时的先天劣势。进一步加大对中小微企业的财税支持力度，继续减免部分涉企收费并清理取消各种不合规收费。加快淘汰落后产能，使有限资源的利用效率提高，对主动淘汰落后产能的企业给予一定的补贴。

三是充分发挥市场决定性作用，健全企业融资担保体系。支持担保公司发展，清理、整顿、打击民间高利贷，为企业发展创造一个良好氛围和政策环境。积极拓展中小微企业融资、租赁、担保、保险等融资形式。建立符合企业实际情况的融资担保体系。以政府为主导，发挥中小微企业行业协会的作用，建立中小微企业贷款担保基金，逐步形成中小微企业信用担保预算制度，使中小微企业融资担保得到基本保证。

四是充分发挥专项扶持资金作用，撬动中小微企业融资总量。借鉴沿海先进经验，如浙

江开展以政府名义设立的针对中小微企业到期银行贷款转贷资金临时周转困难的应急专项资金试点。

五是充分发挥资本市场融资作用，拓宽直接融资渠道。积极培育产权市场，鼓励创业投资机构和股权投资机构投资中小微企业，发展中小微企业集合债券等融资工具。加强对企业改制上市工作的服务与引导，积极推进中小微企业培育上市工程，完成上市后备资源库的建立工作，做到"培训一批、改制一批、辅导一批、报审一批、上市一批"。

六是充分发挥社会信用体系建设对经济发展的直接影响作用，加快社会信用体系建设。政府各职能部门要带头应用信用评级结果，在政府采购、信用担保、财政专项资金扶持、项目招投标、资质认定、行政许可等工作中，逐步运用企业信用评级结果。促进政银企合作平台建设，推动银行机构与信用担保机构建立"利益共享、风险共担"的合作机制。加快企业信用评价体系建设，通过政府指导和推动，社会各界参与并监督，逐步建立起以企业自律为基础、政府和信用服务机构共同参与、诚信效果可评价、诚信奖惩有制度的企业信用体系。强化专项信用监管，严厉查处企业失信行为，对严重失信的企业列入"黑名单"并予以曝光。

（二）银行层面：创新金融服务，建立多层次融资方式

规范金融机构收费标准，切实降低企业综合融资成本。银监部门和商业银行要坚持贯彻落实2014年7月23日国务院常务会议精神，采取切实措施，缓解企业融资难、成本高等问题。要缩短企业融资链条，清理不必要的资金"通道"和"过桥"环节，清理整顿不合理金融服务收费。建议规范金融机构对中小微企业和担保机构收取的财务顾问费用，切实降低中小微企业的融资成本。

引导金融机构增加对企业的长期项目贷款，引导国有商业银行和股份制银行建立中小微企业金融服务专营机构，完善中小微企业授信业务制度，逐步提高中小微企业中长期贷款的规模和比重，开发出适合中小微企业特点的融资服务项目和贷款方式。

实施区别化融资政策，提高中小微企业金融服务的针对性。根据中小微企业不同的发展阶段，合理界定贷款需求，进行"靶向"扶持，提升资金的效率和覆盖面，扩大中小微企业融资比例。

加快中小微金融机构发展，充分发挥村镇银行、小额贷款公司和农村资金互助社等新型金融机构对中小微企业融资的整体支持作用。放开市场准入，允许民营资本和外资银行进入，使金融服务和金融产品充分市场化。

改变商业银行过分依赖存贷利差的盈利模式，积极发展信用卡业务、私人银行和企业银行业务，积极开拓国际市场，做好金融产品的开发和推广。

提高贷款审批和发放效率，通过提前进行续贷审批、设立循环贷款、实行年度审核制度等措施简化贷款手续，缩短审批时间。

（三）企业层面：增强内生动力，拓宽通畅的融资渠道

（1）建立科学规范的财务制度，提高企业资金利用效率。建立科学完善的现代企业管理制度，强化资金管理。资金使用应遵循量入为出的原则，年初编制资金计划，平常按计划进行监控，建立严格的审批制度，严格资金使用尤其是流动资金审批，建立资金管理制度，使资金的管理逐步法制化。实现制度理财，减少内耗，降低成本，实现企业效益最大化。

（2）减少资金占用，加大资金清欠力度。加快资金回笼，做到应收尽收。在清欠过程中，要注意防止新的"三角债"产生，严肃财会制度，提足呆账准备金，适时核销呆坏账，防范资金运营风险。

（3）拓展市场，减少产品库存。努力探索新的销售方式，更新销售理念，探索应用电子商务、网上交易等新的销售方式，大力开拓国际市场，推进企业的信息化建设，促进企业管理水平的提高。对有稳定市场需求的产品，强化资金、运输等方面的各项保障措施。增加广告投入和产品宣传力度，扩大销售网络，畅通销售渠道，加快资金周转。

（4）加强技术改造，加大新产品研发投入。加快产品升级换代步伐，优化产业布局，再造企业发展新优势，提高企业核心竞争力。

09 众人拾"柴"火焰高

——荆门市大柴湖开发区发展情况调查报告

卢玉廷 陶涛

[《湖北统计资料》2014年增刊第22期；本文获时任省委书记李鸿忠批示，被省政府《政府调研》（2014年第13期）全文刊发]

荆门市大柴湖是中国最大的移民集中安置区。1966年，为了修建丹江口水库，4.9万河南淅川农民"一根扁担、一对箩筐"南迁而来；"床下养猪、床头拴羊"，安顿劳作。他们砍芦苇、拔芦根，兴水利、改良田，经过近50年的艰苦奋斗，使一个昔日荒无人烟的沼泽之地变成了人丁兴旺的"小河南"。然而，"寒门苦根长，茎浅穷根深"，人多地少的现实和传统的耕种模式始终没有使面朝黄土背朝天的柴湖人摆脱贫穷的面貌。进入21世纪以来的十年里，柴湖移民的人均纯收入依然仅为全省均值的一半，贫困率高居15.4%。2013年，党的群众路线教育实践活动的春风吹拂柴湖，省委书记李鸿忠背负历史之责、中央之托、人民之盼四进柴湖，省委、省政府实施"柴湖振兴"战略助推柴湖，社会各界聚集柴湖，柴湖骤然之间成为一片开发的热土。短短一年时间，柴湖变了。

一、柴湖之变

一是发展气场变强了。在省委、省政府的大力支持下，大柴湖开发区的基础设施全面启动。现代新型工业聚集区、现代精品农业示范区和现代生态移民新城三大战略加速实施。

工业园建设取得"零"的突破。柴湖原本是一个工业基础薄弱的乡镇，经过一年多的努力，大柴湖工业园完成了一期1856亩土地的征收工作，园区内循环路网建设稳步推进，园区框架雏形展露。首家投资1.5亿元的中国十大童装品牌——深圳吉象贝儿项目已开工建设，可望于今年年底建成投产，锶铂诺联想配套产品生产基地、彭墩物流园等项目即将落地。大柴湖开始逐步融入现代工业元素。

农业结构调整加快推进。过去柴湖人多地少，移民人均不足0.7亩地，耕作方式陈旧。如今，柴湖正以土地流转为抓手，通过龙头企业、专业合作社、家庭农场、专业大户等新型农业经营主体带动，重点发展果、蔬、花、药四大支柱产业，推动柴湖农业结构调整。柴湖四新村"一周内流转"的1590亩高标准、现代化千亩温控钢构大棚一望无际，"四网千棚"花果蔬示范基地配套设施全部建成。上海农青园艺公司投资3亿元的盆花项目1000亩征地工作推进顺利，首期200亩园区已建成待产。示范基地农产品的产销两旺，为下一步土地流转和农业结构调整起到了良好的示范带动作用，眼热周边快速发展的石连锋村书记拍着胸脯说："只要老板肯进村，我保证三天把全村1220亩地全部流转完。"大柴湖开始向发展现代农业大步迈进。

移民新城建设全面启动。经广泛征求群众意见并深入研究，柴湖创造性地提出新农村建设的升级版——生态移民新城。项目规划核心区面积4平方公里，已完成土地运作。目前成立了移民新城建设指挥部和征地专班，一期 2000 亩即将启动主体工程建设。届时移民新城将采取市场化运作和项目资金整合"两轮驱动"的办法，在国家 3 亿元避险解困扶持资金的启动下，逐步建成人口规模 5 万人的移民新城，将其打造成钟祥市域副中心城镇。大柴湖即将迎来楼上楼下、花园广场的新型城镇生活。

2014 年上半年，柴湖开发区完成固定资产投资 3.4 亿元，同比增长 42%；完成工业总产值 17.3 亿元，同比增长 24.5%；完成工业增加值 6.11 亿元，同比增长 20%；完成招商引资 1.77 亿元，同比增加 289%；社会消费品零售总额达 1.98 亿元，同比增长 31.28%。新培育种养殖大户 68 户，达到 393 户；新增农民专业合作社 20 家，达到 153 家。"城乡统筹""四化同步""五位一体"——柴湖成为一片充满生机和活力的热土。

二是发展理念变新了。"破釜沉舟，背水一战，暂把柴湖变财湖！"在党的 93 岁生日那天，柴湖人喊出振聋发聩的誓言和决心。从"等靠要"到"自强不息、振兴发展"，柴湖人的发展理念在一年里发生了深刻的蜕变。

科学规划引领柴湖建设。柴湖战略实施一年来，开发区编制了《柴湖振兴发展总体规划》《大柴湖开发区镇域规划》《大柴湖开发区镇区规划》《大柴湖开发区建设规划》《大柴湖开发区产业发展规划》等五大系列及土地、交通、村庄、产业等十余项专项规划。其中《大柴湖经济开发区振兴发展规划》已经省政府批准；《大柴湖全域规划》通过了专家评审。同时柴湖还聘请了中国美术学院编制移民新城、工业园区设计及控制性详规方案。

搭建平台力推柴湖发展。市场化的平台是促进地区发展最重要的跳板，柴湖把三大平台建设作为振兴发展的主要着力点。第一，搭建融资平台。全面启动中国大柴湖投融资公司筹备工作，其中荆门农信社率先与开发区签订了 3 年 10 亿元的政银合作框架协议。第二，搭建发展平台。柴湖开发区长期跟踪联想集团配套生产项目并主动联系东湖高新区，拟结对共建配套产品生产基地。第三，搭建宣传平台。建设大柴湖经济开发区官方网站，宣传、介绍大柴湖最新动态，同时注册完成了大柴湖（大财湖）系列商标。

三是移民荷包变鼓了。在柴湖振兴发展省级战略推动下，当地居民"减贫增收"进一步提速。根据钟祥市统计局对柴湖移民的抽样调查，2014 年上半年，柴湖移民现金收入 4565 元，比 2013 年上半年增加 505 元，增长 12.4%，人均可支配收入 4031 元，与全省平均水平的差距缩小至 482 元；受大规模土地流转带动，家庭外出务工人员大幅增加，外出务工人员寄回或带回的转移性收入达到 1561 元，比去年同期净增 1001 元，柴湖移民人均转移性收入已超过家庭经营性收入 327 元，成为移民家庭最重要的收入来源。四新村村民赵志忠全家 10 口人，十亩半田，2013 年下半年全部以 1000 元/亩的价格流转给花卉基地，家里劳动力都从土地上解放出来，如今 4 人在上海打工，小儿媳妇在家带孩子，有空也在村口的蔬菜基地打零工，平均每天 80 元的收入，全家今年收入预计将有十几万元，大儿子已经在村里盖起了新楼房。赵老汉高兴地说："以前守家种地穷得连裤子都没得穿，现在天天有活干，家门口就能打工，生活轻松了，收入也高了，生活水平比河南老家高得多。"据统计，去年四新村土地流转后，移民人均增收 2000 元以上，增幅达 58%。

二、柴湖之忧

现在柴湖已经有了翻天覆地的变化，发展条件有很大改善，移民的生产生活已由过去的绝对贫困转向相对贫困。但贫困面貌尚未根本改变，制约发展的问题依然存在。

一忧人均资源少，自然条件差。柴湖地处江汉平原，土地、森林、矿产和大面积水资源都很贫乏。受限于当地传统的生产生活方式，大部分移民农业耕种模式还很落后，高附加值的特色种养殖产品普及率低，农产品依然以小麦、玉米、露地蔬菜为主，这三项占移民农业总收入的61.5%。柴湖移民总人口7.5万人，耕地面积5.3万亩，移民人均耕地面积仅为0.7亩，比全省均值1.94亩少64%，与邻近的石牌镇相比人均少1.28亩地，"地太少，种金子都发不了财。"而且由于柴湖属于汉江泄洪区，水患较重，土壤贫瘠，尽管近年来农田水利设施有了较大改观，但能做到旱涝保收的当家田尚不到一半，移民种田收益过低。2013年柴湖农民家庭年人均农业收入2286元，仅为全省均值的56.4%。

二忧市场主体匮乏，产业层次低。由于柴湖本地没有特色工业品原材料，又邻近钟祥开发区，在企业布局需着重考虑的区位、原料、劳动力、市场等方面因素上均处于劣势；且由于柴湖曾经不稳定因素较多，工商界对柴湖认可程度不高，本地市场主体发展缓慢。对比钟祥市人口规模同为10万人的胡集镇和旧口镇，柴湖镇的企业总数仅为旧口镇的23%、胡集镇的10%，从业人员是胡集镇的1/4；工业企业个数不到前两者的一半，实缴税金为旧口镇的68%、胡集镇的1.7%；社会消费品零售总额为旧口镇的84%、胡集镇的21%；公共财政预算收入为旧口镇的24.6%、胡集镇的0.2%；固定资产投资完成额为旧口镇的70.7%、胡集镇的17.9%。柴湖经济活力不足，服务业发展滞后，工业以农副产品初级加工为主，缺乏龙头骨干企业，工商业对本地社会经济发展带动能力较弱，市场主体亟待壮大。

三忧机构职责不匹配、支持项目落实不到位。大柴湖经济开发区是省级开发区，属正县级行政机构，但职责与职能不匹配的矛盾突出，很多相关职能只有职责没有职权，使得大柴湖开发区本身能够统筹安排、整合项目的能力十分有限，项目执行受到的约束太多，导致推进缓慢。这与同属省级开发区的黄梅小池镇相比形成较大反差，小池镇早已获得市、县涉及财政、税务等22个部门下放权限共166项，高效便捷的行政服务使当地社会经济得以长足发展。钟祥市也曾召开专题会议，研究商定扩权改革事宜，将涉及水利、国土等若干部门的权限下放给大柴湖开发区，但目前在柴湖的行政机构仅有国土等6个部门，扩权改革的进展并不顺畅，高效便捷的服务机制依然长路漫漫。在对柴湖项目落实方面，各部门支持力度也有待加强。自去年省现场办公会后，省、荆门、钟祥三级政府共确定扶持项目39个，规划投资总额超过10亿元，但目前仅到位1.4亿元，项目未落实的问题较为突出。少数部门在支持柴湖开发上雷声大，雨点小，后续措施跟进不足，特别是在推进工业园和移民新城建设等关键性问题的主要指标上支持力度不够，使振兴柴湖、实现柴湖"十三五"与全省同步小康的目标受到较大影响。

三、柴湖之盼

一盼强化政策投入，发展设施农业。柴湖人多地少、土地宝贵。人均不到一亩地的现实告诉我们，传统农业肯定无法让群众富起来，必须走规模经营、设施农业的发展路子。目前四新村已经给我们提供了一个产业化发展的模式：土地整村流转，社会资本进入，产业规模经营，农民收入翻番。这种模式非常好，建议继续扩大试点，在有条件、有积极性的村逐步推开。但发展设施农业地方政府前期投入非常高，在水、电、路等基础设施方面投入达亩均1万～3万元。而柴湖作为荆门最特殊和贫困的乡镇，仅凭一镇之力无力负担。建议省、市进一步向柴湖倾斜政策资源，扶持柴湖农业产业化和设施农业加快发展，打造农谷增长极。柴湖开发区应在提高设施农业科技水平方面，充分用足"中国农谷"引进两院院士的政策，加大引进力度，设立相关的院士工作站或重点实验室，着力提升设施农业科技水平，建设设施农业科技高地，并以此为名片吸引市场主体投资兴业。

二盼加大招商力度，壮大市场主体。柴湖是一个经济弱镇，财政穷镇。要实现振兴发展必须走建园区、壮产业的工业化道路，以此增强自身造血功能，实现良性发展。而大柴湖开发区在招商引资条件上与其他地区相比并无明显优势，再加上本身基础差，底子薄，对客商缺乏吸引力。他们期盼：一是省、市要加大对柴湖招商引资问题的关注和扶持，帮助柴湖完善招商体制、培训招商人员，尽快在引进市场主体、"招大商"方面做出成绩；二是省委、省政府及有关部门要大力支持柴湖开发区与省内发展程度较高的开发区建立结对帮扶机制，在合作招商、产业转移等方面积极开展务实合作。

三盼理顺管理体系，督办项目落实。推进柴湖开发开放、振兴发展，是省委、省政府做出的重大战略部署，扩权放权是实施这一战略的主要标志和重要途径。一是省、荆门市和钟祥市根据柴湖开发区建设程度及职能所需，参照扩权强镇试点的胡集镇，制定具体扩权放权路线图和时间表，尽快落实驻柴人员和办事机构，以此调动柴湖开发区的主观能动性，强化其整合项目和统筹安排的能力。二是要加大项目和政策督办落实力度。去年省委、省政府在柴湖召开现场办公会，确定了扶持的 39 个项目，目前落实情况不太理想，建议省委、省政府加大柴湖现场会的督办落实力度，分解、细化，明确省、市相关部门的落实责任及时间表，强化部门责任意识，加大政策落地、项目落实力度，加快推进柴湖振兴发展。

10 通山县域经济发展调研报告

李团中　章玲　舒猛

[本文被湖北省政府《政府调研》（2014年第14期）全文刊载]

地处湖北省东南部的通山县，是一个底子薄、基础差的山区贫困县，也是省级扶贫开发工作重点县。近年来，该县乘借政策之先、帮扶之力，以脱贫奔小康试点建设总揽经济社会发展全局，凝心聚力抓发展，加速脱贫奔小康，经济社会发展呈现良好态势。为寻鉴通山县域经济发展经验，近期省统计局组织专门力量对通山县域经济进行了深入调研。通过调研我们发现，通山发展县域经济过程中形成的一系列好的做法和经验值得总结和推广，同时以其为代表的山区县面临的一些困难和不足也需要认真研究解决。

一、可喜的变化

通山县深入推进脱贫奔小康试点和幕阜山片区扶贫攻坚工作以来，县域经济取得长足发展，综合实力显著提升。2010－2012年，县域经济在全省综合考核排名连续三年进位；全省试点县市五年规划实施情况综合考核排名，从2010年的第3位上升到2013年的第2位，荣获"全省五年脱贫奔小康试点工作先进县"的称号。2013年通山地区生产总值、规模工业增加值、全社会固定资产投资、社会消费品零售总额、地方公共财政预算收入，分别是2008年的2.17倍、4.77倍、6.25倍、3.16倍和4.77倍。经济的发展带动了民生实在的改善。五年来，全县共减少贫困人口5.45万人，年均下降11.38%。2013年，通山县城镇居民人均可支配性收入达16300元，是2008年的1.94倍；农民人均纯收入达5667元，是2008年的1.99倍。

（一）转型发展初见成效

近年来，通山县委、县政府坚持绿色先行，在产业规划中优先发展绿色产业。全县绿色能源产业日益增长。大畈核电全面完成前期基础厂平工作；九宫山风电厂经扩建增容，现已建成风电设备16台，年发电量2800万千瓦时，年销售收入3.4亿元；大幕山抽水蓄能电站正积极争取纳入国家投资计划。生态旅游开发逐步完善。全县成功打造九宫山和隐水洞2个国家4A级景区，逐步形成"游山、玩水、探洞、观古民居、谒闯王陵、品农家乐"一主多层次的全域旅游格局。2013年通山县旅游收入达20.7亿元，以旅游业为主的第三产业增加值达到39.8亿元，比2008年增长1.3倍。

（二）工业基础成长壮大

近年来，通山县以发展园区工业为抓手，坚持走工业强县道路。先后新建了发展、民生、平安3条园区主干道，拓展园区面积15平方公里。全县低碳产业园、回归工业园、水晶工业园、新石材工业园4个工业园区布局初步成形，其中：回归工业园已入驻企业23家，建成投产13家；水晶工业园已有20多家水晶企业注册落户，8家企业开工建设。玉龙机械、荣浩电子、酿造工业公司、富士峰生物科技等一批税收过千万元企业相继建成投产。近两年，通山县新增规模企业达 30 家，规模以上企业达 64 家，2013 年全县工业总产值达 86.8 亿元。

（三）"三大产业"成效突显

近年来，通山县着力发展现代农业、新型工业和生态旅游业，三次产业提质增效，2013 年以农业为主的第一产业增加值为 13 亿元，比 2008 年 6.5 亿元增长 100%；以工业为主的第二产业增加值为 28.4 亿元，比 2008 年 9.1 亿元增长 211.2%；以旅游为主的第三产业增加值为 39.8 亿元，比 2008 年增长 125.5%，工业经济翻了两番，农业、旅游业各翻了一番。三次产业结构更趋优化，由 2008 年的 19.5：27.5：53 调整为 2013 年的 16：35：49。

（四）创新发展成果丰硕

面对"老、库、山、穷"等自身的不足，通山县坚持将创新作为推进发展的最大动力。近年来，通山县不断创新农业产业经营机制，依托 36.6 万亩四荒资源，大力推进林业特色板块基地建设，完成造林 16 万亩；依托 13 万亩可养水面，14 万亩水田资源，大力发展小龙虾、茭白、泥鳅、网箱养鱼、精养鱼池等特色种养殖基地 6.3 万亩。加快创新"五石"产业结构（大理石、白云石、石英石、石灰石、钒石），打造了"九宫牌""三环牌"等一批石材注册商标，培育了武钢森泰、赛钻石英等一批高新技术企业。2013 年，全县"五石"产业年产值达 44 亿元，带动近 10 万劳动力就业。

二、成功的经验

从县域经济的发展历程来看，通山县巨大的变化主要来源于多年一直不懈地坚持从五个方面着力，他们发展县域经济的经验对山区县市来说弥足珍贵，可资借鉴。

（一）全境布局抓基础改善

近年来通山县坚持把基础设施改善放在首要位置，集全县之力加快推进重大基础设施建设。一是科学谋划了一批交通路网工程。交通设施落后是山区县资源优势转化为经济优势的主要障碍。为解决这一问题，通山县以两条过境高速和两条过境国道为骨架，以幕阜山生态旅游公路建设为契机，对全县路网科学整体布局。在此基础上，按照"提升主干路、修好高速连接路、打通县际乡际村组断头路、建设旅游循环路"的思路，加快实施，分段推进，目前全县通车公路达 317 条，里程达 2271 千米，其中高速公路达 97 千米。二是加快实施了一批水利设施工程。先后新建或改造了 3 个乡镇水厂，完了成 2 条河流治理、5 座小（2）型水库除险加固、4 座小型水电站以及 3 个片区小型农田水利工程等。三是集中实施了一批电网新改建工程。继去年投资 2 亿元后，今年又投资 1.27 亿元，新建 2 个 110kV、1 个 35kV 输变电工程项目；同时加快推进农网升级改造工程，累计完成电力投资 6000 万元。

（二）全域开发抓产业壮大

通山县立足本地实际，发挥自身优势，坚持以新型工业、规模化农业和现代化服务业为龙头，统筹推进全县经济产业发展。一是强化配套兴工业。全县积极整合优质资源，采取地价优惠、税费减免、扶持奖励、优化环境等全方位、"保姆式"服务，强力推进工业园区建设，目前全县 4 个龙头工业园区已基本布局成形。二是创新机制兴三农。全县积极建立涉农项目与农业产业化建设对接机制，制定加快楠竹、油茶、茶叶等产业发展意见，出台农产品"三品一标"认证奖励制度，促进了农业规模化、产业化、品牌化经营发展。加快创新土地流转机制。通过土地流转和发放抵押贷款，新发展 20 多个千亩以上特色板块基地，新增省市级农业产业化龙头企业 7 家，新增"三品一标"认证品牌 5 个。大力推行"支部、党员（致富能手、大学生）+合作社+农户"等多种农业经营模式，促进农村群众在农业产业化链条中受益增收。目前全县已发展农民专业合作社 385 个，有 2.1 万户群众入社增收。三是放眼市场兴旅游。充分依托湖北旅游网、湖北省乡村旅游发布会等官方信息平台，搭建畅游通山电子商旅平台，开展旅游宣传推介，拓宽旅游市场，大幕山赏樱花、隐水探溶洞、谒闯王陵等旅游线路持续火热。今年上半年全县实现接待游客 208.3 万人次，实现旅游综合收入 14.3 亿元，分别增长 35.4% 和48.5%。四是紧跟热点兴电商。通山县积极发挥电子商务在县域经济发展中的重要作用，将其列入重点支持产业和金融创新工作重点。先后与杭州师范大学合作，组建电子商务公司，成立电商协会，启动以电商大楼和"一店两铺"集散中心为主体的电商集聚区建设。电商抱团发展态势逐步突显。

（三）全力以赴抓项目攻坚

通山县坚持把项目作为县域经济社会发展和扶贫攻坚的总抓手，牢牢咬定青山不放松。一是蓄势谋项目。一方面，突出项目库的基础性作用，建立了片区发展项目库，共收集项目487 个，规划投资估算 1157 亿元。另一方面抓好片区扶贫攻坚项目与"十三五"规划项目的对接工作，提前策划、储备"十三五"规划项目。二是抢势争项目。抢抓省纪委、省发改委等省直单位对口帮扶通山县脱贫奔小康和新农村建设机遇，把争取领导重视、争取政策倾斜、争取项目支持作为扶贫攻坚的重要措施。2009－2013 年，全县共争取帮扶项目 959 个、资金 35.25 亿元。三是借势引项目。借园区拓展之势，着力招商引资。今年上半年，全县新签约各类项目 39 个，实际引进资金 68.02 亿元，同比增长 16.42%。四是造势推项目。坚持"工业崛起"不动摇，通过实行县领导联系重点项目、定期拉练检查等制度，确保重点项目顺利推进。今年全县投资在 500 万元以上的项目达 358 个，其中重点推进的项目 114 个，累计完成投资额 85.39 亿元。

（四）全心全意抓民生保障

通山县在县域经济的发展中始终坚持民生决定目的的总纲要、总原则，积极将经济发展成果转化为惠及民生改善。一是着力改善人居环境。县委、县政府坚持"以文为魂、以水为脉、以绿为韵"的城镇建设理念，全面实施城市西拓框架、城市功能配套、城市改造、城市绿化亮化"四大工程"，城区新增面积 10 平方公里，一批功能场馆项目拔地而起，城区周边举目所及的山体全面绿化。二是着力为群众办实事。通山县持续加大民生事业投入，确保财力向民生领域倾斜。近五年，全县累计完成农村危房改造 13239 户，每年发放粮食"两补"、退耕还林、移民后扶、低保、大病救助、贫困学生生活补贴和助学金等各类惠民资金近 2 亿元，发放养老、失业、医疗、工伤、生育等保险资金 2 亿元。全县新职教中心、新人民医院、新档案馆、新博物馆、残疾人托养中心等一大批社会民生设施相继建成投用。三是进一步密切联系群众。全县以开展党的群众路线教育实践活动为契机，扎实开展了干部作风和发展环境"百日整治"活动、"四风"突出问题专项整治活动和六项专项治理活动，切实解决了一批群众反映突出的问题和服务群众最后一公里问题。

（五）全盘深入抓机制创新

通山县始终把机制创新作为扶贫攻坚的内生动力来抓，大胆解放思想，敢试、敢闯。一是建立精准扶贫推进机制。坚持专项扶贫、行业扶贫与社会扶贫有机结合，进村入户，找准贫困对象；逐户分析，找准贫困原因；一户一策，对农村贫困人口有针对性地实行产业发展、劳动力培训、社会救助等差别化扶贫，做到扶贫到户。二是健全项目资金整合投入机制。积极整合幕阜山片区扶贫攻坚、脱贫奔小康、新农村建设等项目资金，集中用于扶贫攻坚。采取统一规划、统一设计、统一招标、分开验收的方式，用活捆绑资金，形成政府主导、企业主体、金融支持、社会帮助的扶贫投入机制。三是创新农村产权和经营机制。积极发展多种形式的新型股份合作制，提高农业组织化程度。逐步建立城乡一体的建设用地市场，构建以"家庭经营+适度规模+合作组织"为主的现代农业经营方式。四是创新县域金融工程。积极与武汉大学合作开展县域金融工程创新，推动资源上市融资，吸引金融机构向通山县聚集、向基层延伸。目前全县登陆"四板"市场的企业达 14 家，挂牌总市值 25 亿元，累计实现直接融资 1.2 亿元。

三、面临的困难

虽然成绩显著，但以通山县为代表的山区县在发展中面临的困难和存在的不足依然需要重点关注和深入思考。

（一）贫困现状仍然突出

截至 2013 年年底，通山县建档立卡贫困人口达 8.3 万人，贫困发生率为 22.4%，比全国（8.5%）、全省（8.0%）贫困发生率分别高出 13.9 个和 14.4 个百分点。全县 12 个乡镇都有贫困人口分布，主要分布在高山区、环库区以及老苏区，农民人均旱涝保收面积不足 0.2 亩。全县约有 3 万人仍需通过扶贫搬迁和生态移民脱贫。

（二）地方财力仍然艰难

从地方公共财政预算收入来看，2008－2013 年，通山县地方公共财政预算收入平均增幅高达 36.8%，分别高于全省、全市平均增幅 11.6 个、4.2 个百分点，在咸宁市 6 县（市区）排名第一。但由于基数较低，总量和人均数仍然相对落后。2013 年，全县完成地方公共财政预算收入不足 5 亿元，人均地方公共财政预算收入仅为 1330 元。从财政支出规模来看，2013 年全县总支出首次突破 20 亿元，剔除上级指定用途的专项转移支付支出后，本级财政实际可支配财力仅 8.7 亿元，主要用于人员支出、法定配套民生支出和保证机关正常运转，仍然处于"吃饭"财政阶段，支持经济建设发展的财力严重不足。

（三）基础设施仍然落后

一是交通制约依然突出。近年来，在上级部门的大力支持下，通山县交通条件有了较大的改观。但公路路网等级偏低，二级以上公路仅占通车里程的 8.7%，四级以下低等级公路占通车里程的 83.8%。同时，全县仍有 298 个组未通公路，未通里程达 600 多公里；仍有近 500 公里林区、旅游区生产发展通道急需新建。二是水利基础设施薄弱。县内水库、水渠和供水管网等设施大部分建于 20 世纪六七十年代，由于年久失修，灌溉、防洪、抗旱、排涝等功能缺失，抵御自然灾害能力弱。目前全县仍有 11 万人存在饮水安全问题。三是农村电网急需改造。随着居民用电量和生产用电量的增加，用电质量问题日益呈现，电压不足卡口问题较为突出。

（四）工业基础仍然薄弱

近年来，随着强力推进工业崛起，通山县工业经济取得了较大发展。但从整体看，全县工业底子仍然相对薄弱，缺乏大中型骨干工业企业。2013 年通山县工业增加值占 GDP 的比重只有 29.87%，在全省 80 个县市区中居 63 位，在 7 个脱贫奔小康县市居中（丹江口 44.13%、保康 43.87%、鹤峰 36.59%、五峰 26.68%、大悟 20.55%、英山 17.4%），在咸宁 6 个地区居后（嘉鱼 51.84%、咸安 49.58%、赤壁 45.5%、通城 40.33%、崇阳 32.63%）。2013 年通山县人均规模以上工业增加值则更低，仅 4778 元，不到全省平均水平（19244 元）的 1/3。

（五）社会事业仍然滞后

通山县城区医院、中小学大都建于 20 世纪七八十年代，医疗、教育等设施都比较陈旧，无法满足城镇化发展的需求。2010 年通山县启动县人民医院整体搬迁工程，虽主体工程已完成，但目前资金缺口仍达 1.12 亿元。县中医院搬迁也面临同样困难。城区学校布局不均衡，老城区中小学规模小，学生严重超负荷；新城区没有一所初级中学，规划拟建的新城区九年一贯制义务教育学校，因资金短缺，也尚未开工建设。

四、发展的思路

多年来，通山县通过自身努力和政策扶持，经济和社会发展取得长足进步。但同大多数山区县一样，受底子薄、基础弱的影响，通山县经济仍然比较落后，贫困发生率仍然较高。如何准确把握县情，扬长避短，科学筹划，因地制宜地把比较优势转化为竞争优势和经济优势，应是全省统筹区域、统筹城乡发展的重要内容。针对山区发展的薄弱环节和落后现状，本着"靠山吃山"的原则，我们提出如下思路。

（一）因地制宜、择优发展

本着"宜粮则粮、宜林则林、宜牧则牧、宜渔则渔、优势开发"的原则，对山区县的山、水、林、田、路、矿进行统一规划、综合治理、综合开发。利用自然资源优势、环境和空间优势，因地制宜、择优发展。充分利用山区气候、景观、生态、文化多样性所形成的独特风格、传统文化与现代文明相结合的丰富旅游资源，把生态环境建设、珍稀动植物开发与生态旅游农业结合起来，形成集访古、寻幽、休闲娱乐等多种形式为一体的观光农业，是山区农业最重要的发展方向之一。

（二）"造血"与"输血"相结合

加快山区经济发展必须立足自身条件及努力，必须增强其自身的"造血"功能。只有克服"等、靠、要"的思想，逐步从自然经济过渡到市场经济，山区的资源优势才能变成"经济优势"。当然，由于长期自然与历史的原因，部分山区县特别是深山区很难依靠自身力量摆脱自身的劣势，如基础设施投入的不足、文教卫投入的不足等，这些都需要政府给予适当"输血"。投入上去了，生产条件改善了，要素流动就会活跃起来，就能加快经济发展的步伐，而经济发展了又会带动和促进各项事业的投入。

（三）建立农户+基地+集团（公司）的产业链条

山区县具有得天独厚的生态条件，其植物资源无污染、无公害，可以生产加工多种绿色食品，具有广阔的市场前景，但需要借助一种力量把单个、零星的自发交易集中起来，形成有组织、有计划的规模经济。可建立农户+基地+集团(公司)的产业链条。在农户相对集中的位置，或在分散农户的相对中心位置，建立若干个基地，负责收购农户的产品、提供种子等生产资料、对农户提供信息咨询和信息指导，基地再与集团(公司)保持定向联系，集团(公司)负责组织运输和对外销售，并且对产品进行市场预测。

（四）建立深山区重点帮扶农户长效机制

山区县的深山区，由于地理位置偏僻，生产要素流动极为困难。散居其间的农户，多是过着自给自足的生活，与现代文明相去甚远。当地各级政府对于生活在深山区的农户，特别是贫困户，要建立档案，实行重点跟踪帮扶。从扶贫入手，寻求治贫之道，最后达到脱贫的目的。通过结"对子"，责任落实到人。要建立长期的帮扶制度，不因一人一事的变动而受影响。

（五）走发展与保护并重的路子

要始终坚持绿色决定生死的总纲要，深刻认识山区的生态环境是大自然馈赠给人类的一笔宝贵财富，一旦遭到破坏就很难得到恢复。因此山区的发展绝不能以牺牲生态环境为代价，在发展中不仅要算经济账，而且要算生态账，一定要坚持走发展与保护并重的路子。

11　从应城市投资下滑反思我省投资发展的可持续性

王博　王飞　柯超

[本文被省政府《政府调研》（2014年第17期）全文刊载]

2014年开年以来，我省固定资产投资虽然仍保持在20%以上的增速运行，但是增幅逐月下降，1—9月全省固定资产投资同比增长20.3%，比上半年下降0.7个百分点，比去年同期下降4.1个百分点，预计下一阶段我省固定资产投资增速仍将呈下滑趋势。为了解全省投资运行形势和存在的问题，正确把握全省投资运行形势，为省委、省政府如何发挥投资关键作用提供决策参考，近期，省统计局组织调研组对应城市固定资产投资运行形势进行了专题调研。

一、应城市投资运行总体概况

2014年以来，应城市固定资产投资在宏观经济增速放缓和高基数压力增大等不利因素的影响下，1—9月完成投资180.05亿元，增长24.8%，同比下降5.0个百分点，比上半年回升5.7个百分点。

（一）应城市扩投资保增长的主要亮点

1．整合资源，做实重大项目

2014年度，在省里提高标准、精简重大项目的情况下，应城市共有3个项目列入省级重大项目：应城国家矿山公园、华能应城热电联产、格林森藻钙生态环保节能材料。

2014年1—9月，应城市3000万元以上固定资产投资项目155个，比去年同期增加20个，完成投资116.80亿元，占全部投资的64.9%，同比提高16.0个百分点。全市56个重大工程项目中，已建成投产项目1个，正在建设项目43个，1—9月完成投资113亿元，其中，3个省级重点项目完成投资19.3亿元。

2．精心策划，做足项目储备

为了提前做实、做熟项目包装、报批等前期工作，从2013年起，应城市建立300万元项目前期专项基金，实际使用303万元，有力地支持了资源枯竭型城市转型试点、省级循环经济示范区、汉江引水等重大项目前期推进工作。2014年，围绕省发改委提出的20个专项开展重大专项策划工作，应城市共策划项目468个，总投资2268亿元。

3．强化调度，做大投资底盘

从2013年起，应城市政府出台并兑现了《应城市项目前期工作管理与资金争取工作奖励办法》《应城市固定资产投资完成情况考核奖励办法》，在投资和项目工作会议上当场发放奖金524万元（2013年270万元，2014年254万元）。该市还建立健全了约束机制，把投资完成目标和重大项目推进工作责任分解到年、季、月、周，细化到责任部门和责任人，建立健全工作任务、时间表、责任状"三位一体"倒逼机制，倒排工期，挂图作战，认真考核，确保完成既定目标任务。每月派出专班深入乡镇和有关部门，加强投资和项目调度，加大在建项目推进力度，确保形象进度；加大前期准备项目督办力度，力促尽早动工。

4．化解瓶颈，做优项目服务

应城市积极主动做好重大项目协调服务工作。对省级和孝感市重点项目、全市重大工程项目，着力帮助解决制约项目建设的困难和问题。站在讲政治、讲大局的高度，竭力协调解决项目建设过程中的相关事宜，在依法依规的前提下，千方百计地帮助项目单位落实立项、用地、环评等建设条件，做到优先调度、优先保障。2013 年以来，应城市积极主动争取上级发改委等部门支持，解决了国家矿山公园、乐华厨卫、格林森等 3 个项目建设用地需求共 1100 亩（2013 年 630 亩，2014 年 470 亩），落实华能应城热电联产、应城国家矿山公园等 3 个项目银行贷款授信 17.5 亿元。

（二）当前存在的突出问题

1．投资增幅明显放缓

近几年，应城市固定资产投资增速每年都保持在 30% 以上，使得固定资产投资总额快速攀升，今年前 9 个月，全市固定资产投资平均增速仅为 22.0%，低于 2013 年平均增速 9.3 个百分点，且下行放缓趋势将进一步持续，这对今后固定资产投资快速增长的要求产生了较大压力。

2．投资结构不合理

2014 年 1—9 月，全市三次产业投资比为 5.0∶45.9∶49.1，其中第三产业投资增长 20.1%，低于全市投资 4.7 个百分点。工业投资中，技改投资占比为 70.4%，高技术投资占比仅 4.7%，同比下降 2.6 个百分点；而高耗能行业投资占比为 54.4%，增长 19.2%。

3．投资增长后劲不足

2014 年 1—9 月，全市施工和新开工项目分别为 406 个和 357 个，分别同比下降 26.6% 和 29.2%。2013 年，全年施工项目计划投资 281.76 亿元，同比增长 67.7%，而今年 1—9 月全市施工项目计划总投资仅同比增长 11.3%，其中新开工项目计划总投资同比下降 5.6%，项目储备不足导致投资增长后劲乏力日益显现。

4．投资效益不佳

受多种原因的影响，地方盲目追求投资规模，重复上项目，从而导致产业结构和效益不佳。以近两年应城市工业投资为例，随着投资总量的扩张，工业投资形成的新建投产企业对工业经济的拉动作用减弱，对工业税收的贡献十分有限。2012 年，应城市新建工业项目投资 13.22 亿元，占全部工业投资的 24.1%，当年新建投产规模以上工业企业 9 家，实现工业总产值 18.8 亿元，占比仅为 3.9%；利税总额 0.71 亿元，占比仅为 2.0%。2013 年，全市新建工业项目投资 22.85 亿元，比上年增加 9.63 亿元，全年新建投产规模以上工业企业 10 家，比上年增加 1 家，实现工业总产值 17.73 亿元，占比较 2012 年下降到 3.7%；利税总额 1.48 亿元，占比较 2012 年略为上升，但仍只有 4.2%；2014 年 1—9 月新建投产规模以上工业企业完成产值 14.5 亿元，仅占全部规模以上工业总产值的 3.6%，实现利税 0.72 亿元，仅占 2.6%。

二、制约投资增长的主要原因

（一）经济增长放缓，投资意愿降低

受土地、税收政策越来越严厉，融资审核越来越繁杂，原材料、劳动力价格大幅上涨等因素影响，部分企业投资冲动受到抑制。有的项目一期工程建成后，由于大批量的熟练工人难招，加上市场布局尚未完成、配套产业尚未完善、物流成本较高，迅速转入二期项目建设的意愿不强，投资决策更为谨慎、稳健。全市民间投资增速大幅下滑，对投资增长的贡献率也大大减弱。2013 年，全市民间投资增长 22.9%，占全部投资的比重为 76.7%，对投资增长的贡献率为 54.3%。2014 年 1—9 月，全市民间投资仅增长 10.9%，占比下降到 69.3%，对投资增长的贡献率仅为 33.8%。

（二）外部要素保障不佳

一是基础设施难以保障。应城市是远近闻名的盐化工、精细化工、石膏建材三大产业集聚区，园区的基础设施均由地方政府筹资修建，随着园区规模的扩大，基础设施的建设和维护费用不断增加，地方政府财力有限。除建设园区基本的道路与基础管网外，根本无财力建设精细化园区所必需的污水处理厂，导致汉达新材料、互邦科技等一些前景良好的企业发展受限，一些有意来应城发展的化工公司转战他地。

二是资金来源不足和融资难度加大。从银行贷款来看，金融机构受货币政策约束、经济下行和金融风险加剧影响，固定资产信贷投放对所属行业、企业性质要求趋严。首先，2013 年全国银行间资金拆借市场的两次"钱荒"预示着我国商业银行继续通过超常规的信贷投入、扩张资产规模、提高财务杠杆以获得高收益的经营模式将难以为继。随着国务院出台 107 号文件，规范影子银行发展，也对通过表外融资业务超规模发放贷款进行了控制，势必影响地方做大固定资产投资信贷投放的努力。其次，经济下行压力持续加大，有效信贷需求受到抑制。部分企业的连年亏损影响了银行对企业甚至是整个行业持续提供信贷支持的信心，加之中央严格规范土地储备贷款和融资平台债务率措施的相继出台，做大固定资产信贷可供选择的优良企业进一步减少。再次，随着经济结构调整的加快，房地产及周期性行业中的去产能、去泡沫进程进一步加快，对金融风险的考验尤其强烈。应城市以小贷公司为主的民间金融发展迅速，影子银行业务占比较大。2014 年上半年应城市仅纳入统计的 4 家小贷公司贷款余额就达 4.93 亿元，规模甚至超过了部分银行，个别公司经营信息不透明等问题蕴藏着较大的金融风险，扰乱金融秩序。同时这些影子银行与正规金融有着千丝万缕的联系，客户与银行存在交叉，股东本身为银行客户，其风险将会通过各种途径向银行传导。

三是人才较为缺乏。人力资源结构性矛盾比较突出，特别是受县级城市条件所限，技术型人才、技能型人才难招来、难留住，有的项目建成了也不能正常开工。应城市有高新技术企业 15 家，高新技术企业的发展壮大离不开强大的科研人才，但县城经济生活环境对高科技的人才吸引十分有限，人才流失现象较为普遍。甚至有部分科技型公司，因为解决不好人才问题考虑迁址到武汉发展。如富邦科技等企业因为对已引进的人才解决不好生活娱乐、恋爱结婚等问题，不得不把应城市作为生产基地，另外在武汉建设研发中心，科研、技术人员基本上干满 2 年就到武汉基地上班。还有如乐华厨卫的华中厨卫家居产业园一期工程竣工投产后，一直因技术工人欠缺，周边也无配套的培训技术工人的机构，生活、娱乐等配套设施不足，技术人才招募十分困难，已招聘的人才流失较多。因此，该企业不得不放缓二期工程建设步伐。

（三）外部政策环境趋紧

一是政策环境趋紧。我省土地、税收政策相比较外省越来越严厉，容易形成政策上的不对等，投资主体倾向于选择政策相对宽松的外省。特别是 5 月份湖北省新的土地使用政策出台后，土地出让金不能返还。随着土地政策更加严格，土地财政将难以维系，出让金收入减少，难以维持地方本级对基础设施建设的需求。

二是行政审批手续趋严。在调研中，相当一部分企业反映项目报批手续繁杂，审批周期过长，从而导致项目落地难，使建设成本上升。据了解一个项目从立项到开工建设，需历经10多个部门辗转审批，平均历时4～8个月，有的甚至3～5年都无法获批。在用地供给方面，争取用地指标、土地报批难度不断增大，从申报到使用的周期较长，有些项目迟迟不能落地。征地拆迁方面，工作难度越来越大，有的项目因某些问题不能及时解决，开工日期一再推迟。安全生产和节能减排、环保达标等方面的压力进一步加大，部分企业投资冲动受到抑制。

（四）招商积极性不高

一方面地方政府和部门不敢轻易四处跑项目，另一方面受我省土地、环保政策约束，招商引资过程中也无法现场明确承诺给予投资方满意的土地和税收优惠，地方党政领导也很难轻易拍板特事特办。

（五）房地产市场观望气氛较浓

2014年以来，全国房地产市场量价齐跌，购房者纷纷转为观望。受整体市场环境影响，应城市房地产市场销售不旺。本次调研涉及的两家房地产企业均属于应城市较大的房地产开发企业，但都反映今年上半年只销售了十来套，商品房销售情况不太理想。三四线城市房地产开发企业资金紧张，销售量大幅下滑，回笼资金不畅，面临较大的偿债风险，库存高、回款难、融资成本持续上行等问题需引起相关部门高度重视。

三、对我省投资可持续发展的启示

（一）高度重视投资在稳增长中的关键作用

在当前经济形势较为复杂，不确定因素仍然影响着人们的信心与预期的情况下，如何保持经济平稳增长，很重要的一点就是要靠有效投资来拉动。但从目前我省实际情况来看，各地投资增长都出现不同程度的下滑，需要引起高度重视。

首先，要解决认识问题，克服地方政府招商难、难招商的消极情绪。要按照党中央国务院和省委、省政府的部署和要求，以加快重点领域建设和促进重点区域投资为抓手，以鼓励社会投资尤其是民间投资为核心，以简政放权创造良好投资环境为着力点，切实加大有效、合理的投资，发挥好投资对经济增长的关键作用。

其次，要加大投资督查和考核力度。一是要进一步加大招商引资力度。各部门要自加压力、明确任务，创新机制、出台措施，强化责任和动力机制。二是要进一步加大投融资体制改革力度。正确处理好政府、产业、国企、社会四方投资的关系，既要发挥政府投资的引领带动作用，又要充分调动各类投资的积极性，发挥各类投资的重要作用。进一步拓宽投资渠道，构建更多投融资平台。三是要加大政府服务力度。通过行政体制改革进一步减少审批环节，改善政府服务，提高行政效率，为企业创造良好的发展环境、宽广的发展空间。四是要进一步加强对在建投资项目实施进度考核力度。对于那些未能完成进度计划的重大项目，必须查找原因、分清责任；对于完成情况好的项目，也要总结经验、给予表彰。

（二）高度重视项目储备在稳增长中的后劲作用

一是立足本地区域和资源优势，加强项目储备。要坚持因地制宜的原则，发展特色产业，扩大特色品牌，做强支柱产业，提升产业竞争力；加快开发区、工业园区建设，推进县域经济集约、集聚、集群发展，提高发展质量和效益。

二是坚持走多元化招商之路。首先，要采取多种手段，依托产业链定向招商，积极承接资本和产业转移，吸纳各类资源聚集县域创业发展；其次依托湖北科教优势，加强县域自主创新能力建设，走创新驱动和内涵式发展道路；再次，项目方向寻求转变，要坚持保护环境、持续发展的原则，把建设"两型"社会、增强发展的可持续性放在更加突出的位置，强化节能减排，淘汰落后产能，加强污染治理，发展循环经济和低碳产业，走绿色发展之路。

三是创新招商形式手段。针对新的形势、新的环境，要有新的举措。政府、部门、企业要积极走出去、引进来，实现项目产业链对接，充分发挥民营经济的作用。要用足用活国家和我省的有关政策，鼓励民营企业增强信心，发现和把握机遇，迎难而上；支持和引导民营企业参与和投入到基础设施建设、民生工程和重点项目建设中。

（三）高度重视统筹规划布局和顶层设计在稳增长中的指导作用

一是加大省级统筹规划发展力度。在调研中，一些县市普遍反映，招商引资的盲目性较大，主要是缺乏顶层设计和统筹规划。目前我省部分地区和行业项目重复建设问题比较突出，比如"家具城"项目一哄而起，不断上马，建设规模和能力一个比一个大。省级部门要加强对下级项目指导，发挥宏观调控作用。要对各地资源、环境、土地等优劣势信息进行归类，进行统一规划、统一包装，抱团争取项目，要进行科学规划、充分认证、因地制宜、合理布局、梯次搭配、产业聚集、分区建设，形成全省项目总盘子，项目良性互动、优势互补、形成合力，真正体现项目绩效。要防止项目恶性竞争、重复投入，影响实际效益。

二是充分发挥大中小城市的联动效应。"1+8"武汉城市圈经济一体化的重点是推进基础设施建设、产业布局、区域市场和城乡建设的四个"一体化"。然而实施7年来，武汉城市圈经济虽处于全省龙头地位，但其功能和作用尚未充分发挥，武汉"一极独大"的局面尚未根本改观。对于应城这样邻近武汉的小城市，相关部门要加快以综合交通一体化为标志的同城化步伐，真正实现"交通同网、能源同体、信息同享、生态同建、环境同治"，不能因"灯下黑"而被边缘化。"武汉城市圈"应充分发挥武汉市的"太阳效应"，辐射和带动周边城市的发展，而不应起到"黑洞效应"，吸附和弱化周边城市既有的传统优势。

三是切实加大项目策划推进力度。要以产业投资为主导，强化战略性新兴产业、技术改造为载体的工业投资，扩大旅游和生产性服务业等为主的服务业投资，夯实包括农田水利基本建设、农业基地建设、产业链建设、服务体系建设在内的农业投资；要以民生投资为基础，加大公共服务、安居保障、生态建设投入，加快公共服务均等化，促进环境友好、社会和谐；要以新型城市化为突破口，进一步完善规划，做优发展空间，加快中心城市建设，加快中小城市和中心城镇建设，加快大平台建设，加大基础设施建设和项目引进落地的力度。

（四）高度重视环境优化在稳增长中的保障作用

一是强化项目融资服务。通过增加信贷供给、企业上市融资、发债融资、股权融资等多种渠道增加资金供给，积极探索"助保贷""政银集合贷"这类政银合作产品模式，放大财政资金效应。同时鼓励成立权威担保公司，提高国土、房产等抵押物部门办事效率，快速办理抵押手续，减少收费，降低企业融资成本。

二是强化项目用地保障。千方百计地保障项目用地需求，优先保障建设条件成熟的重大项目用地。同时用足用活集约节约用地政策，充分挖掘现有土地潜力。要转变用地方式，积极推进租赁、征用、先租后征、短期征用、合资合作等方式，鼓励企业集约节约用地，建设多层厂房，充分发挥政府调控作用，有条件回购厂房，租赁或供给其他项目使用。对于那些之前钻优惠政策空子，拿优惠土地抵押给银行，既圈地又套钱，并未发展实体经济的项目，要制定政策严格清理圈占土地。

三是切实推进投资便利化。进一步简化、合并项目审批事项，积极解决部门审查互为前置条件、权限下放不同步等问题，下大气力解决项目核准备案后繁杂的报建过程。不断创新思路，实现提速、减费、增效，打造便捷、高效的投资环境。

12 对 2014 年全省农产品加工业发展的思考及建议

宋　雪

（2014 年 1 月获时任省委常委傅德辉签批）

基于湖北是一个农业大省的基本省情，省委省政府将突破性发展农产品加工业作为推进我省"建成支点、走在前列"的重要战略举措之一。2013 年，全省农产品加工业在持续三年的超常规增长后，迎来了从量变到质变的拐点，进入一个常规速度的发展轨道。本文在分析全省农产品加工业的发展态势、基本特点和存在问题的基础上，试提出 2014 年全省农产品加工业发展的初步建议，供参考。

一、全省农产品加工业发展的基本态势和特点

1—10 月，全省农产品加工业实现增加值 2640.21 亿元，同比增长 10.6%，占规模以上工业的比重达 29.6%，占县域规模以上工业比重达 48.7%，对全省规模以上工业增长的贡献率为 26.6%。其运行态势和特点如下。

（一）发展水平明显提升

前三季度，全省农产品加工业产值与农业总产值的比率为 2.2∶1，比 2012 年（1.9∶1）提高 0.3 个百分点，比 2010 年（1.39∶1）提高 0.8 个百分点，也远超过省委省政府"四个一批"工程所确定的 2015 年发展目标（1.5∶1），全省农产品加工业发展水平明显提升。预计今年全年该比率将超过 2.0∶1。

（二）龙头企业规模扩大

1—10 月，全省规模以上农产品加工企业达到 4315 家，比上年同期增加 596 家。其中，主营业务收入过 50 亿元企业 6 家，增加 2 家；过 30 亿元企业 17 家，增加 4 家；过 10 亿元企业 110 家，增加 21 家；过亿元企业 1894 家，增加 416 家。亿元以上企业实现主营业务收入 7066.64 亿元，同比增长 21.3%；占全省农产品加工业的比重达到 85.3%，同比提高 2.4 个百分点。110 家过 10 亿元的企业中有 52 家主营业务收入增速超过 20%。一批明星企业实现跨越式发展，如粮油加工业的益海嘉里（武汉）粮油工业有限公司、湖北梅园粮油集团有限公司、棉麻加工业的湖北裕波纺织集团股份有限公司、果蔬茶叶加工业的湖北裕国菇业有限公司、禽畜加工业的钟祥市盘龙肉类加工有限公司、水产加工业的湖北神鹭水产品有限公司等企业的利润实现成倍增长。

（三）经济效益趋于好转

1—10 月，全省农产品加工业主营业务收入达到 8280.75 亿元，同比增长 19.0%，增速虽然同比有所下滑，但较前三季度、上半年分别加快 0.3 个、0.8 个百分点，快于同期全省规模以上工业 1.1 个百分点；农产品加工业主营业务收入占全省规模以上工业的比重为 27.9%，同比提高 1.3 个百分点。实现利润 405.65 亿元，同比增长 25.2%，增速较前三季度、上半年分别

加快 1.3 个、3.3 个百分点，也快于同期全省规模以上工业 6.0 个百分点；农产品加工业实现利润占规模以上利润总额的 28.2%，同比提高 2.1 个百分点。

（四）加工园区规模壮大

截至 10 月底，全省农产品加工产值过 150 亿元的农产品加工园区达 9 个，同比增加 7 个；过 100 亿元的农产品加工园区达 17 个，同比增加 8 个；加工产值过 50 亿元的园区达 26 个，同比增加 6 个。其中，前 10 月夷陵、仙桃园区的加工产值超过 200 亿元，实现了历史性的新跨越。

二、全省农产品加工业发展中的主要问题

（一）发展速度明显回落

受居民收入增长较慢、全国范围的作风整治等因素的综合影响，消费市场尤其是一些高档奢侈品的市场消费需求出现明显萎缩，加之随着农产品加工业的规模不断壮大、发展基数越来越高，全省农产品加工业发展逐渐由高速增长转为平稳增长。1—10 月农产品加工业增加值增速为 10.6%，同比回落 10.2 个百分点，增加值占全部规模以上工业的比重同比下降 1.0 个百分点，对工业增长的贡献率同比下降 16.5 个百分点。主营业务收入增速为 19.0%，同比回落 10.5 个百分点；利润增速为 25.2%，同比回落 8.9 个百分点；出口交货值增速为 18.8%，同比回落 10.0 个百分点。

烟、酒、精制茶等行业增速明显趋缓。1—10 月全省酒、饮料和精制茶制造业实现增加值 339.28 亿元，同比增长 12.5%，其中 10 月仅增长 2.7%，增速同比大幅回落 22.7 个百分点。1—10 月生产白酒 5.59 亿升，同比下降 3.4%，增速同比回落 48.8 个百分点。生产精制茶 30.12 万吨，同比增长 29.0%，增速同比回落 17.1 个百分点。烟草制品业实现增加值 335.13 亿元，同比增长 3.4%，增速同比回落 7.5 个百分点。生产卷烟 1132.58 亿支，同比下降 2.7%，降幅同比扩大 2.6 个百分点。

与此同时，受国内外棉花价格倒挂、人民币升值订单减少以及生产成本刚性上升等不利影响，棉纺织业增速持续放缓。1—10 月全省纺织业实现增加值 434.42 亿元，同比增长 11.4%，增速较前三季度、上半年和一季度分别回落 0.4 个、1.7 个和 5.5 个百分点。

（二）产业发展大而不强

全省农产品加工业开发利用的程度偏低，大量农产品资源尚未综合有效地深度开发利用，产业链条短；在农产品加工行业中科技含量高、带动能力强、辐射区域广，有重要影响的龙头企业数量不足，缺乏像双汇集团（中国最大的肉类加工基地）、华英集团（年加工肉鸭能力居世界第一）这样的带动能力强的大企业；在市场上叫得响、竞争力强、有鲜明地域特色、家喻户晓的知名农产品品牌为数不多，市场占有率较低。目前，全国销售的每 10 个饺子中有 5 个出自河南的"思念"，每 10 根火腿肠有 5 根出自河南的"双汇"，每 10 箱方便面有 3 箱产自河南，而湖北则缺乏这种高市场占有率的企业。同时，企业的外向度较低，1—10 月全省农产品加工企业的出口交货值为 432.51 亿元，仅占销售产值的 5.1%。

（三）产业发展层次偏低

一是精深加工发展不够。全省农产品的精深加工比例只有 20% 左右，而发达国家却高达 70% 以上。同一种原料，在湖北往往只能加工出几种产品；在发达国家却能生产出几百甚至上

千种产品，如玉米能被精加工成3000多种产品，其中的氨基酸类产品可比玉米原料增值百倍以上。二是高附加值的产业发展不够。1—10月，在全省农产品加工业总产值中，产值利税率较高的烟草、饮料和食品制造等三个产业的产值比重分别只有4.7%、12.1%和7.7%，而产值利税率较低的农副食品加工业产值比重高达35.7%。产业和产品结构不合理抑制了产业的利润增长空间。三是符合未来市场需要的产品不多。安全、营养、方便正日益成为人们消费的主流和方向，但全省真正在国际国内市场叫得响的安全食品和绿色食品还很少。

（四）企业成本上升较快

1—10月，全省农产品加工业主营业务成本为6892.94亿元，同比增长20.1%，高于全省规模以上工业1.5个百分点。其中利息支出61.86亿元，同比增长15.5%，高于全省规模以上工业12.1个百分点。两项资金占用为732.06亿元，同比增长20.3%，高于全省规模以上工业1.7个百分点。

（五）资本集中程度不够

全省龙头企业数量众多，但真正上规模的不多，没有从根本上走出低水平重复建设、品牌多而杂、恶性竞争的圈子。目前全省年主营业务收入过百亿元的农产品加工企业只有稻花香和中烟两家，缺少双汇、蒙牛、雨润这样数百亿元甚至近千亿元的企业，和产业化先进省份相比，差距很大。若不着力加大资本重组、品牌整合力度，打造行业领军企业，龙头企业的规模、实力上很难有新的突破。

三、对2014年全省农产品加工业发展的初步建议

2014年，全省农产品加工业发展要以党的十八届三中全会精神为指导，立足于本行业从量变到质变发展转化的基本形势，抓住机遇，直面挑战，更好地发挥市场在资源配置中的决定性作用，同时更好地发挥政府作用，推进农产品加工业的突破性发展，大力提升农产品加工业的整体竞争力。力争在2014年实现全年主营业务收入过1.1万亿元。

（一）加快资产重组，构建有巨大带动作用的大型农产品加工产业集群

重组优势农产品加工业，扩大行业规模，提高行业竞争力。一是以国宝桥米集团等企业为龙头，整合粮食主产县（市）的加工能力和储备资源，培育国有资本参股的大型粮食加工集团。二是进一步提高酒类加工企业集中度，强力推进酒业振兴计划，大力发展适应市场消费特点的优质、低度、营养健康的产品生产，提高产品档次，创立知名品牌。做大做强稻花香、枝江等企业和品牌。三是将纺织工业向江汉平原转移，在武汉市与江汉平原之间建设一个大型纺织工业园区，与周边的仙桃、天门、潜江、荆门共同打造全省最大的纺织工业聚集区。四是依托长江、江汉流域及江汉平原"双低"菜籽和棉花主产区优势，建立加工专用原料基地，以梅园粮油和湖北粮油集团为基础，创建以双低油菜为主的优质食用油和油脂深加工大型龙头企业。五是充分发挥湖北"千湖之省"、江河密布的资源优势，支持潜江华山、莱克、德炎等龙头企业做强做大，引导战略投资参股水产产业，树立湖北在国内水产加工领域的重要地位。

（二）壮大龙头企业，着力打造农产品精品名牌

重点培育100家规模大、效益好、带动能力强的农产品加工龙头企业，形成集群效应，提高湖北省农产品加工业在国内外市场的知名度，扩大市场份额。大力实施品牌战略，积极开展无公害农产品、绿色食品、有机农产品，加快发展高产优质、高效安全的农产品。按照三中

全会关于高度重视食品安全的要求，全力打响"湖北食品"安全绿色品牌，努力使"湖北食品"成为放心食品、安全食品、诚信食品、环保食品的品牌和标志，真正让"湖北造"食品香飘四海，由"国人厨房"向"世界餐桌"迈进。

（三）建好原料基地，强化企业生产的"第一车间"

充分发挥企业的资金、技术优势，及时指导和支持原料基地建设，采用以工促农、工农互惠、企业支持农民的方式，按照高产、优质、高效、生态、安全的要求，加快原料基地的建设。一是要推广优良品种，建立一批优质种苗基地，提高良种覆盖率，从根本上提高加工产品的品质，提高产地和产品的知名度。二是要抓住十八届三中全会农村土地流转制度改革机遇，加速土地流转，形成适度规模经营效应，推动原料基地建设的专业化、规模化和标准化。三是切实抓好标准化生产，确保加工原料安全。引导企业通过定向投入、定向服务、定向收购，对基地建设实行专业化生产、规模化种养、规范化管理，确保加工原料安全。

（四）拉长产业链条，提高农产品加工产业化水平

坚持农产品加工业产业化发展方向，培育壮大农民专业合作经济组织，促进农产品加工企业与原料基地紧密结合，拉动上下游相关产业，实行生产、加工、销售、服务"四位一体"，引导企业完善利益联结机制，加快构建三中全会提出的产加销一体化经营、农工贸一条链的新型农业经营体系。深化加工精度，加快从"卖原料"到"卖产品"，从"卖产品"到"卖品牌"的转变，实现农产品的多次转化增值，提高农产品加工比较效益。

13　湖北新型城镇化发展水平统计测度研究

倪群峰

(《湖北统计资料》2014 年第 2 期；本文获时任省委副书记张昌尔签批)

2013 年 12 月中央城镇化工作会议在北京召开。会议指出，城镇化是现代化的必由之路。推进城镇化是解决农业、农村、农民问题的重要途径，是推动区域协调发展的有力支撑，是扩大内需和促进产业升级的重要抓手，对全面建成小康社会、加快推进社会主义现代化具有重大现实意义和深远历史意义。在湖北省新型城镇化不断向前推进的过程中，建立科学合理的新型城镇化发展水平的评价标准，是引导湖北省加快新型城镇化发展的重要基础性工作。本文提出了湖北省新型城镇化发展统计测度指标体系构成，进行了统计测度与实证分析，并就新形势下加快推进新型城镇化发展提供了几点思考。

一、湖北推进新型城镇化具有重大的战略意义

（一）推进新型城镇化是生产力发展的必然要求

2011 年湖北省城镇化率过半，2012 年达到 53.5%，实现了城乡结构的历史性变化，标志着湖北省由以乡村型社会为主体的时代进入到以城镇型社会为主体的新时代。湖北省已进入经济社会发展的"黄金十年"，正处于加快推进新型城镇化的黄金时期。推进新型城镇化事关今后湖北发展大局，事关发展的方向和层次，是生产力发展的必然要求，是湖北的潜力所在、动力所在、希望所在。

（二）推进新型城镇化是跨越中等收入陷阱的重要抓手

所谓"中等收入陷阱"，是指当一个国家的人均收入达到中等水平后，由于不能顺利实现经济发展方式的转变，导致经济增长动力不足，最终出现经济停滞的一种状态。按照世界银行的标准，2012 年我省人均生产总值达到 6110.47 美元，已经进入中等收入偏上行列，面临"中等收入陷阱"威胁时期。李克强总理曾指出城镇化可助力中国成功"跨越中等收入陷阱"，城镇化是中国最大的内需潜力所在。毫无疑问，将新型城镇化作为湖北破解"中等收入陷阱"的一个新的经济增长点成为现实的选择和重要抓手。

（三）推进新型城镇化是全面实现小康社会的必然选择

党的十八大报告指出，推进经济结构战略性调整是加快转变经济发展方式的主攻方向，必须以改善需求结构、优化产业结构、促进区域协调发展、推进城镇化为重点，着力解决制约经济持续健康发展的重大结构性问题。目前湖北进入全面建成小康社会的决定性阶段，必须深刻领会十八大报告精神，认真贯彻落实，扎实推进产业结构优化升级，加快推动湖北新型城镇化大发展。

二、湖北新型城镇化发展现状分析

近些年来，湖北省委、省政府抢抓我省城镇化加快发展的重要战略机遇，采取一系列重大战略措施，加快我省城镇化发展，全省呈现出城镇化率明显提高、城镇体系逐步完善、城镇经济实力不断增强、城乡社会事业统筹发展的良好局面。我们运用熵权法对2012年全省地级市新型城镇化发展水平进行了综合测评。

（一）新型城镇化健康发展格局初步形成

在持续的新型城镇化发展战略的指引下，湖北省新型城镇化进程得到了健康有序的推进，新型城镇化水平稳步提高，城镇的核心地位显著提高。2012年全省城镇化水平为53.5%，12个地级市建成区面积达到1311平方公里（2012年年底）。全省12个地级市以0.71%的国土面积承载了26.3%的人口和54.8%以上的国内生产总值（按辖区口径）。城镇体系日趋合理，初步形成了大、中、小城市协调发展，并与产业布局相协调的城镇格局。如图1所示，2012年湖北新型城镇化发展综合指数排名三甲的依次是武汉（89.9分）、襄阳（71.8分）和宜昌（70.0分）。其中，武汉市得分高出第2名18.1分。武汉市综合实力、发展后劲和辐射带动能力得到很大提升，在全省乃至全国的地位和作用更加突出。武汉城市圈和中心城市功能明显增强，人居环境显著改善，城镇综合实力和竞争力不断提升，城乡经济结构不断优化，全省新型城镇化发展进入了一个新的阶段。

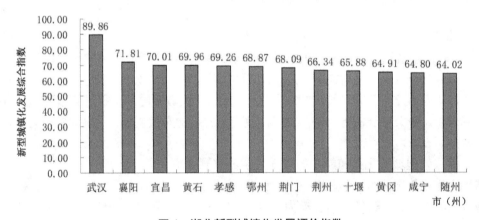

图1 湖北新型城镇化发展评价指数

大、中、小城市和小城镇协调发展，城镇体系明显优化。见表1，截至2012年年底，湖北省有城镇818个，其中省辖市12个、县级市24个（含3个直管市）、县城40个、建制镇742个。按城镇规模分，全省有特大城市和大城市6个、中小城市40个、3万人以上的建制镇46个。近年来，随着长江经济带新一轮开放开发的加速，高铁时代的全面到来，城镇发展空间得到进一步拓展，沿江城镇带和沿高铁城镇带发展迅速，我省城镇布局得到进一步优化。

（二）集约高效助推城镇经济腾飞

经济高效的集约城镇：要实现城镇经济的集约发展，必须重点壮大经济实力，增强发展后劲，建设产城互动的经济强镇。在经济高效测评指数中，排名前五的城市依次是：武汉、襄阳、鄂州、黄石和荆门，得分分别为25.83分、17.64分、17.54分、17.06分和16.94分。武汉市经济高效综合得分高于排名第 2 的襄阳 46.4%，作为湖北省龙头城市的武汉市，经济实力雄厚，城市发展集约高效，经济发展动力强劲。宜昌、襄阳作为湖北省两个副中心城市，新型城镇化发展步伐也在加快。宜昌人均 GDP 仅次于武汉，达 61517 元。工业和建筑业基础雄厚，第二产业占 GDP 比重排名第 1。2012 年襄阳实现高新技术产业增加值占工业增加值的比重为 32.5%，R&D 人员达到 17012 万人，科技创新实力雄厚；外商直接投资项目达到 26 个，经济外向度高；高新技术产业增加值占比、R&D 人员指数和外商直接投资项目合同指数都在全省排名第 2，见表 2。

表 1　湖北省新型城镇化发展评价结果及排名

城市	综合排位	综合得分	经济高效		功能完善		社会和谐		环境友好		城乡统筹	
			排位	得分	排位	得分	排位	得分	排位	得分	排位	得分
武汉	1	89.9	1	25.83	1	19.97	1	14.13	6	14.61	1	15.31
黄石	4	70.0	4	17.06	2	16.66	8	10.17	11	12.98	3	13.10
十堰	9	65.9	8	16.53	12	12.38	6	10.69	1	16.49	12	9.79
宜昌	3	70.0	6	16.60	3	15.35	5	11.19	8	14.14	5	12.72
襄阳	2	71.8	2	17.64	5	14.91	4	11.67	9	14.09	2	13.50
鄂州	6	68.9	3	17.54	6	14.60	11	9.24	5	14.73	4	12.76
荆门	7	68.1	5	16.94	8	14.36	7	10.56	7	14.18	8	12.05
孝感	5	69.3	7	16.59	9	14.31	9	9.96	2	16.21	7	12.19
荆州	8	66.3	11	14.77	7	14.41	3	11.78	10	13.02	6	12.36
黄冈	10	64.9	9	15.18	4	15.12	2	12.71	12	11.18	11	10.72
咸宁	11	64.8	12	14.72	10	14.02	12	8.97	3	15.19	9	11.90
随州	12	64.0	10	15.11	11	12.63	10	9.90	4	15.12	10	11.26

表 2　经济高效综合评价指数

城市	经济高效综合排位	经济高效综合得分	城镇化率指数	人均GDP指数	第二产业增加值占GDP比重指数	第三产业增加值占GDP比重指数	固定资产投资占GDP比重指数	高新技术产业增加值占工业增加值比重指数	R&D人员指数	外商直接投资合同项目指数	单位GDP能耗降低率指数
武汉	1	25.834	3.000	3.000	1.500	4.000	1.500	3.000	4.000	3.000	2.834
黄石	4	17.057	2.280	2.085	2.928	2.452	1.878	2.236	0.422	0.093	2.683
十堰	8	16.535	1.903	1.730	2.627	2.802	1.936	2.060	0.326	0.116	3.035
宜昌	6	16.597	2.035	2.553	3.000	2.056	1.570	1.917	0.970	0.256	2.241
襄阳	2	17.640	2.039	2.146	2.426	2.373	1.545	2.362	1.190	0.605	2.955
鄂州	3	17.544	2.355	2.346	2.512	2.000	2.215	2.024	0.000	0.093	4.000
荆门	5	16.937	1.901	1.959	2.404	2.556	1.923	1.776	0.186	0.302	3.930
孝感	7	16.592	1.886	1.543	1.507	3.063	2.560	2.017	0.913	0.488	2.613
荆州	11	14.771	1.767	1.542	2.124	2.571	2.499	1.863	0.218	0.186	2.000

续表

城市	经济高效综合排位	经济高效综合得分	城镇化率指数	人均GDP指数	第二产业增加值占GDP比重指数	第三产业增加值占GDP比重指数	固定资产投资占GDP比重指数	高新技术产业增加值占工业增加值比重指数	R&D人员指数	外商直接投资合同项目指数	单位GDP能耗降低率指数
黄冈	9	15.183	1.500	1.500	1.701	3.183	2.716	1.962	0.058	0.302	2.261
咸宁	12	14.718	1.767	1.788	1.974	2.548	3.000	1.500	0.002	0.000	2.141
随州	10	15.114	1.645	1.698	1.794	3.214	2.499	1.925	0.043	0.256	2.040

（三）完善功能决定城镇未来

功能完善的城镇功能是提升城镇综合竞争力的重要基础，也是新型城镇化的重要标志。在功能完善指数排名前五的依次是武汉、黄石、宜昌、黄冈和襄阳。武汉市作为龙头城市近年来城市功能建设有了长足发展，比较优势是湖北省其他城市无法比拟的，功能完善指数得分高出第2名3.313分，武汉市城市智能化程度高，2012年武汉市互联网用户数达到330万户，大大超出全省平均水平。在二级城市中黄石市在城市道路面积占比、农村人均住房面积和城市维护建设资金支出指数得分较高，排名分别处在第1位、第2位和第3位，见表3。新型城镇化所要求的提升城镇功能，既要不断完善城镇的城市道路、管网设施基本功能，又要进一步强化城镇智能化的互联网基础主导功能；同时，通过规范、高效的城镇管理，加大城市维护建设资金投入来确保城镇功能在运行中实现全面提升。

表3　功能完善综合评价指数

城市	功能完善指标排序	功能完善综合指标得分	年末实有城市道路面积指数	互联网宽带接入用户数指数	城市维护建设资金支出指数	排水管道长度指数	年末实有公共汽（电）车营运车辆数指数	城镇人均住房建筑面积指数	农村人均住房面积指数
武汉	1	19.975	2.773	3.000	2.392	3.000	3.000	1.809	4.000
黄石	2	16.662	3.000	1.589	2.603	1.602	1.620	2.354	3.894
十堰	12	12.380	2.180	1.658	1.839	1.545	1.656	1.500	2.000
宜昌	3	15.353	2.228	1.680	2.469	1.604	1.691	1.971	3.711
襄阳	5	14.915	1.759	1.704	3.000	1.603	1.681	1.976	3.192
鄂州	6	14.600	2.768	1.500	1.796	1.625	1.550	2.059	3.302
荆门	8	14.359	2.324	1.561	2.287	1.587	1.574	1.924	3.101
孝感	9	14.311	2.916	1.637	2.084	1.520	1.538	2.282	2.333
荆州	7	14.406	2.138	1.740	2.724	1.542	1.624	2.085	2.554
黄冈	4	15.116	2.974	1.621	1.507	1.500	1.500	3.000	3.014
咸宁	10	14.022	1.500	1.580	1.504	1.504	1.534	2.657	3.743
随州	11	12.627	1.704	1.536	1.500	1.509	1.560	2.515	2.304

（四）和谐社会凝聚城镇向心力

公平包容的和谐城镇：城镇化的核心是人的城镇化，在构建社会主义和谐社会的时代背景下，使生活在城镇的每一个人的基本生存条件能够得到满足，最终在城镇获得全面而自由的发展。在社会和谐测评指数中，排名前五的城市依次是：武汉、黄冈、荆州、襄阳和宜昌。除去武汉、宜昌和襄阳三大城市外，近年来黄冈和荆州在社会和谐保障工作方面也做了大量工作。2012 年黄冈市教育事业经费支出占财政支出比重达 19.5%，排名第 1；基本养老保险参保人数占比、社会保障和就业支出占地方财政支出比重都处于第 3 位。荆州市社会保障和就业支出占财政收入比重达 16.7%，排名第 1；医院、卫生院床位数达到 20569 张，排名第 3，见表 4。

表 4   社会和谐综合评价指数

城市	社会和谐指标排序	社会和谐综合得分	基本养老保险参保人数占常住人口比重指数	医院、卫生院床位数指数	教育事业经费支出占地方财政支出比重指数	保障性住房竣工面积指数	社会保障和就业支出占地方财政支出比重指数
武汉	1	14.133	4.000	4.000	1.012	3.000	2.121
黄石	8	10.169	2.419	2.227	1.262	1.726	2.534
十堰	6	10.688	2.851	2.378	1.083	2.074	2.302
宜昌	5	11.194	3.686	2.599	1.298	2.111	1.500
襄阳	4	11.666	2.910	2.717	1.619	2.144	2.276
鄂州	11	9.237	2.803	2.000	1.357	1.500	1.578
荆门	7	10.560	3.153	2.278	1.000	1.776	2.353
孝感	9	9.960	2.472	2.309	1.345	1.558	2.276
荆州	3	11.779	3.293	2.656	1.071	1.759	3.000
黄冈	2	12.712	3.507	2.636	2.000	1.930	2.638
咸宁	12	8.971	2.167	2.269	1.143	1.711	1.681
随州	10	9.898	2.000	2.100	1.560	1.548	2.690

（五）宜居环境让城镇生活更美好

环境友好的生态城镇：新型城镇化要求"友好"地对待环境，努力保持"发展"的城镇系统与"稳定"的环境系统之间的平衡，实现人与自然的和谐共处。在环境友好测评指数中，排名前五的城市依次是：十堰、孝感、咸宁、随州、鄂州。随州市工业 SO_2 排放量最低，城市污水处理率最高，随州新型城镇化建设中环境优势突出。孝感生活垃圾无害化处理率、城市绿化面积占比分别排在第 1 位和第 2 位，车城十堰城市绿化覆盖面积占比指数、工业 SO_2 排放指数和生活垃圾无害化处理指数排名分别处在第 1 位、第 2 位和第 1 位，城市生态环境良好。这些指标的高得分率成就了这 5 个城市优美的人居生态环境，见表 5。

表 5   环境友好综合评价指数

城市	环境友好指标排序	环境友好综合得分	绿化覆盖面积占比指数	工业 SO_2 排放指数	污水处理率指数	生活垃圾无害化处理指数
武汉	6	14.607	2.914	3.903	3.949	3.840
黄石	11	12.976	2.930	2.400	3.646	4.000
十堰	1	16.487	4.000	4.718	3.768	4.000

城市	环境友好 指标排序	环境友好 综合得分	绿化覆盖面积 占比指数	工业 SO₂ 排放指数	污水处理率 指数	生活垃圾无害化 处理指数
宜昌	8	14.140	3.307	3.343	3.789	3.700
襄阳	9	14.093	2.050	4.627	3.743	3.674
鄂州	5	14.727	2.356	4.497	3.874	4.000
荆门	7	14.185	3.128	4.423	3.659	2.974
孝感	2	16.207	3.789	4.566	3.853	4.000
荆州	10	13.022	3.140	4.408	3.474	2.000
黄冈	12	11.184	2.000	4.590	2.000	2.594
咸宁	3	15.191	3.408	4.632	3.726	3.425
随州	4	15.121	2.724	4.800	4.000	3.597

（六）统筹发展实现全域城镇化

城乡一体的全域城镇：城镇化是"农村"一级到"城镇"一级的社会变迁过程，城镇和农村作为不同的空间经济体，两者是相互依存、密不可分的。在城乡统筹测评指数中，排名前五的城市依次是：武汉、襄阳、黄石、鄂州、宜昌。2012年黄石第一产业增加值占GDP比重为8.3%，排名第2，是非农业化比重较高的城市。鄂州城乡一体化试点建设，为推进全省城镇化发展积累了有益经验。鄂州市坚持把城乡作为一个整体进行全域规划，统筹构建城乡"四位一体"空间布局，统筹推进城乡产业融合发展，统筹建设城乡基础设施"六网"工程，统筹推动城乡基本公共服务均衡发展，统筹推进城乡一体化体制机制创新，加快了城镇化进程。2012年，鄂州城乡统筹指数排名第4，城镇化率达到62.09%，见表6。

表6　城乡统筹综合评价指数

城市	城乡统筹 指标排序	城乡统筹 综合得分	第一产业增加值 占GDP比重指数	城乡居民人均 收入比指数	城乡社区事务支出占地 方财政支出比重指数	农村新型合作医 疗覆盖率指数
武汉	1	15.311	4.000	3.711	4.000	3.600
黄石	3	13.100	3.615	3.482	2.702	3.300
十堰	12	9.793	3.239	2.000	2.553	2.000
宜昌	5	12.722	3.282	3.595	2.745	3.100
襄阳	2	13.500	3.103	3.910	2.787	3.700
鄂州	4	12.762	3.265	3.967	2.830	2.700
荆门	8	12.046	2.915	4.000	2.532	2.600
孝感	7	12.190	2.581	3.709	2.000	3.900
荆州	6	12.358	2.231	4.000	2.128	4.000
黄冈	11	10.718	2.000	3.436	2.383	2.900
咸宁	9	11.897	2.718	3.703	2.277	3.200
随州	10	11.260	2.667	3.851	2.043	2.700

三、湖北新型城镇化发展中面临的问题与挑战

（一）新型城镇化"质量"有待提高

从数字上看，湖北城镇化率增长较快，但很多城镇的质量并未得到相应的改善。由于城镇化水平被简单地当作一个城市现代化的考核指标，一些地方为了提高城镇化速度，进行大规模的行政区划调整和不断扩大的城市建设，使很大的乡村区域都变成"城镇"，但实际上农民的生活质量并没有因户籍身份改变而有实质性的提高，新型城镇化进程中的"土地城镇化"快于"人口城镇化"。因此，当前城镇化水平的数值增长很难真实地反映城镇的现代化水平，城镇化"质量"有待提高。城镇化的实质应是产业结构转型、就业结构优化、资源环境友好的新型城镇化。

（二）地区之间新型城镇化水平差异明显

湖北省城镇之间城镇化水平差异明显。由于经济发展水平不一，12个市州间城镇化水平出现了较大差异，市际城镇化水平的差距进一步拉大。2012年，湖北省12个地级城市城镇化率最高的武汉市（79.3%）与最后一名的黄冈（39.4%）差距达39.9个百分点，城镇体系十分不均衡，城镇人口高度聚集在首位度高的城市，湖北城镇体系呈现出武汉市"一城独大"的格局。一方面，我省城镇空间布局不尽合理，东密西疏特点十分明显，城镇主要沿交通干线或长江汉水集聚，东部城镇数量多、密度高、规模大，而西部城镇少、规模小。另一方面，我省大、中、小城市与城镇的布局不够合理，缺乏梯次推进的发展格局，制约了城市的协调稳健发展。其中最显著的特点是二级城市规模偏小。

（三）新型城镇化进程中"城镇问题"日益严重

由于注重速度而忽视质量，湖北新型城镇化出现了较多的城镇问题。其一，城镇人口增长过程中"半城镇化"现象显现。农民离开乡村到城市就业与生活，但在劳动报酬、子女教育、社会保障、住房等方面并不能与城市居民享有同等待遇，未能真正融入城市社会。其二，交通拥挤、房价飞涨、环境质量下降等城市病的加剧。城镇激增的人口加大了城镇在满足人们生活需求方面的压力，尤其是交通、能源、医疗和教育等设施供给方面问题突出。其三，城镇管理机制建设相对滞后。城镇管理机制尚未跟上城镇人口迅速增长的步伐，尤其是对外来人口的管理乏力，社会保障制度不健全，制约着城镇的健康发展。

（四）新型城镇化进程中对生态环境的影响加剧

随着工业化的推进，全省城镇环境呈持续下降趋势，环境问题十分严重，主要是水、空气、噪声以及固体废物的污染。2012年黄石工业SO_2排放量达到66.37万吨，是特大城市武汉市的2.6倍。而且，相应于现阶段的经济发展水平，湖北省区域与城镇环境设施建设相对滞后。2012年，湖北城市污水处理率还没有一个城市达到100%。尽管近年来新型城镇化环保基础设施建设不断加快，但总体上仍跟不上工业经济发展的步伐，很大程度上制约着经济的可持续发展。

四、推进湖北新型城镇化发展的创新思考

湖北城镇化进程过半以后，将进入城镇化强化阶段，必须要遵循城镇化发展的规律，探

索湖北新型城镇化持续发展的正确路径。推进新型城镇化必须实施"五大创新"。

（一）发展理念创新

2013 年 7 月，习近平总书记在武汉视察期间，对武汉建设国家中心城市、复兴大武汉给予充分肯定。也就是未来武汉市的定位应该是具有可持续竞争力的"立足中部、面向全国、走向世界"的国家中心城市。武汉市要成为全省跨越式发展的核心引擎和促进中部地区崛起的核心支点。湖北要大力推进产业、都市、文化、绿色襄阳建设，拓展和提升宜昌城市功能，使宜昌成为长江中上游区域性中心城市、世界水电旅游名城、现代化特大城市，加快区域中心城市发展，形成多点支撑、多极带动、各具特色、竞相发展的城市格局。

（二）发展方式创新

针对"半城镇化"的状态，必须采取有力措施，切实改变城镇化进程中重人口流转数量而轻人口生活质量的倾向，通过新型城镇化发展方式的转变，做实城镇化。突出抓好节能减排，积极构建城市节能减排产业体系，遏制高耗能、高污染行业，加快重点能源消耗企业的节能技术改造。加大环境整治力度，严控主要污染物排放总量，提高污水、垃圾、废气的处理能力。要努力改善生态环境，结合城镇规划，根据功能定位以及生态环境容量，对城镇建设规模、发展形态和开发方式进行分区控制；加强城镇湿地生态系统、绿地生态系统和城镇绿化建设。

（三）产业布局创新

推进新型城镇化要走产城互动的城镇化道路，确保经济的"持久繁荣"。要大力发展特色产业，通过特色产业的发展，发挥资源、交通、区位优势，为城镇化发展提供强有力的经济支撑。引导乡镇企业向小城镇集中，发展一批产业集聚、集约经营、规模经济明显的工业园区和特色产业区。高度重视服务业的发展，提高城市对劳动力的吸纳消化能力。要以工促农，当前湖北进入工业化、城镇化"双加快"阶段，农业现代化相对落后，是整个发展当中的一块短板。必须以新型城镇为依托，培育和发展农业产业化龙头企业，推进农业现代化。

（四）体制机制创新

城镇化是一场深刻变革，会带来生产方式、生活方式的巨大变化。要真正实现城镇化，必须着眼于打破城乡二元结构，加快建立与新型城镇化相适应的体制机制。一是走"以人为本"的城镇化道路。新型城镇化的核心是人的城镇化。二是突破土地资源制约。加速城镇化必须破解土地瓶颈制约。三是创新新型城镇化建设投融资机制。进一步完善政府引导、市场运作的多元化投融资体制，吸引社会资本全面参与城市基础设施建设。

（五）社会管理创新

在新型城镇化的进程中，应统筹城镇化与社会发展的关系，在社会和谐中加强城镇化管理。尤其是加强针对增量市民的服务和管理，逐步适应以城镇人口为主体和核心的社会管理。要针对流动人口和留守人口做出妥善安排。要建立强有力的推进机构，加强制度建设，构建制度化的区域合作机制。要积极探索符合城镇经济社会发展特点的行政管理体制，建立与城镇密集区特点相适应的城镇区划体系。

14　五年试点奠基石　振翅欲飞展英姿

——2013 年湖北脱贫奔小康试点县市发展情况分析

朱 江

（2014 年 6 月本文获时任省委副书记张昌尔、副省长梁惠玲签批）

丹江口市、五峰县、保康县、大悟县、英山县、通山县、鹤峰县是省委、省政府在扶贫攻坚四大片区中选择确定的七个脱贫奔小康试点县市。2013 年是实现脱贫奔小康试点县市"五年建成为我省脱贫奔小康示范县、山区新农村建设先进县，为实现全面小康社会目标奠定坚实基础"总体规划目标的兑现年。本文简要分析了七个试点县市五年来经济社会发展的变化情况，总结了七县市在快速发展、结构调整、扶贫开发、民生改善、社会进步等工作上取得的成绩，并从 2013 年全省县域经济考核体系中客观评价七县市发展，剖析存在的问题和短板，提出可供参考的发展建议和意见。

一、五年蜕变破蛹化蝶

作为交通不畅、信息不通、区位不优的典型山区农业县市，七县市曾长期处于贫困落后的状况。用三个词可以概括五年前它们的共同"底色"：一是山区大县。七县市地处我省四大连片特困山区，县域面积 1.77 万平方公里，占全省总面积的 9.5%。境内山地面积占县域面积的 79% 左右，长期为山所阻、为路所困、为运所难。二是经济弱县。作为国家、省扶贫开发的重点山区县市，七县市工业基础较为薄弱，农业生产分散低效。多年来一产业占比高出全省水平 11 个百分点，二产业占比低于全省水平近 10 个百分点。三是收入穷县。七县市县域财政实力落后，人民生活处于贫困水平。2008 年七县市农民人均纯收入 3135 元，低于全省水平 1521 元。人均公共财政预算收入仅 346 元，低于全省水平的 899 元。

2009 年 2 月，省委、省政府做出了脱贫奔小康试点的重大决策，七个山区贫困县市迎来了难得的历史发展机遇。五年来，七县市乘跨越之风、享政策之先、得帮扶之力，激情奋进，砥砺前行，实现了县域经济规模与质量、速度与效益的全面提升。一是发展速度日渐加快。2013 年，七县市地区生产总值、规模以上工业增加值、全社会固定资产投资分别是 2008 年的 2.3 倍、2.9 倍、4.6 倍。七县市地区生产总值年均增长 12.8%，高于全省年均增幅 0.12 个百分点。特别是自 2012 年以来，七县市 GDP 平均增速迎头超越了全省水平，县域经济加快发展的步伐越走越稳。二是产业结构优化升级。三次产业结构比由 2008 年的 26.7∶35.2∶38.1，调整为 2013 年的 24.3∶38.8∶36.9，二、三产业比重比 2008 年提高了 2.4 个百分点，逐步摆脱了以农为本、靠天吃饭的局面，三次产业向协调发展转型。三是经济增长质效趋优。2013 年七县市规模工业企业实现利润 20.81 亿元，是 2008 年的 2.3 倍，年均增长 18%。公共预算收入达到 36.71 亿元，是 2008 年的 3.9 倍，年均增长 31.54%。税收收入占地方公共财政预算收入的比重达到 68%，比 2008 年提高了 2.2 个百分点。四是发展后劲势头迅猛。七县市固定资产投资连续 5 年保持 30% 左右的增幅，2013 年七县市完成重点（大）项目投资 616.57 亿元，较上年增长 56.87%。五是人民收入大幅提高。2013 年城镇居民人均可支配收入、农民人均纯收入分别是 2008 年的 2.1 倍、1.9 倍。

二、革故鼎新重论英雄

党的十八大以来，习近平总书记就经济工作做出了一系列重要论述，提出了关于不简单以 GDP 增长率论英雄的新指示、关于改进发展成果考核评价的新论断、关于处理好经济发展同生态环境关系的新要求等。为贯彻中央精神、发挥引领作用、促进县域发展，2013 年全省县域经济考核评价办法全面革新升级，指标体系、考核范围大幅变动。新的指标体系包括总量、人均、结构、绿色发展、速度、后劲、社会等 7 大类 36 项指标；新的考核范围按照主体功能区划分标准，将 80 个县市分成三类进行考核，充分考虑不同功能区域县市的差异性和发展定位，七县市被划入第三类考核县市。第三类县市考核指标体系删减了地区生产总值的考核，增加了绿色发展等指标的权重，更好地体现了贫困县市在优化结构、绿色发展、重视民生上的成绩和贡献。第三类考核县市共 29 个，主要分布在鄂西、鄂西北、鄂东山区，均属于限制开发区域的国家和省重点生态功能区，这类县市贫困人口相对集中，除兴山县、浠水县外，其余27 个县市皆是我省扶贫开发重点县市。2013 年七县市县域经济考核排名情况见表 1。

表 1　2013 年七县市县域经济考核排名情况（第三类县市区、29 个）

县市名称	综合指数	综合位次	经济总量位次	人均指标位次	结构指标位次	绿色发展指标位次	速度指标位次	后劲指标位次	社会指标位次
丹江口	63.43	4	3	6	6	10	13	6	3
鹤峰县	37.9	23	26	16	3	23	18	29	12
五峰县	33.1	27	29	26	20	12	10	27	16
保康县	63.22	5	11	11	7	1	3	4	4
大悟县	45.93	16	10	9	26	21	24	10	19
通山县	49.33	12	20	20	14	16	11	3	2
英山县	33.12	26	27	15	28	18	14	26	25

2013 年，7 个试点县市借"五局"汇聚之势，抢抓机遇、顺势而为，在壮大县域经济规模总量的同时，进一步提高发展质量和效益，追求高质量、绿色的、民生的 GDP，走出了一条速度与质量并重、效益与公平兼顾、特色与绿色互荣的全新路径。

（一）提速增量，走出一条快速发展之路

发展不够是山区贫困县的实际，加快发展是山区贫困县脱贫致富的唯一路径。2013 年，七县市经济发展呈现总量增长、速度加快的良好局面，见表 2。其中，丹江口市经济总量指标、保康县速度指标、通山县后劲指标在 29 个县市相应指标排序中均位列第 3。一是经济总量上台阶。2013 年，七县市生产总值 579.83 亿元，比上年增加 75.21 亿元，按可比价格计算比上年增长 11.4%，增幅高出全省 1.3 个百分点；地方公共财政预算收入 36.71 亿元，增长 31.2%，增幅高出全省 11.2 个百分点；社会消费品零售总额 236.24 亿元，增长 14.6%，增幅高出全省 0.8 个百分点。二是对外开放拓市场。七县市外贸出口总额 15303 万美元，净增 4111 万美元，

增长 26.9%，增幅高出全省 13.1 个百分点；外贸出口占全省总量的 0.42%，占比比上年提高 0.07 个百分点。三是强化投资添后劲。2013 年，七县市完成固定资产投资 599.18 亿元，增长 41.6%，增幅高出全省 15.8 个百分点，发展后劲不断增强。

表 2 七县市速度指标增长情况

县市区	规模以上工业企业数量增长速度/%	第三产业增加值增长速度/%	地方公共财政预算收入增长速度/%	固定资产投资增长速度/%
全省县域平均水平	19.7	12.7	28.6	29.8
第三类县市平均水平	31.4	12.4	27.3	29.6
丹江口	35.48	11.3	6.7	32.36
保康	61.9	18.2	30.21	37
通山	30.95	11.5	35.51	31.3
大悟	19.64	14.6	25.39	32.1
鹤峰	13.16	10.6	21.82	24.07
英山	72.73	10.6	28.58	26.68
五峰	50	10.2	32.95	29.11

（二）调整结构，走出一条绿色繁荣之路

长期以来，山区县自然资源富集与发展方式粗放并存，经济发展所付出的环境代价较高。七县市在加快发展的同时，充分考虑环境、资源和生态的承受能力，不走"先污染后治理"的老路。七县市立足资源禀赋，因地制宜，发展特色工业产业；加大农业结构调整，发展特色种养产业，培植优势农产品加工产业；依托绿水青山、秀美风光，大力发展生态旅游产业，实现了经济发展与生态环境保护共同繁荣。一是结构趋优。规模以上工业增加值占 GDP 比重达到 30.5%，比上年上升了 2.6 个百分点；农产品加工业产值占农业产值比重达到 81.9%，比上年上升了 8.7 个百分点；第三产业增加值 213.9 亿元，占 GDP 比重达到 36.89%，比上年上升了 0.4 个百分点。二是质效趋好。七县市地方财政总收入占 GDP 比重达到 9.1%，比上年上升了 0.2 个百分点，地方税收占地方公共预算收入比重达到 68%，上升了 0.8 个百分点。三是发展趋"绿"。高新技术产业增加值占 GDP 比重为 4.9%，占比比上年上升了 1 个百分点；万元 GDP 能耗降低率、单位 GDP 地耗降低率分别比上年下降了 4.2%、9.5%。以上数据见表 3。

表 3 七县市结构及绿色指标变动情况

县市区	地方税收占地方公共预算收入比重/%	工业增加值占GDP比重/%	高新技术产业增加值占GDP比重/%	固定资产投资/亿元
全省县域平均水平	71.4	46	9.8	170.91
第三类县市平均水平	71.4	32.5	4.6	85.97
丹江口	72.53	44.13	6.97	128.48
保康	61.38	43.87	9.69	100.56
通山	68.62	29.87	2.22	110.96

县市区	地方税收占地方公共预算收入比重/%	工业增加值占GDP比重/%	高新技术产业增加值占GDP比重/%	固定资产投资/亿元
大悟	60.95	20.55	3.63	131.9
鹤峰	83.98	36.59	2.75	31.51
英山	68.39	17.4	3.19	60.82
五峰	73.78	26.68	2.17	34.95

（三）突出统筹，走出一条新型城镇化之路

山区县山多地少，城镇发展空间受限，成本偏高，最忌盲目扩张。七县市注重内涵式发展，突出将产业发展、绿色生态、民生改善、新农村建设与城镇化发展相结合，实现城市建设格调提升，小城镇建设更具风情，新农村建设稳步推进，城乡面貌显著变化。一是突出产业发展，夯实经济支撑。工业化是城镇化的经济支撑。2013 年，七县市规模以上工业企业新增115 家，提供就业岗位 9248 个，为农村劳动力就近转移提供了充裕的就业机会，加强了新型城镇的吸附能力。2013 年七县市城镇化率达 38.9%，比上年上升 1.3 个百分点（见表4）。二是突出绿色生态，建设精品城市。七县市采取拆墙透绿、见缝插绿、见空植绿等办法加快县城美化绿化，铸造城市新景观。丹江口加速推进"一江两岸景观带"建设；保康突出本土文化特色，规划建设风情旅游小镇和生态旅游试验区。2013 年七县市森林覆盖率达 62.6%，比上年上升 0.2 个百分点。三是突出民生改善，建设宜居城镇。加快道路硬化刷黑、垃圾处理场、污水处理厂、学校、医疗卫生机构等市政工程建设，不断优化城镇主体功能。2013 年七县市垃圾、污水处理场（厂）各 9 个，其中新增污水处理场 2 个，达标乡镇卫生院新增 3 个。推动城镇信息化建设，互联网宽带接入用户普及率不断提高（见表4）。四是统筹城乡服务，建设美丽乡村。以"新一轮"三万活动为契机，加快推进通村公路、饮水安全、沼气、医疗卫生等民生工程建设。七县市 1644 个行政村电话通畅率达 100%，公路通畅率达 99.8%，电视综合覆盖率达 98.33%，新增通汽车的村 6 个，新增自来水受益村 42 个，新增农村沼气用户 3.45 万户，新增村级达标卫生室 22 个。

（四）以人为本，走出一条民生幸福之路

人民收入大幅提升，见表4，2013 年七县市城镇居民人均可支配收入、农民人均纯收入分别为 16554 元和 5953 元，比上年分别增长 10.4%、14.1%。城乡居民收入比达到 2.78：1，比上年缩小 9 个百分点，城乡收入差距进一步缩小。社会保障水平持续提高。新农合参保率达到 99.65%，比上年上升 0.43 个百分点；城乡居民养老保险参保率达到 98.49%，上升 0.53 个百分点；农村享受低保人数 18.8 万人。

表 4　城镇化和民生指标变动情况

县市区	城镇化率/%	互联网宽带接入用户普及率/%	农民人均纯收入增长速度/%	城镇居民人均可支配收入增长速度/%
全省县域水平	45.5	—	13.1	10.5
第三类县市水平	37.4	—	13.8	10.4

续表

县市区	城镇化率/%	互联网宽带接入用户普及率/%	农民人均纯收入增长速度/%	城镇居民人均可支配收入增长速度/%
丹江口	48.43	9.89	15.38	11.14
保康	42.4	7.49	14.29	11.41
通山	37.4	7.77	15.7	9.89
大悟	41.1	4.41	12.68	10.02
鹤峰	32.69	7.26	14.97	10.83
英山	36.44	5.82	13.26	9.24
五峰	34.42	4.28	13.85	12.56

三、正视差距补齐短板

从纵向看，七县市经济社会发展取得长足进步；从横向比，与县域平均水平和同类县市相比还有较大的差距，集中表现在总量不大、质量不高、结构不优、后劲不足、居民不富。

（一）发展不平衡现象仍然突出

一是总体发展水平偏低。从第三类县市考核排名来看，进前十的仅丹江口、保康两县市，居后十的有鹤峰、英山、五峰三县。从各项考核指标来看，即使排位靠前的丹江口、保康两县市，一些指标也存在未超过全省县域平均水平的情况。二是各县市之间发展不平衡。七县市排名最近相距1位，最远相距23位。三是指标之间发展不平衡。各县市7大类指标排位不平衡，如鹤峰县结构指标排第3位，但后劲指标排在了最后一位。

（二）总量和人均指标有待提升

七县市地方公共预算收入过5亿元的仅3个，过10亿元的仅1个，没有超过全省县域平均水平（10.8亿元）的；税收总量仅丹江口市超过了全省县域平均水平（12.36亿元）；七县市固定资产投资、农民人均纯收入、城镇居民人均可支配收入都没有达到或超过全省县域平均水平，见表5。

表5　七县市总量及人均指标

县市区	总量指标		人均指标		
	地方公共预算收入/万元	税收收入/万元	人均地方公共财政预算收入/元	农民人均纯收入/元	城镇居民人均可支配收入/元
全省县域水平	108100	123600	1930.78	8673.8	18413.6
第三类县市水平	56300	67100	1272.81	5945.63	16705.7
丹江口	105918	139431	2671	6015	17185
保康	73048	67856	3202	6273	14806
通山	48188	48437	1330	5667	14719
大悟	68156	74814	1105	6467	17900
鹤峰	20222	27798	1006	5521	16379
英山	28289	29057	788	5913	17638
五峰	23291	24969	1243	5001	13585

（三）自身造血能力不足

七县市目前仍属于工业化的初期阶段，工业增加值占GDP比重偏低，均未超过全省县域平均水平（46%）；规模以上工业企业个数偏少，仅占全省规模以上工业的3.3%，自身造血功能与发展内生动力不足。

（四）科技创新能力不足

七县市高新技术产业和战略新兴产业发展相对滞后，产品科技含量低，附加值不高。高新技术产业增加值占GDP比重超过第三类县市平均水平（4.6%）的仅有丹江口市、保康县两县市，没有超过全省县域平均水平（9.6%）的。

（五）优势转化能力不足

山区县特色农产品品质优良，自然资源丰富，但依托自身资源建立的优势产业规模偏小、效益偏低，缺乏辐射力和带动力强的龙头企业。同时，产业集约化、集群化、聚集化程度不高，配套能力弱，产业链条不长，特色产品开发能力不足，导致潜在的资源比较优势无法较好地转化为经济优势。

四、稳神竞进谋篇未来

党的十八届三中全会吹响了全面深化改革的号角，描绘了全面深化改革的新蓝图、新愿景、新目标。在历史的关键节点上，脱贫奔小康试点县市应牢牢把握市场、绿色、民生"三维"纲要，树立"市场决定取舍、绿色决定生死、民生决定目的"的理念，借"五局"汇聚之势，乘政策叠加之机，全面深化改革，释放后发赶超的动力和活力，力争成为全面深化改革的急行军和突破者，勇当片区扶贫攻坚的示范和标杆。

（一）坚持因地制宜，突出错位发展

突出特色，是实现错位发展的关键。只有走"人无我有、人有我优、人优我特"的错位发展之路，才能在发展中抢占先机，避免产业趋同，摆脱路径依赖。一是发展特色农业。立足绿色、有机、原生态、无污染等品牌价值，以市场需求和自身实际来调整农业结构，定位现代农业发展方向。整合农业优势资源，发展特色种养业，建设特色农产品基地，改变山区传统农业单一、分散、粗放、低效的种养模式，提高农产品的竞争力。二是壮大新型工业。依托山区特色农产品品质优良、自然资源丰富的优势，把最具活力和竞争力的产业培育成支柱产业，引导培育一批具有较强行业带动力和示范性的龙头企业，吸引相关企业聚集，加快形成以专业化和协作化生产为主的县域特色产业结构，不断提高工业在县域经济中的比重，使工业成为推动县域经济发展的主导力量。三是打造精品旅游。坚持走精品路，打生态牌，推进红色文化、自然风光、特色餐饮、民俗山村与旅游的深度融合，建成精品旅游景区，融入鄂西生态旅游文化圈精品线路，促进生态旅游景区档次提升，服务有质量、口碑有保障。

（二）立足转型升级，实现绿色繁荣

山区贫困县的本色是"绿"和"贫"，只有把握"绿"的本质，方能摘掉"贫"的帽子，才能在发展中实现"快"与"好"、"赶"与"转"、"金山银山"与"绿水青山"的统一。要将绿色理念贯彻经济发展全过程。一是"绿"要体现在制度保障上。要严格环境保护力度，提高产业和城镇建设项目环保准入门槛。规范产业发展制度，从招商引资、企业选址、资源开发、

工艺流程、"三废"排放等方面设立硬性标准，规范企业行为，提升产业层次。二是"绿"要体现在产业调整上。要树立绿色发展、循环发展、低碳发展的理念，积极扶持发展绿色产业和环保产业，大力发展高新技术产业和战略新兴产业。继续推进企业技术创新，推动产学研深度结合，改造和延伸现有产业链条，促进产业转型升级。积极推进节能减排，建立健全落后产能退出机制，推动重点行业、重点企业、产业园区循环经济发展，增强县域产业发展的承载能力。三是"绿"要体现在城镇规划上。城镇规划设计上既要强调产业支撑、基础设施，又要立足自身资源禀赋，突出绿色生态、文化特色。要以绿色为肌体、特色为灵魂，打造特色绿化，通过外修生态、内修人文，建设绿色宜居城镇，让居民望得见山、看得见水、记得住乡愁。

（三）优化发展环境，助推跨越赶超

种下梧桐树，引来金凤凰。营造优良的发展环境是山区县市吸引生产要素、增强自身造血能力和发展后劲，实现经济迅速成长壮大的重要手段和根本措施。一是完善基础设施。用好用足国家和省扶贫政策，加大基础设施建设力度，加快推进高速公路、国省县乡村公路的互联畅通，着力打造"内畅外联"的交通网络，为经济发展打牢基础、做强底盘。二是推进载体建设。高起点、高标准发展开发区和工业园区，突出产业特色和产业定位，合理确定园区空间布局，完善功能配套服务，优化园区软硬件环境，着力提升园区产业承载能力。充分利用园区聚集功能，抓好园区横向多品种的耦合共生、纵向产业链的拓展延伸，促进园区经济发展方式从"点状经济"向"块状经济"转变，不断提升工业园区集约化发展水平、产业带动能力。三是优化服务水平。牢固树立"产业第一，企业家老大"的理念，推进行政审批制度改革和行政审批流程优化再造，提升行政服务效能。建立健全服务规章制度，依法保护各类市场主体合法权利，为企业发展创造良好的环境。舍得拿出最好的资源配置给企业，充分激发市场主体潜能。

（四）创新体制机制，破解要素瓶颈

试点县市要牢记"先行先试"使命，深化体制机制创新，打破思想藩篱，打通体制梗阻，围绕制约经济发展的资金、土地、人力资源保障等瓶颈问题，加快要素保障机制创新，用改革办法破解发展难题。一是破解资金要素制约。加大招商引资力度，突出产业链招商、重点领域招商、重大项目招商，重点招引战略性新兴产业和高科技项目，提升县域重点产业的发展层次和水平，提高引资实效和质量。全面拓宽融资渠道，按照"政府引导、社会参与、市场运作"的思路，加强项目和资金整合力度，发挥财政资金引导作用，加快地方金融创新发展，引导小额贷款公司、融资性担保公司等规范化发展，激活民间资金投入，解决"融资难"问题。二是破解土地要素制约。用好、用活、用足土地政策，创新用地保障机制，促进节约集约利用，解决"用地难"问题。三是破解人才要素制约。加大人才培养、培训力度，引进产业发展、城镇建设急需的技术领军人才和各类管理人才，创新用人体制机制，用感情留人，用事业留人，解决"人才难"问题。

（五）统筹城乡发展，推进新型城镇化

必须坚持走"以人为本、城乡统筹、产城互动、节约集约、绿色生态、宜居宜旅"的新型城镇化道路。在城镇规划上，坚持全域规划理念，立足山区实际，因地制宜发展，不走"摊大饼"式的扩张之路。一是产城互动。要将产业发展和城镇化发展相结合，加强新型城镇的吸附能力，促进新型城镇化的有序推进，为农民进城务工提供充裕的就业机会。二是以人为本。将民生改善和城镇化发展相结合，统筹推进交通、供水、垃圾、生活污水处理、文化教

育及医疗卫生等公共设施建设，不断完善城镇主体功能。逐步解决农民进城落户、平等就业、社会保障、住房租购、子女上学等方面的难题，为农民市民化解决后顾之忧。三是统筹城乡。整合城乡资源配置，科学规划产业发展，推进城乡产业配套和融合，形成区域分工合理、优势特色鲜明的产业结构和空间布局，促进城乡要素自由流动和资源优化配置。推进城乡公共服务均等化，建立城乡统一的社会保障、劳动力就业体制，加快教育、文化、医疗的城乡合理配置，推进通村公路、农田水利、饮水安全、电网改造、沼气、垃圾处理等民生工程建设，逐步改善农村环境。

15 我省上半年投资总量跃居全国第4位 成绩可喜 当前投资中几个问题需加以重视

柯 超

（《湖北统计资料》2015年增刊第24期；本文获时任省委书记李鸿忠签批）

今年上半年，我省固定资产投资总量跃居全国第4，这是历史上在全国排位的最好成绩。能取得这样骄人的业绩，主要得益于省委、省政府多年坚持把扩大投资需求作为稳增长重要抓手的结果。在看到成绩的同时，也应看到当前我省投资运行中还存在一些困难和问题，为应对经济下行压力，继续保持全省经济的较快增长，下半年应进一步采取有效措施，加大投资力度。

一、上半年投资总量居全国第4位

上半年我省完成固定资产投资13561.3亿元，总量居全国第4位，增长17.0%，增速高于全国平均水平5.6个百分点，居全国第8位、中部第2位。

（一）第一和第三产业投资依然保持较快增长

上半年，全省第一产业完成投资322.84亿元，同比增长27.8%，比一季度增幅回落14.9个百分点，比上年同期增幅高9.8个百分点，高于全省投资平均增速10.8个百分点。第三产业完成投资7388.66亿元，同比增长19.4%，比一季度增速提高0.3个百分点，比上年同期增幅低6.7个百分点，高于全省平均增速2.4个百分点。

（二）民间投资增速快于全省投资平均速度

上半年，全省民间完成投资9516.07亿元，同比增长17.5%，比一季度增幅提高2.2个百分点，比上年同期增幅低6.9个百分点，高于全省平均增速0.5个百分点，占全省投资比重为70.2%，提高0.3个百分点，其中，集体完成投资560.28亿元，下降2.3%；私人完成投资6928.92亿元，增长14.0%。随着全省投资结构的调整步伐加快，全省民间投资主体相应发生了改变，强化了涉及民生的服务业投资，如：民间对农、林、牧、渔业的投资增长42.1%，对建筑业的投资增长122.8%，对租赁和商务服务业的投资增长47.1%，对水利、环境和公共设施管理业的投资增长63.1%，对文化、体育和娱乐业的投资增长34.8%，均远远高于全省投资平均增速。

（三）内涵效益型投资增长较为强劲

上半年，全省各地为应对复杂严峻的国内外环境和经济下行风险，抓住国家宏观调控的有利契机，积极加快对现有企业改建和技术改造投资步伐，全省改建及技术改造完成投资2277.58亿元，增长28.0%，比一季度增幅提高6.6个百分点，比上年同期增幅高2.7个百分点，高于全省投资平均增速11.0个百分点，占全省投资比重为16.8%，同比提高1.4个百分点。

（四）高新技术产业投资保持较好

上半年，全省高新技术产业完成投资556.15亿元，同比增长18.3%，比一季度增幅提高5.7个百分点，比上年同期增幅低1.2个百分点，高于全省投资平均增速1.3个百分点。其中：

航空航天器制造完成投资 16.59 亿元，增长 28.4%；电子及通信设备制造完成投资 260.58 亿元，增长 28.6%；电子计算机及办公设备制造完成投资 23.44 亿元，增长 22.9%。

二、当前投资中的几个问题需加以重视

（一）亿元以上新开工项目大幅下降，支撑投资继续较快增长的动力不足

上半年，全省新开工项目 10828 个，仅比上年同期增加 142 个，同比增长 1.3%，但值得引起重视的是，亿元以上新开工项目大幅下降。上半年，全省亿元以上新开工项目 1753 个，比上年同期减少 723 个，同比下降 29.2%，其中，第一、二、三产业亿元以上新开工项目分别为 55 个、1011 个、687 个，分别减少 34 个、472 个、217 个，第二产业减少最多。

上半年，新开工项目完成投资 4512.20 亿元，同比仅增长 5.2%，而上年结转项目完成投资达 9049.10 亿元，同比增长 20.0%。这表明我省上半年投资增长主要依靠结转项目支撑。

（二）投资增幅逐月下滑，完成全年目标任务艰巨

上半年，受经济增长下行压力过大、新开工项目不足和投资资金供应紧张等一系列不利因素的影响，全省投资增长持续回落。今年以来，全省投资增幅已经从 1—2 月的 19.1% 下滑到上半年的 17.0%，上半年投资增幅比去年同期低 4.3 个百分点。下半年如果不采取相应措施，继续维持放缓态势，全年 18% 的投资增长目标恐难以完成。

（三）部分重点项目开工困难，各方协调尚需加强

据葛洲坝集团公司反映，承建的枣阳至潜江高速、沙洋至公安高速、武汉地铁等三个项目计划总投资 154 亿元，早在去年下半年就已经签订合同，但由于多种因素影响至今尚未开工，急盼省有关部门加以协调，使之尽早开工建设。据对部分地区调研，当前部分重点项目开工难、落地难主要反映在两个方面。

一是政策环境趋紧。我省土地、税收政策相比较外省越来越严厉，容易形成政策上的不对等，投资主体倾向于选择政策相对宽松的外省。安全生产和节能减排环保达标等方面的压力进一步加大，企业投资冲动受到抑制。

二是行政审批手续趋严。项目报批手续繁杂，审批周期过长，从而导致项目落地难，使建设成本上升。据了解，一个项目从立项到开工建设需历经 10 多个部门辗转审批，平均历时 4~8 个月，有的甚至 3~5 年都无法获批。在用地供给方面，争取用地指标、土地报批难度不断增大，从申报到使用的周期较长，有些项目迟迟不能落地。征地拆迁方面，工作难度越来越大，有的项目因某些问题不能及时解决，开工日期一再推迟。

（四）部分地区项目招商热情减退，重视投资对经济拉动作用不可动摇

上半年，全省投资虽然维持了 17% 的增幅，但部分地市和县市投资增长呈现出颓势，甚至是较高的负增长。上半年武汉市投资增幅 8.0%，低于全省 9.0 个百分点，黄石市增长 10.7%，低于全省 6.3 个百分点。全省 103 个县域经济考核县（市、区）中，投资增幅低于全省平均水平的有 36 个，其中汉南区下降 46.4%，武昌区下降 28.1%，铁山区下降 12.1%，蔡甸区下降 11.4%，襄城区下降 10.8%。

据对部分地区调研，一方面地方政府和部门不敢轻易四处跑项目，另一方面受土地、环保政策约束，招商引资过程中也无法现场明确承诺给予投资方满意的土地和税收优惠，地方党政领导也很难轻易拍板特事特办。2013 年中央组织部印发《关于改进地方党政领导班子和领

导干部政绩考核工作的通知》，部分地区曲解通知内容，认为目标考核由单纯比经济总量、比发展速度，转变为比发展质量、发展方式、发展后劲，就不用招商引资，不重视投资在稳增长中的关键作用。

三、再加措施，继续发挥投资在稳增长中的作用

（一）加大项目储备力度

要按照"做大、做强、做实"项目库的要求，进一步加强项目储备工作。全省上下要紧紧围绕"一元多层次"战略体系，牢牢把握"一带一路"、长江经济带战略、"两型社会"建设、"两圈一带"、大别山革命老区和武陵山少数民族经济社会发展试验区、东湖国家自主创新示范区等带来的重大机遇，立足培育产业集群和支柱产业，抓紧策划储备一批技术领先的先进制造业和战略性新兴产业项目，一批产业结构升级的现代服务业项目，一批"打基础、管长远"的重大基础设施项目。要积极创造条件，切实解决项目前期推进过程中的困难和问题，促进项目尽早落地、尽早开工，使储备、策划项目尽快转为建设项目。

（二）加大招商引资的力度

一是要采取多种手段，依托产业链定向招商，积极承接资本和产业转移，吸纳各类资源聚集县域创业发展；二是依托湖北科教优势，加强自主创新能力建设，走创新驱动和内涵式发展道路；三是项目方向寻求转变，要把建设"两型"社会、增强发展的可持续性放在更加突出的位置。政府、部门、企业要积极走出去、引进来，实现项目产业链对接，充分发挥民营经济的作用。要用足、用活国家和我省的有关政策，鼓励民营企业增强信心，支持和引导民营企业参与和投入到基础设施建设、民生工程和重点项目建设中。

（三）加大投资考核力度

各地区和部门要自加压力、明确任务，创新机制、出台措施，强化责任和动力机制。要通过行政体制改革进一步减少审批环节，改善政府服务，提高行政效率。要把政府投融资平台作为沟通政府投资和社会投资的重要纽带，通过注入优质资产、引入多元投资、改善股权结构、拓宽投资领域等途径，提高投融资效率。既要发挥政府投资的引领带动作用，又要充分调动各类投资的积极性，进一步加强对在建投资项目实施进度考核的力度。

16　重庆工业逆势向好的经验与启示

张利阳

（《湖北统计资料》2015 年增刊第 26 期；本文获时任常务副省长王晓东签批）

在我国经济进入新常态的背景下，工业正处于增速换挡、结构调整、转型升级的重要关头，压力与动力并存，挑战与机遇交织。重庆工业经济平稳较快发展，速度效益持续提升，主要经济指标位居全国前列，呈现出速度较快、结构较优、效益较好的特点。面对复杂严峻的国内外经济形势，重庆工业为何逆势向好，成为全国工业经济中的一抹亮色？带着这一问题，我们对湖北和重庆的工业经济进行了深入对比分析，并组成调研组实地调研，以期对湖北经济发展提供一些有益的启示。

一、重庆工业发展现状

（一）增速位列全国前茅

重庆工业发展速度引人瞩目，自 2010 年起连续 5 年位居全国前列。回顾历史，2010 年渝鄂两省工业增速相差无几，但之后伴随着宏观经济下行压力加大，湖北发展速度有所趋缓，而重庆领先优势不断扩大。见表 1，2015 年上半年重庆规模以上工业增加值增长 11.1%，增幅超出湖北 2.9 个百分点，高出全国平均水平 4.8 个百分点，在全国各省市中名列第 2 位。工业占全市 GDP 比重为 36.4%，对全市 GDP 增长贡献率为 42.0%，拉动经济增长 4.6 个百分点，工业成为全市经济发展的重要引擎。

表 1　渝鄂两省规模以上工业增速及位次（2010－2015）

地域范围	2010 年		2011 年		2012 年		2013 年		2014 年		2015 年上半年	
	增速/%	位次	增速/%	位次	增速/%	位次	增速/%	位次	增速/%	位次	增速/%	位次
全国	15.7		13.9		10		9.7		8.3		6.3	
重庆	23.7	1	22.7	1	16.3	2	13.6	2	12.6	1	11.1	2
湖北	23.6	4	20.5	7	14.6	14	11.8	15	10.8	9	8.2	10

（二）产业结构不断优化

2010 年前后，重庆汽车、电子行业与湖北规模大体相当，但近年来两大支柱行业实力快速壮大，主要产品产量跃居全国三甲。2014 年全市生产汽车 235 万辆，和 2010 年相比净增 73 万辆，占全国份额由 8.8% 提高到 9.9%。生产手机 9418 万台，计算机 6447 万台，和 2010 年比分别增长 13.5 倍、33.1 倍，全国占比分别由 0.7%、0.8% 上升到 5.3%、18.4%。今年上半年在全国工业面对巨大下行压力的背景下，重庆汽车和电子两大支柱产业表现更加抢眼，同比增长 22.9%和 34.4%，增幅分别高出湖北 16.5 个、20.8 个百分点，对全市工业增长的贡献率分别达到 29%、19.6%。汽车、手机分别增长 21.9%、64.3%，增幅分别高于湖北 21 个、66.2 个百分点，占全国份额继续攀升至 12.6%和 10.4%。以上数据见表 2～表 4。

表 2　渝鄂两省汽车产量、增速及全国占比

地域范围	2010 年			2014 年			2015 年上半年		
	产量/万辆	增长/%	比重/%	产量/万辆	增长/%	比重/%	产量/万辆	增长/%	比重/%
全国	1827		100.0	2390	7.1	100.0	1230	2.0	100.0
重庆	162	37.9	8.8	235	22.2	9.9	155	21.9	12.6
湖北	158	47.6	8.6	175	9.4	7.3	91	0.9	7.4

表 3　渝鄂两省微型计算机产量、增速及占比

地域范围	2010 年			2014 年			2015 年上半年		
	产量/万台	增长/%	比重/%	产量/万台	增长/%	比重/%	产量/万台	增长/%	比重/%
全国	24584		100.0	35091	−3.1	100.0	14503	−12.8	100.0
重庆	189	90419.8	0.8	6447	15.3	18.4	2730	−6.7	18.8
湖北	189	116.6	0.8	121	23.3	0.3	41	−22.3	0.3

表 4　渝鄂两省手机产量、增速及占比

地域范围	2010 年			2014 年			2015 年上半年		
	产量/万台	增长/%	比重/%	产量/万台	增长/%	比重/%	产量/万台	增长/%	比重/%
全国	99827		100.0	176444	7.5	100.0	76179	−4.5	100.0
重庆	650	73.4	0.7	9418	121.3	5.3	7953	64.3	10.4
湖北	472	−43.3	0.5	2888	304.1	1.6	1108	−1.9	1.5

见表 5，上半年重庆全市 39 个工业行业大类中 35 个保持了增长，占 89.7%。医药、农副食品、化工、建材等行业增速分别为 22.8%、19.8%、16.9%和 14.0%。支柱产业形成合力，多点支撑格局凸显，使全市工业应对经济周期波动显得游刃有余，呈现东方不亮西方亮的良好局面。

表 5　渝鄂两省主要行业增加值增速　　　　　单位：%

项　目	2014 年		2015 年上半年	
	重庆	湖北	重庆	湖北
总计	12.6	10.8	11.1	8.2
农副食品	11.8	13.4	19.8	11.6
纺织	3.8	12.5	7.0	12.8
化工	5.6	14.3	16.9	9.7
医药	14.0	12.2	22.8	8.6
建材	12.4	11.5	14.0	13.9

续表

项 目	2014 年		2015 年上半年	
	重庆	湖北	重庆	湖北
钢铁	−3.4	5.0	26.0	−3.8
汽车	20.5	9.4	22.9	6.4
铁路船舶	9.7	4.7	4.4	5.4
电子	30.5	20.9	34.4	13.6
电力	6.3	−9.5	10.1	−1.1

（三）质量效益持续向好

2013 年以来重庆提质增效成效显著，增幅明显高于湖北和全国平均水平。如图 1 所示，2014 年全市规模以上工业利润破千亿元，达到 1160.5 亿元，是 2010 年的 2.0 倍。比上年增长 30.1%，居全国第 2 位。今年上半年稳中提质成效进一步凸显，实现工业利润 519.1 亿元，增长 26.7%，分别高出全国和湖北 27.4 个、14.4 个百分点，居全国第 1 位。市场占有率（主营业务收入占全国比重）由 2010 年的 1.3% 提高到 1.8%。主营业务收入利润率达 5.6%，超过全国平均 0.1 个百分点。

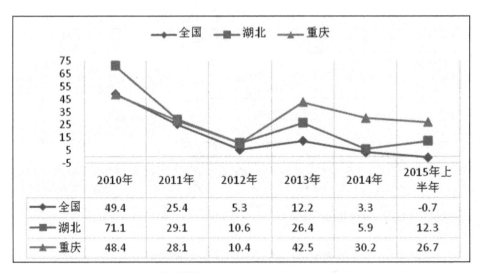

图 1　渝鄂两省规模以上工业利润增幅

（四）工业投资加速推进

2013 年是重庆工业投资的分水岭，随着工业投资项目加速推进，工业投资增幅由低于全社会投资平均水平转变为赶超，为工业发展增加新动力。上半年重庆市完成工业投资 2038.8 亿元，占全社会投资的 32.4%，同比增长 17.6%，高于全市投资增速 0.1 个百分点，对全市投资的贡献率为 32.4%，拉动全市 5.7 个百分点。新开工项目 3200 个，增长 28%。重点投达产项目合计实现产值 676.5 亿元，对全市工业增长的贡献率为 40% 左右。而湖北 2013 年以来工业投资增幅持续走低，分别低于全省平均水平 0.3 个、3.7 个和 5.9 个百分点，如图 2 所示。

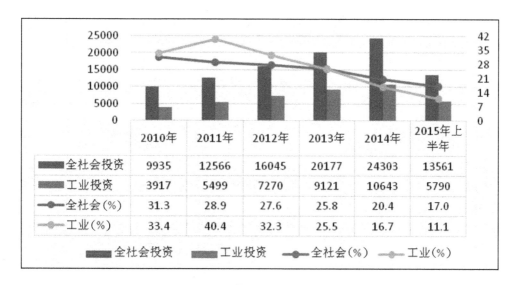

图2　湖北2010年以来工业投资情况

（五）对外开放成效显著

近年来，重庆重视发展实体经济出口适应国际需求，工业经济外向度明显提高。2010年全市规模以上工业完成出口交货值391亿元，比湖北少446亿元。2014年达到2762亿元，比2010年增长6.1倍，多出湖北978亿元。占工业销售产值比重也由2010年的4.4%上升到15.3%。今年上半年出口交货值1279亿元，占销售产值比重为13.3%，见表6。其中出口机电产品占全市出口总额的67%。分产品看，出口笔记本电脑2100万台；平板电脑340万台，增长3倍；手机2330万部，增长20倍；集成电路43.4亿元，增长4.6倍；汽车及零部件出口增长21.5%。

表6　渝鄂两省工业出口交货值及增速、占比情况

地域范围	2010年			2014年			2015年上半年		
	出口交货值/亿元	同比增长/%	占销售产值比重/%	出口交货值/亿元	同比增长/%	占销售产值比重/%	出口交货值/亿元	同比增长/%	占销售产值比重/%
重庆	391	48.7	4.4	2762	22.6	15.3	1279	2.5	13.3
湖北	837	35.5	4.1	1784	17.9	4.3	823	5.5	4.1

（六）绿色发展推进有力

2014年全市单位GDP能耗比2010年下降17.6%，提前一年超额完成"十二五"节能任务。万元工业增加值能耗降至1.152吨标准煤，比2010年下降26%。工业固体废弃物综合利用率保持83%以上。规模以上工业度电产值达35元，提高14%。用较少能耗支撑了较快经济增长。上半年规模以上工业单位增加值能耗同比下降8.8%，降幅较2014年扩大2.9个百分点。

二、主要经验

（一）集群发展，加快产业结构调整

集群发展是支撑重庆工业经济高速、优质发展的最重要的"秘诀"之一。近年来重庆转

方式、调结构，突出高端化、配套化、集群化，逐渐彰显"两轮驱动、多点支撑"产业发展格局，推动工业经济上规模、上水平、上质量、上效益。

一是优化存量。通过加快产业集群发展，培育完备的产业配套体系，全市由过去汽摩产业"一枝独秀"演变成电子、汽车"双轮驱动"，其他产业多点支撑的格局。汽车行业通过本地龙头企业与外地优势企业合资合作，填补产业链空白和关键环节，拓展和延伸汽车产业链，成功构建了以长安为龙头，北汽、二汽、上汽、福特等10家整车企业为重点，1000家配套企业的"1+10+1000"汽车产业集群，形成了发动机、变速器、制动系统、转向系统、车桥、内饰系统、空调等各大总成完整的产业体系，2014年成为全国最大的汽车生产基地。

在电子行业，通过"整机加零部件垂直整合一体化"，形成惠普、宏碁、华硕、东芝、索尼等5家品牌商，富士康等6家ODM代工厂，860家配套企业的"5+6+860"电子产业集群，笔记本电脑销量占据全球三分之一，笔记本电脑产业在重庆实现了"组装"到"制造"的跨越，成为一个"搬不走"的优势产业。并在此基础上，京东方液晶面板等一大批电子核心部件产业蓬勃发展。

二是培育增量。重庆紧跟全球科技革命和产业发展趋势，出台了《加快培育十大新兴产业集群的意见》，提出打造集成电路、液晶显示、物联网、机器人、页岩气等十大战略性新兴产业集群，并将其作为全市未来工业发展的主要着力点。一批百亿元级项目陆续落地、建设、投产，形成新的经济增长点。页岩气在全国率先大规模量产商用；对石墨烯新材料的研究和发展，成功实现了从实验室研发到批量生产再到商业化应用的"三级跳"，首批3万台量产石墨烯手机上市；聚集固高科技、广数、华数等近百家企业，初步形成集研发、整机制造、系统集成、零部件配套、应用服务的机器人及智能装备产业链条。这些战略性新兴产业为重庆经济的可持续发展储备了新的动力，全市产业结构优化升级正在逐步推进。

（二）创新驱动，促进产业提档升级

把创新驱动作为主攻方向，是重庆工业提升产业发展的内生动力，力促传统产业"有中生新"，新兴产业"无中生有"的重要"法宝"。

一是推进创新能力建设。着力建设以企业为主体、以市场为目标、以利益为纽带的产学研协同创新体系，全市拥有市级企业技术中心392家，国家级企业技术中心20家；其中2014年新增市级企业技术中心64家，新增工业设计中心11家、体验中心5家。西南铝业成为国家技术创新示范企业，三峡油漆成为国家品牌培育示范企业。

二是推进技术改造。花大力气推动基础原材料、基础零部件、基础工艺、产业技术基础等工业"四基"能力提升；实施制造业装备智能化提升专项行动，引导支持企业广泛应用数控机床、机器人等智能装备，向智能制造发展；实施100项技术改造示范工程，推动新技术、新工艺、新设备、新材料推广应用，技术改造投资占工业投资比重达40%，通过技改新增产值占比超过20%。

三是推进产品创新。实施工业研发千亿元投入计划，"十二五"以来全市工业研发投入累计近800亿元，企业研发投入强度达0.91%，稳居西部第一；企业专利授权总量达1.5万件以上，增长13%。推进长安CS75、海装5MW风力发电机组等一大批新产品项目实现产业化，产品附加值持续提升，汽车单车价值提高8%，笔记本电脑单台价值提高10%。作为重庆汽车产业的龙头企业，长安汽车实施了"全球协同自主创新工程"，建立起全球研发格局，实现24小时不间断在线开发和远程协作。目前长安汽车已掌握近300项汽车核心技术，业绩多年实现逆势增长，并入围工信部 2015 年"汽车智能制造综合试点示范"项目。

（三）金融支撑，助推产业加快发展

利用资本大市场投融资，支持战略性新兴产业和实体经济发展，是重庆工业快速发展的一剂"强心针"。

重庆市先后成立了重庆产业引导股权投资基金和重庆战略性新兴产业股权投资基金，以解决实体经济和重大建设项目资金缺乏问题。重庆产业引导股权投资基金主要着力于工业、农业、现代服务业、科技、文化、旅游等六大产业和领域的投入，将原来以补助、奖励、贴息等形式直接拨付给企业的资金转变为政府以股权投资，与企业共享收益、共担风险。

重庆战略性新兴产业股权投资基金总规模约 800 亿元，围绕十大战略性新兴产业形成的项目，通过综合运用资本市场 IPO 上市、定向增发、减持、收购兼并等方式来进行投资。利用资本大市场融资，将带动五六千亿元社会资本对战略性新兴产业进行大规模投入，助推十大战略性新兴产业快速发展，使得重庆市 2020 年战略性新兴产业过万亿元成为可能。

今年重庆还通过重点推动"五个 1000 亿元"融资改革（即股市融资 1000 亿元、私募投资 1000 亿元、债券发行 1000 亿元、政府债券和政策性融资 1000 亿元、PPP 融资 1000 亿元），继续为实体经济发展、产业结构调整、战略性新兴产业成长服务。

（四）对外开放，融入全球工业版图

打造内陆地区开放高地，重视发展实体经济出口，是重庆工业融入全球工业版图的重要"撒手锏"。

重庆市着力完善和提升对外开放功能，极大地助推了全市外向型经济发展。大力拓展"渝新欧"国际贸易大通道，以果园港等四大枢纽港口为重点加快建设长江上游航运中心，大力发展铁路、公路、水路、航空多式联运；围绕水陆空三个国家级枢纽、三个一类口岸、三个保税区的"三个三合一"平台不断完善开放平台功能，与深圳、上海、新疆以及欧洲 22 个国家的海关实现了关检互认、信息共享、执法互助，大大提升了通关便利化水平，加快健全口岸功能体系等，使得重庆与沿海、沿江地区及周边地区的合作越发密切。

最突出的亮点就是开辟了"渝新欧"国际铁路联运大通道。全程 1.12 万公里，从重庆出发，经西安、兰州、乌鲁木齐，向西过北疆铁路，到达边境口岸阿拉山口，途经哈萨克斯坦、俄罗斯、白俄罗斯和波兰，到达德国的杜伊斯堡。全程运行时间已缩短至 14 天，比海运快 30～40 天。截至今年 7 月，"渝新欧"铁路已经开行 105 班，货源已经由开行之初的以 IT 产品为主，拓展到汽车整车及零配件、机械产品、服装、鞋帽、日用品以及工艺工业用品等多个品类。重庆重视发展实体经济出口的效应显现，逐步融入全球工业版图。

三、对湖北工业发展的启示

（一）保持定力，坚定不移地发展工业

当前国内外经济形势错综复杂，工业经济企稳基础尚不牢固，向好势头仍需巩固；新旧动力转换尚未完成，产业、地区、行业分化明显，下行压力较大。具体到湖北，一些趋势性的问题尚未缓解，一些苗头性问题开始显现，面临的困难和风险因素增多。在宏观经济环境复杂、稳增长压力持续加大的情况下，我们更要清醒地认识到湖北仍处在工业化的中期，工业仍是湖北经济的主要支柱和重要引擎。要想在当前形势下下好"先手棋"，赢得发展先机，就必须保持定力，抓住发展这一第一要务不松懈，抓住实体经济发展尤其是工业经济不松劲，多措并举，强基固本，稳定工业的增长。

（二）理清思路，加快产业结构调整步伐

一是通过产业转型和技术创新，妥善处理好增量发展和存量优化之间的关系，做到以增量带存量，做强存量扩总量。二是完善产业链，通过强力招商引资填补产业链空白与关键环节，依托龙头企业加强与省内外优势企业合作，突破瓶颈制约，增强现有产业集群的竞争力，推动产业链向高端延伸。三是提前布局，培育发展新的产业集群。为主动适应经济新常态，根据《中国制造2025》的要求，结合湖北工业发展实际，支持智能制造装备、软件与集成电路、新材料、循环经济和节能环保、生物医药与健康、新能源汽车及专用汽车等产业快速发展，尽快形成新的产业集群，打造新的经济支柱。

（三）立足创新，打造经济增长新引擎

充分发挥科教大省资源优势，大力实施创新驱动战略，培育和催生经济社会发展新动力。一是技术创新，助力产业升级。加强创新能力建设和创新平台建设，加快科技成果转化。促进生产性服务业与制造业融合发展，提升制造业层次和核心竞争力，构建产业发展效率新优势。二是金融创新，助推大众创业、万众创新浪潮。推动创业企业在多层次资本市场上市、挂牌融资，破解创业过程中面临的融资难、融资贵问题，为经济发展培育新的混合动力。

（四）推进项目建设，激发转型升级新活力

继续发挥投资对经济增长的关键性作用。坚持以大项目带动大投资，以大投资引领大发展，着力在稳增长、优结构、提效益等方面实现新突破。加快谋划一批符合转型升级方向、投资规模大、行业带动性强、具有长期效益的投资项目，大力引进一批产业龙头项目和产业链配套项目，实施一批跨地区、跨行业、跨所有制的兼并重组，并加大金融支持力度，促进项目尽快落地、建设、投产，营造良好的产业生态环境。

（五）深化开放，提高工业经济外向度

出口是湖北工业的短板，要借助"一带一路"等契机，积极提升湖北企业和产品的国际竞争力。力争通过打造更多"湖北制造"和"湖北服务"品牌，进一步扩大湖北产品在国际的市场占有率。要坚持"引进来"和"走出去"有机结合。在大力引进以外资和国外先机技术为我所用的同时，鼓励支持湖北有实力的经济组织走出国门投资兴业。

17　湖北经济发展的法治环境研究

吴晓秦　罗志勇　刘妍　王靖

［本文被省委政研室《调查与研究》（2015 年第 9 期）全文刊发］

党的十八届四中全会提出了全面推进依法治国的总目标和重大任务，湖北省委十届五次全会对全面推进法治湖北建设做出了系统部署。2015 年是全面推进依法治国的开局之年，如何积极营造优良有序、公正高效的法治环境，确保湖北建成支点、走在前列重大战略决策的圆满实施，充分发挥法治建设在湖北经济发展大局中的地位和作用，是一个重大而紧迫的课题。

一、当前湖北经济发展的法治环境现状

（一）以法治环境建设作为湖北经济发展核心竞争力的理念逐步形成

近年来，湖北省委、省政府一直将法治环境作为湖北经济发展的核心竞争力，把"法治湖北"建设作为强有力的制度保障，作为优化发展环境的关键软实力。无论是提出包括法治湖北在内的"五个湖北"建设的战略目标，还是出台《法治湖北建设纲要》《推进法治湖北建设的实施意见》；无论是地方性立法从数量增加向突出实效、实用转变，还是发挥地方立法的引领作用，破解制约改革发展的突出问题，加强法治环境建设始终都是行动指南。尤其是党的十八大以来，湖北省认真贯彻实施依法治国方略，法治建设在全省经济发展中的地位更加突出、作用更加重要。

（二）为全省经济发展服务的法律体系建设不断完善

湖北省地方立法始终紧紧围绕并服务于经济建设这个中心，制定了一系列规范市场主体和市场秩序、反映市场经济要求的地方性法规。

一是地方立法突出服务大局。通过了《关于进一步加强和改进新形势下立法工作的意见》，提出紧紧围绕实施一元多层次发展战略，推进"五个湖北"建设，加快构建促进中部地区崛起的重要战略支点，开展立法工作。坚持从省情出发，加快制定和修改转变经济发展方式等重点领域的法规，从制度上、法律上保证党的路线、方针、政策的贯彻实施。

二是地方立法紧扣导向性。立法选项时，坚持事关经济社会全局的优先、保障和改善民生的优先、创新社会管理的优先。积极组织专家专班对事关全省经济社会发展大局的重点、难点问题开展立法前瞻性研究，为地方立法提供智力支持。

三是地方立法引领推动经济发展。2009 年，湖北第一部有关区域发展的综合性地方法规《武汉城市圈资源节约和环境友好型社会建设综合配套改革试验区条例》出台。随后，《湖北省科技进步条例》《湖北省优化经济发展环境条例》《湖北省构建促进中部地区崛起重要战略支点条例》《湖北省促进革命老区发展条例》接连出台，这一部部紧紧围绕着湖北省重要发展战略而制定的法规，彰显了我省地方立法服务引领经济发展的法治思想。

（三）行政执法水平不断提高

湖北省委、省政府高度重视行政执法工作，在编制、经费和装备等方面大力支持。一是落实规范基层执法工作的责任。省委、省政府切实履行牵头抓总、协调各方的责任，及时解决执法部门存在的实际困难和问题。二是把握规范行政执法工作的重点。对行政执法事项进行全面清理和规范，进一步完善行政自由裁量权，明确执行标准，压缩自由裁量弹性空间。三是抓好规范行政执法的载体。切实加强基层执法人员的思想、能力、业务、作风建设，及时总结创建经验，大力宣传先进典型，促进严格规范公正文明执法，行政执法水平有了较大提高，为经济社会发展营造了良好的执法环境。

（四）监督体系逐步完善

湖北省不断完善对行政执法和司法的监督体系建设，形成以内部监督为基础、以人大监督为主体、以社会监督和舆论监督为辅助的全方位的监督体系。省政府成立了加强法治政府建设领导小组，先后出台了一系列制度对行政执法进行规范，并对17个市（州）和59个省级政府部门、直属机构进行依法行政工作考核，将考核结果纳入目标管理考评体系。各地、各部门切实加强对基层执法工作的领导，初步形成了权责明确、制度健全、监督有效、保障有力的行政执法领导体制和工作机制，如建立健全部门内部监督、专门机关监督、企业群众监督三方结合的行政审批监督评价体系，统一实行持证上岗和亮证执法、"收支两条线"和罚缴分离、行政执法案卷评查等执法制度，落实执法责任制和执法过错追究制等。开展专项督查，合理细化执法流程，明确执法环节和步骤，以程序规范保证行政执法的实体公正。建立健全执法信息公开制度，自觉接受组织和群众监督。

二、当前湖北经济发展法治环境建设存在的主要问题

（一）立法质量有待提高

党的十八届四中全会提出，要使法律准确反映经济社会发展要求，更好地协调利益关系。湖北正处于加快"建成支点、走在前列"的重要时期，要求我们树立"立法服务发展"的理念，但在经济发展的快速变化中，发展阶段不同，不同地区，企业承担的责任也不一样，地方立法的许多陈旧条款已不再适应经济发展的需要。比如，省内东、中、西部发展差异明显，针对改革发展中存在的实际问题，需要加快在转变经济发展方式、保护生态环境、创新社会管理、推进精神文明建设、保障和改善民生等重点领域立法，积极引导和推动经济社会发展。同时，讲求实用、实施、实效，面对改革发展的新形势新要求和人民群众的新期待新诉求，要深入推进立法工作体制机制创新，进一步提高地方立法质量，使立法更加"务实管用"。

（二）行政执法制度执行不力，执法随意性较大

构建湖北良好法治环境的艰巨任务，80%以上靠行政机关特别是基层执法主体执行和落实。而在诸多因素影响下，行政执法执行中还存在着不少问题，突出表现在三个方面：一是执法人员素质不高，依法行政意识不强，存在盲目执法、野蛮执法、粗暴执法甚至法盲执法的不良现象。二是执法随意性大，处置不规范，存在重罚轻纠、随意简化办事程序、随意决定处置方式、随意使用自由裁量权的不良现象。三是执行制度不严，滥用职权，存在以权代法、以情误法、以利枉法等不良现象。

（三）监督体系乏力

目前对行政执法行为的监督主要来自群众和服务对象，但监督的体制、机制、制度上不够完善，还未形成一套有效的执法监督、考核办法。长期以来，政府特别是核心部门一直处于"高处不胜寒"的地位，手中行政执法权限比较大，对这些部门掌控的权力加强监督非常必要和迫切。但在过去实际工作中，由于对监督机构职责规定不具体且主业不突出，加上一些部门内设机关监察力量薄弱，导致多数监督机构承担了驻在部门大量党风廉政建设日常工作，监督浮在表面，流于形式。同时立法欠完善，行政执法监督类型单一，且案源多来自当事人申诉，整体监督量较少，机构配置不合理，监督机构部门人数少、年龄偏大、理论水平不高等问题也造成了行政执法监督乏力。

（四）公民法律意识有待增强

提高公民的法律意识是实现法制社会的关键。近年来我省普法工作取得了明显成效，但离实现法制社会的要求还有一定差距。个别地区公民普法教育方式、方法滞后，社会效果不够理想。少数地区虽然资源丰富、地广人稀，但是经济欠发达，交通不便，科技发展水平不高，居住相对分散，思想政治、道德教育尤其普法教育开展得相对还不平衡，有关法律出版物、可读法律书籍发行有限，造成地区的公民法律意识和法制观念薄弱等问题，在一定程度上给社会经济的和谐稳定发展带来了阻碍。

三、对当前湖北经济发展法治环境建设的意见和建议

（一）进一步强化法治环境就是经济发展核心竞争力的观念

当前，中国经济仍处在增长速度换挡期、结构调整阵痛期、前期刺激政策消化期"三期叠加"阶段，在经济发展新常态背景下，法治在市场经济发展中的地位也提升到了空前的高度，法制经济成为中国特色社会主义市场经济的升级版。良好的法治环境，既是市场竞争的软实力，更是未来发展的潜在实力。建设好法治"软环境"，就能在区域竞争中抢占先机、得"法"独厚。湖北要拥抱经济发展新常态，在新常态下大有作为，必须进一步强化法治环境就是经济发展核心竞争力的观念，让法治环境成为我省经济发展中的核心要素，要在全省形成依法治国、法治立省的法治共识，通过政府主导，运用法治思维和法治方式来保障经济活动、推动经济发展。

（二）改善地方立法的路线图，进一步科学立法

湖北的地方立法要坚持服务大局、突出重点、急用先立，加强重点领域立法，积极推进科学立法、民主立法，着力提高立法质量。一是要主动将地方立法放在全省改革发展大局中去谋划，对立法项目做出科学安排。各立法责任单位要进一步加强沟通，积极研究改革中的立法问题，及时提出立法需求和立法建议，使立法紧跟改革发展的步伐。同时结合湖北的重大改革发展部署选择立法项目，区分轻重缓急，有计划、有步骤地开展立法。二是要坚持问题导向，加强重点改革。地方立法要主动适应、自觉服务于湖北重点领域改革的需要以及科学发展和民主法治建设的需要，针对影响湖北改革发展中存在的突出问题，寻求治本之策，建立长效机制，抓紧制定一批具有湖北特色、支持和规范湖北经济社会发展的地方法规，提高立法的针对性、可操作性和立法效率，通过立法为改革扫清体制机制上的障碍。三是要推进精细化立法，不断

提高科学立法和民主立法水平。坚持以人为本、立法为民理念，努力克服部门利益法治化倾向，在立法工作中贯彻落实为人民服务的宗旨，把公正、公平、公开原则贯穿立法全过程，积极回应人民关切的热点难点问题，使法规能够最大限度地保护各方面合法权益，调动人民群众的积极性、主动性和创造性。

（三）全面推进依法行政，切实规范执法行为

遵守宪法和法律是政府工作的根本原则，必须全面推进依法行政，加快建设法治政府。规范行政执法行为，应着力在教育管理、制度建设、监督检查三个环节上下功夫。一是强化执法队伍建设，提高执法公信力。加强对行政执法人员的教育，定期不定期组织行政执法人员开展以党的方针政策、法律法规、业务规范为主要内容的业务培训，使其懂业务、善管理，成为依法行政的行家里手。二是深入开展行风建设，切实纠正吃拿卡要以及慢作为、不作为等损害群众利益的不正之风。督促各执法部门开展以"公正执法、文明执法、规范执法""便民、惠民"等为主题的优秀执法队伍创建活动，面向社会公开承诺、广泛征求意见、聘请行风监督员，通过座谈、自查整改、严格考评奖惩等，在部门中形成处处争创文明岗位，人人争创先进典型的良好风尚。三是完善执法责任制。建立完善执法程序、执法责任制、错案责任追究制、考核奖惩办法，做到有权必有责，用权受监督，违法受追究，侵权须赔偿。以信访专项纠风为突破，严肃查处乱摊派、乱罚款、乱收费和不按程序办事等违法乱纪行为。四是建立完善有效的监督机制。通过向社会聘请软环境执法监督员、行风监督员等加强对行政执法的监督；发挥各级人大代表、政协委员的力量开展监督；有效利用报刊、电视等新闻媒体监督作用，宣传正面典型，曝光违法违规行为；由纪检监察机关牵头，面向社会开展对行政执法部门执法公正、办事效率、服务质量、清正廉洁等为主要内容的政风行风测评，做好对测评结果的运用。

（四）加强法治宣传教育，提高全民法治意识

一是把领导干部带头学法、模范守法作为树立法治意识的关键。完善领导干部学法用法制度，提高领导干部运用法治思维和法治方式深化改革、推动发展、化解矛盾、维护稳定的能力。把宪法和法律作为党委（党组）中心组学习内容，列为党校、行政学院、干部学院、社会主义学院必修课，推广领导干部任前法律知识考试制度和公务员法律知识考试等做法，增强领导干部和国家工作人员的法治观念和法律素养。

二是把法治教育纳入国民教育体系和精神文明创建内容。坚持法治教育从青少年抓起，把法治教育纳入国民教育和中小学教学大纲，建立学校、家庭、社会一体化的青少年法治教育网络，充分利用第二课堂和社会实践，组织开展青少年喜闻乐见的法治教育活动。把学法、遵法、守法、用法等情况作为精神文明创建的重要指标，纳入精神文明创建考核评价体系，推进法治宣传教育不断深入。

三是创新宣传形式，注重宣传实效。紧紧围绕党和国家工作大局来谋划和开展普法工作，大力宣传与人民群众生产生活密切相关的法律法规，注重法治理念和法治精神的培育，积极推进多层次、多领域依法治理和法治创建活动，探索建立普法宣传教育效果评估标准体系和跟踪反馈机制。广泛开展群众性法治文化活动，大力推进法治文化阵地建设，积极开展文化产品创造和推广。建立健全媒体公益普法制度，加强新媒体新技术在普法中的运用，推动普法宣传公益广告在公共场所、公共区域全覆盖，为公众提供更多、更便捷的学法渠道，提高普法实效。

　　四是完善守法诚信褒奖和违法失信行为惩戒机制。一手抓完善守法诚信褒奖机制，在确定经济社会发展目标和发展规划、出台经济社会重大政策和重大改革措施时，把守法经营、诚实信用作为重要内容，形成有利于弘扬诚信的良好政策导向和利益机制；在市场监管和公共服务过程中，充分应用信用信息和信用产品，对诚实守信者实行优先办理、简化程序等"绿色通道"支持激励政策，在全社会形成遵纪守法、诚实守信的良好氛围。一手抓完善违法失信行为惩戒机制，建立严重失信黑名单和市场退出制度，建立多部门、跨地区失信联合惩戒机制，加强对涉及食品药品安全、环境保护、安全生产、税收征缴等重点领域违法犯罪行为的专项整治。

18 湖北秦巴山片区区域发展与扶贫攻坚现状分析及对策建议

叶培刚　陶涛

(《湖北统计资料》2015 年增刊第 30 期；本文获时任副省长许克振签批)

湖北秦巴山片区是我省四个扶贫片区之一，位于鄂西北，行政区域含十堰的 4 县 3 区 1 市、神农架林区及襄阳市的保康县。为促进片区区域发展与扶贫攻坚工作，湖北省制定了《湖北秦巴山片区区域发展与扶贫攻坚实施规划（2011－2020）》（以下简称《规划》）。7 月 14 日省委、省政府召开全省扶贫攻坚动员誓师大会，深入学习贯彻习近平总书记系列重要讲话，特别是学习扶贫攻坚重要讲话精神，提出"精准扶贫，不落一人"，确保 2019 年建档立卡扶贫对象稳定脱贫的目标要求。基于此，文章以湖北秦巴山片区为例，依据《规划》，运用相关数据对秦巴山片区区域发展与扶贫攻坚情况进行实证分析，重点对今后的扶贫开发难度以及片区工业化所处程度进行较科学的分析判断，并提出对策建议。

一、秦巴山片区区域发展与扶贫攻坚成效明显

（一）经济总量持续扩张，发展底盘不断筑牢

2011—2014 年，秦巴山片区地区生产总值分别为 921.81 亿元、1042.57 亿元、1180.72 亿元和 1313.22 亿元。2014 年生产总值是"十一五"末（2010 年）的 1.66 倍，四年间，按可比价计算分别比前一年增长 8.6%、10.5% 和 9.6%；2014 年片区人均地区生产总值 35502 元，连续三年保持 8% 以上的增幅，见表 1。在片区经济总量持续扩张的同时，片区发展底盘也在不断筑牢，2014 年片区完成固定资产投资总额 1197.19 亿元，比上年增长 22.3%，其中工业性固定资产投资 341.43 亿元，交通建设投资 207.91 亿元。东风与沃尔沃合资公司在十堰投入生产经营；谷竹、十房、郧十高速公路相继建成通车；神农架机场正式通航运营。正是因为有这样一大批项目的快速推进，给片区经济的发展注入了强劲动力。

表 1　湖北秦巴山片区地区生产总值完成情况

指　标	绝对值/亿元				比上年增长/%		
	2011 年	2012 年	2013 年	2014 年	2012 年	2013 年	2014 年
GDP	921.81	1042.57	1180.72	1313.22	8.6	10.5	9.6
第一产业增加值	112.14	137.80	161.42	172.08	5.0	5.0	5.1
第二产业增加值	481.23	529.39	592.67	660.78	7.0	12.2	10.2
工业增加值	441.68	484.79	537.71	595.31	6.8	11.7	9.9
第三产业增加值	328.44	375.38	426.63	480.36	12.0	9.7	9.9
人均 GDP/元	25062	28313	31981	35502	8.3	10.2	9.4

（二）财政收入稳步增加，居民荷包愈加饱满

片区经济的长足发展，带动了当地财政收入和居民收入的快速增长。2014 年，片区地方公共财政预算收入 98.27 亿元，比上年增长 17.3%；其中税收收入 72.64 亿元，占片区地方公共财政预算收入的 73.9%；人均财政收入 2653 元，比上年增长 17.1%。城镇常住居民人均可支配收入 21977 元，比上年增长 9.7%。同时片区大力开展贫困劳动力转移培训，积极拓宽农民增收的新途径，把"打工经济"作为农民脱贫致富的支柱产业来抓，2014 年片区农村常住居民人均可支配收入 7152 元，比上年增长 13.2%，高于全省平均水平 1.3 个百分点。以上数据见表 2。

表 2 湖北秦巴山片区财政、居民收入变化情况

指　标	绝对值				比上年增长/%		
	2011 年	2012 年	2013 年	2014 年	2012 年	2013 年	2014 年
地方公共财政预算收入/亿元	72.30	84.90	83.80	98.27	17.4	−1.3	17.3
城镇常住居民人均可支配收入/元	—	—	20036	21977	—	—	9.7
农村常住居民人均可支配收入/元	—	—	6318	7152	—	—	13.2

注：国家统计局 2013 年实施一体化住户调查改革，2011 年、2012 年公布的城乡居民收入与 2013 年以后的数据不可比，这里未公布。

（三）民生福祉持续提升，城镇化率再创新高

片区民生工程持续推进，财政对教育、卫生、社保和就业四项民生支出不断增加，占片区财政支出的比例常年稳定在 33% 以上；2014 年片区这四项支出占片区财政支出的比重为 36.0%，比上年增加 2.2 个百分点。在就业方面，大力实施以汽车制造维修、机加工、学前教育、家政服务等初级专业的就业培训工程，全年带动新增就业近 6 万人。城乡公共服务均等化水平进一步提升，片区新型农村合作医疗参合率达 98%。城镇基本医疗保险覆盖率达 98%。片区累计改造农村中小学危房 28 万平方米，高中阶段教育毛入学率达 92%。受扶贫搬迁及城镇大规模建设影响，片区城镇化率以每年平均 1 个百分点的速度快速提升，2011—2014 年已累计提高 3.3 个百分点，达 50.7%。以上数据见表 3。

表 3 湖北秦巴山片区公共服务、城镇化率变化情况

指　标	公共服务及城镇化率/%				增减/百分点		
	2011 年	2012 年	2013 年	2014 年	2012 年	2013 年	2014 年
教育、卫生、社保和就业四项支出占片区财政支出的比重	33.9	36.6	33.8	36.0	2.7	−2.8	2.2
高中阶段教育毛入学率	80.0	86.0	93.0	92.0	6.0	7.0	−1.0
新型农村合作医疗参合率	96.2	97.3	97.8	98.0	1.1	0.5	0.2
城镇基本医疗保险覆盖率	95.0	95.0	95.0	98.0	—	—	3.0
城镇化率	47.4	49.0	49.5	50.7	1.6	0.5	1.2

注：城镇基本医疗保险覆盖率 2011—2013 年没有进行专门统计，故沿用 2010 年数据。

（四）生态管控效果显著，扶贫攻坚稳步推进

片区以"绿"闻名，各地大力推进生态建设，同步开展"绿满荆楚"活动，仅2014年就植树造林34.4万亩，从林业部门公布的普查数和抽查数来看，片区森林覆盖率提高了7.3个百分点，达到64.7%，高于全省平均水平25.1个百分点。2014年片区万元地区生产总值综合能耗下降9.8%，万元工业增加值用水量下降9.7%，位列全省前茅。片区扶贫攻坚稳步推进，贫困人口、贫困发生率大幅下降，2014年对比2012年，已有40.36万人稳定脱贫，贫困发生率下降18.7个百分点。以上数据见表4。目前，片区贫困群众基本生产生活条件明显改善，扶贫开发政策体系逐步完善，精准扶贫的工作格局正在形成。

表4　湖北秦巴山片区资源环境、贫困情况一览表

指　标	2011年	2012年	2013年	2014年	比上年减少/%		
					2012年	2013年	2014年
万元地区生产总值能耗/吨标准煤	1.14	1.08	1.02	0.92	−5.3	−5.6	−9.8
万元工业增加值用水量/立方米	53.8	45.37	30.54	27.59	−15.7	−32.6	−9.7
森林覆盖率/%	57.4	57.4	57.4	64.7	—	—	—
贫困人口/万人	—	128.66	109.7	88.3	—	−14.7	−19.5
贫困发生率/%	—	51.1	43.6	32.4	—	—	—

注：国家2012年调高了贫困识别标准，由1196元调至2300元，贫困人数和贫困发生率与2012年前不能衔接，2011年数据这里未公布。

二、秦巴山片区区域发展与精准扶贫面临的难点与挑战

（一）扶贫任务依然十分艰巨

一是重度贫困人员多，贫困发生率高。从我省建档立卡的数据来看，秦巴山片区有贫困人员88.3万人，其中：扶贫人员63万人，低保人员7.8万人，五保人员1.24万人，扶贫低保人员16.2万人。片区识别认定的贫困村510个，占片区行政村的24.1%。另据统计在88.3万贫困人员中有重度贫困人员46.03万人，占片区贫困人员的52.1%；60岁以上人员20.96万人；大病、残疾、丧失劳动力和无劳动力人员43.02万人，其中60岁以上人员17.95万人，且大部分集中在高山远山区、深山石山区和边远库区，基础差、致富难、易返贫，都是"难啃的硬骨头"，贫困发生率高达32.4%，高于全省平均水平17.7个百分点，在我省四大片区中排名第1位。以上数据见表5。

表5　湖北秦巴山片区重度贫困人员分类统计表　　　　　　　　　　　　单位：人

地区	60岁以上人员	大病人员	60岁以上	残疾人员	60岁以上	丧失劳动力人员	60岁以上	无劳动力人员	60岁以上
十堰市	182768	37256	19856	34100	11332	55293	28340	250834	92884
神农架	4763	677	376	1548	651	2202	1362	6439	2841
保康县	22091	2612	1497	4945	1842	6937	3535	27342	14937
合计	209622	40545	21729	40593	13825	64432	33237	284615	110662

二是居民收入低，增收难度大。片区农村常住居民收入以一体化住户调查改革后的数据为例，2013年、2014年片区农村常住居民人均可支配收入分别为6318元和7152元，是全省平均水平的65.2%和65.9%。由于片区产业发展水平不高，特色产业为农民带来的收入十分有限，外加片区地质灾害易发，缺水、缺技术、缺劳动力、缺资金，再加上交通落后、能力不足等因素叠加，给农村居民增收增加了难度。

（二）工业化程度还处在初期水平

美国著名经济学家钱纳里等人于20世纪80年代提出了工业化阶段理论，他们将经济发展阶段划分为前工业化、工业化实现和后工业化三个阶段，其中工业化实现阶段又分为工业化初期、工业化中期和工业化后期三个时期。我国著名经济学家陈佳贵继承和发展了该理论，下面对片区8个扶贫工作重点县（市、区，不含张湾区和茅箭区）综合经济实力进行初步分析判断。

片区8个扶贫工作重点县（市、区）共计在2013年、2014年分别完成地区生产总值608.52亿元和672.42亿元，分别完成工业增加值219.21亿元和249.31亿元，常住人口分别为290.84万人和291.06万人，全社会第一产业从业人员分别为97.23万人和97.20万人，5项特征指标见表6。

表6　8个重点扶贫县（市、区）5项特征指标值

特征指标	指标值	
	2013 年	2014 年
人均 GDP（按当年汇率计算，美元）	3103	3366
工业增加值占 GDP 比重/%	36.0	37.1
三次产业结构/%	25.8：41.4：32.8	24.9：42.6：32.5
第一产业就业人员占比/%	49.1	48.8
城镇化率/%	36.7	38.2

从5项特征指标值来看，2013年、2014年片区8个扶贫工作重点县（市、区）人均GDP分别为3103美元和3366美元，大于2980美元，恰好迈进工业化中期。工业增加值占GDP比重分别为36.0%和37.1%，小于40%，处于工业化初期。第一产业增加值占GDP的比重分别为25.8%和24.9%，大于20%，第一产业小于第二产业，处于工业化初期。第一产业从业人员占比分别为49.1%和48.8%，在45%～60%之间，处于工业化初期。综合分析判断：片区8个扶贫工作重点县（市、区）综合经济实力还处在工业化实现阶段的初期水平。

三、促进秦巴山片区区域发展与精准扶贫的对策建议

（一）敢于担当，努力帮助贫困家庭解难题破瓶颈

一是片区各级党委政府要按照中办发〔2013〕25号文件、鄂发〔2014〕12号文件提出的十项重点工作任务抓落实。要用足、用活、用好每一项扶贫优惠政策，着力解决片区5.26万户危房改造，6.4万户饮水困难，3万户因交通条件落后而致贫，13个自然村未通生活用电和166个自然村未通生产用电等问题。二是进一步整合政府、银行机构、保险公司、担保公司等

各方资源，按照"政府出资、民营参加、政银合作、扶贫开发"的模式，灵活使用扶贫贴息政策，提高农村扶贫贷款额度，尽量简化贷款手续，将扶贫资金用在刀刃上。

（二）分类施策，合力推进精准扶贫工程出实效

一是对于有劳动能力和发展意愿的贫困人员 45.28 万人（含 60 岁以上还能够劳动人员 3.01 万人），实施产业扶持和就业培训。根据贫困村贫困户自身条件帮助选准生产项目，重点应在养殖业、种植业、农产品加工业和旅游业上做文章，在经营规模上可实施贫困村整村推进战略，同时要帮助落实生产资金，派专业技术干部指导生产经营。对有富余劳动力的贫困家庭开展实用技术培训，着力提高农民工的素质和就业能力，引导农村劳动力有序转移，使农村富余劳动力从有限的土地中转移出去，从根本上解决贫困农民的增收问题。二是对于生活在深山区、石山区、高寒山区以及不具备生存条件的 1.57 万户贫困户实施扶贫生态移民搬迁。在搬迁选址中可采取移民建镇方式，实现农民就近城镇化，以产城融合发展促进贫困人口有序搬迁，努力实现贫困户"搬得出、稳得住、能发展、可致富"的目标。三是对于无劳动力人员 28.46 万人，按照《纲要》提出的不愁吃、不愁穿，保障其义务教育、基本医疗、住房和养老的要求，享受农村低保、五保待遇，实行政策性"兜底"；对于年轻人要扩大"雨露计划"覆盖范围，积极为贫困家庭子女接受职业技能学历教育提供贷款并贴息，缓解因学致贫问题。四是对于因大病、残疾和丧失劳动力致贫的人员 14.56 万人，提升农村医疗保障水平，加大大病求助力度，提高参加新型农村合作医疗比例，进行综合救助，提高他们的生活质量。

（三）多管齐下，不断壮大地方经济总量

一是要全力支持以东风汽车公司为代表的中央、省属国有大型企业加快发展，以最优惠的投资政策，把央企和省企扩能升级项目辐射到周边县（市、区）工业园，以优质项目吸引资金、人才和技术等要素聚集，促进产业集群发展，重点培育具有明显区位和产业优势的企业集群，打造一批超千亿元、超百亿元的产业园区。二是要在片区掀起以招商论本领，以项目论英雄，只争朝夕抓项目，全力以赴上项目的招商热潮，全力抢抓国家南水北调和新一轮扶贫开发带来的机遇，始终保持项目洽谈一批、签约一批、在建一批、受益一批，从而保证经济发展的后劲和活力。三是要充分发挥片区独特的自然环境、人文历史和神农架、武当山等资源，大力发展生态文化旅游业，将旅游项目和发展资金向具备条件的贫困村倾斜，逐步形成"景区带动型""分村旅游型""养生度假型""创业就业型""产业融合型"等特色旅游业模式，提高城乡居民收入。四是要依托片区地理环境，着力发展种植业、养殖业、农产品加工业，特别是要发展茶叶、中药材、核桃、山羊等"四个百亿元"特色农业产业，进一步加快农业产业现代化步伐，促进特色产业扩规提质增效。五是要进一步营造宽松的政策环境、优质的服务环境、规范的法治环境、良好的信用环境和人文环境，筑巢引凤；真正做到想客商之所想，急客商之所急，帮客商之所需，在片区形成亲商、爱商、重商、安商的社会氛围。

19　凝心聚力求突破　精准扶贫见实效

——鹤峰县脱贫奔小康工作的探索与实践

陈　晓

（《湖北统计资料》2015 年增刊第 40 期；本文获时任副省长任振鹤签批）

2009 年以来，鹤峰县抢抓全省脱贫奔小康试点县建设机遇，大力推进扶贫攻坚，全县贫困人口平均每年减少 8000 人，积累了一些经验。当前扶贫开发已进入啃硬骨头、攻坚拔寨的冲刺阶段，全省上下要及时总结经验，集中力量打好"十二五"收官战，科学谋划"十三五"新蓝图，加快"支点"建设进程，率先全面建成小康社会。

一、鹤峰精准扶贫的主要成效

（一）经济发展迈出新步伐

2014 年全县地区生产总值 43.6 亿元，比 2008 年增长 1.4 倍；全社会固定资产投资、社会消费品零售总额分别达到 37.4 亿元、18.9 亿元，比 2008 年增长 2.5 倍、1.8 倍；财政总收入、地方公共财政预算收入分别达到 3.57 亿元、2.36 亿元，比 2008 年增长 1.4 倍、1.9 倍；农村居民人均可支配收入、城镇居民人均可支配收入分别达到 7546 元、19231 元，比 2008 年增长 1.4 倍、92.3%。全年减少贫困人口 9908 人。今年上半年，继续保持良好的发展态势，各项经济指标增速高于同期、好于预期，走在全州前列。

（二）产业结构呈现新格局

2014 年全县特色农产品板块基地达到 118 万亩，农民人均特色产业面积达 6 亩，特色产业每年为农民提供现金收入约 7 亿元，人均 3700 元以上。全县农业产业化龙头企业发展到 28 家，特色农产品年加工能力达到 35 万吨，农民专业合作社 306 家，辐射带动 5.68 万农户参与农业产业化经营；60 个农产品获得"三品"认证；"鹤峰绿茶"和"走马葛仙米"先后被批准为国家地理标志保护产品，"翠泉""白果"等 8 个产品获湖北省著名商标，鹤峰县先后被评为"中国茶叶之乡""全国绿色食品原料（茶叶）基地示范县"和"湖北省首批农产品（茶叶）出口示范基地县"。

（三）城乡面貌涌现新变化

围绕"宜居宜业"做精县城、"彰显个性"做特乡镇、"自然和谐"做美农村社区，全县"一主两副四线七集镇和 50 个重点中心村"的新型城镇空间格局初步形成，2014 年城镇化率达到 34.14%，比 2008 年提高 8 个百分点；全县 205 个行政村有 199 个村实施新农村整村建设，覆盖面达到 97%。走马镇入选全国 100 个小城镇建设重点镇；全县国家命名的传统村落达到 5 个。

（四）民生福祉实现新改善

2014 年实施"通畅工程"170 公里，新解决 2.2 万人饮水问题，新建、改造特色民居

1000 户，完成危房改造 1390 户，城乡低保、农村五保基本实现应保尽保，农村适龄儿童入学率达到 100%，新农合参合率达到 99%。

脱贫奔小康工作中的一些困难和问题需要关注。一是整体脱贫的任务还很艰巨。近六年来全县累计解决了近 6 万人的脱贫问题，但据精准识别结果 2015 年全县建档立卡贫困人口达 8.3 万人，贫困发生率 22.4%，比全国（8.5%）、全省（8.0%）贫困发生率分别高出 13.9 个和 14.4 个百分点。全县目前仍有 20474 户 61510 个贫困对象，分布在偏僻偏远的山区。二是交通瓶颈的制约仍然突出。目前全县是全省唯一的无铁路、无高速、无航空、无水运的"四无"县，交通不便。三是县域经济仍存在总量不大、结构不优问题。经济总量偏小，与全省比较，鹤峰人均 GDP 仅占全省平均水平的 40%。

二、鹤峰精准扶贫的主要做法

（一）抓龙头，突出规划引领

为立足县情找准制约发展的突出问题，鹤峰县集中开展脱贫奔小康大调研活动，形成了涉及产业发展、村庄建设、农田水利、民生改善等方面的 37 篇专题调研报告。召开领导干部专题会、专家学者研讨会和农民代表座谈会，集思广益，博采众长，研究规划编制工作。先后编制完成了鹤峰县县域经济发展、新农村建设、脱贫奔小康、特色产业、交通、水利等 10 多个专项规划，205 个村的村庄整治规划。对全县 205 个村按照"详规到村、建卡到户"的原则，科学编制了新农村建设详细规划，形成了完整的规划体系。

（二）抓核心，突出产业富民

推进全民创业。积极支持乡镇各服务中心的能人领办、创办经济实体；制定回归创业扶持政策，全方位开展创业服务。每年筹集近 1000 万元资金，用于全民创业新增项目贷款和就业再就业小额担保贷款贴息，协调金融单位提供贴息贷款 6000 多万元，扶持 500 多名劳动者成功创业；重奖创业典型，每年命名表彰"全县十佳创业明星"。扩大招商引资，主动承接发达地区的产业转移，近几年成功招引了三江航天、国电湖北电力集团、华新水泥、华信矿业等一批投资规模大、带动力强的支柱项目。

（三）抓关键，突出项目拉动

产业项目，争取林业产业项目资金 2.1 亿元、电力项目资金 1.2 亿元、财政农业综合开发项目资金 5000 万元。基础设施项目，投资 1.75 亿元的大垭隧道项目顺利完成；鸦来线公路改造工程完成投资 0.7 亿元；农村公路"通达通畅"工程完成总资金 1.69 亿元。争取低丘岗地改造项目资金 3.1 亿元。被定为全国小型农田基本建设重点县，每年新增投资 1000 万元。县城建设"十个一工程"完成总投资近 68 亿元。民生项目，争取病险水库加固、安全饮水等水利项目资金 2.9 亿元，全县新建集中供水 9 处、分散供水 261 处、单户水窖 918 口，新增蓄水量 5000 立方米，解决了 10 万人的安全饮水问题；投资 2000 万元的走马灌区和集镇饮水项目顺利完成。

（四）抓亮点，突出村庄整治

近年来共捆绑资金 9.67 亿元投入沿线 169 个村的建设，共新建、改造特色民居 3.2 万户，占全县农村总户数的 57%；新建新农村社区 27 个、新农村示范点 30 个，一批环境优美、生态良好、文明和谐的幸福新村纷纷展现。走马镇小城镇建设在快速推进，三次获得湖北省"文明乡镇"称号，被中央文明委授予"全国文明村镇"，连续四次获得湖北省小城镇规划建设管理"楚天杯"奖。

（五）抓创新，突出体制机制

六年来累计整合各类涉农资金11.27亿元，用于产业化建设和基础设施建设。通过捆绑相关项目资金，实行创业贷款贴息和出台以农副产品加工业为主的招商引资政策，累计吸引投融资近30亿元。2011年该经验得到省委副书记张昌尔肯定，并在全省范围内推广。

三、对做好全省精准扶贫工作的几点建议

精准扶贫精准脱贫，涉及方方面面，需要综合施策、多方协同，把精准扶贫与"四个全面"战略布局的各项工作统筹起来。

（一）协同扶贫

满怀激情，坚定信心。全省各级各部门要把思想行动统一到中央对扶贫开发的新部署新要求上来，坚持问题导向，层层传递压力，找差距，以改革创新的勇气和决战决胜的信心扛起扶贫攻坚硬责任。坚持目标导向，对照全面小康的总体目标，结合"十三五"规划编制，研究制定本地精准扶贫、精准脱贫计划，确定时间表，到期结硬账。抓牢精准扶贫硬措施，细化工作指标，强化责任落实，倒排工期，算好明细账。

因户施策、分类施策，确保精准发力。实施差异化扶持，坚持因人因地施策，因贫困原因施策，因贫困类型施策，精准滴灌，做到对象精准、目标精准、内容精准、方式精准、考评精准、保障精准，全面推进扶贫方案各项任务落地生根。

（二）发展扶贫

突出产业发展，实施产业化扶贫。紧紧围绕增加农民收入这个中心任务，大力发展特色农业、劳务经济、农产品加工业、乡村旅游和农村现代服务业等富民产业，深化农村改革，强化农业科技支撑，有序推进现代农业建设，加快农业发展方式转变。按照"一县一业""一村一品"的原则，大力发展特色产业，培育特色品牌。支持农产品"地标保护""绿色""有机""无公害"等资质的申报认证，做好国家和省定产业化扶贫龙头企业的申报、认定和滚动管理工作。

着力弥补基础设施短板，集中力量完善通村道路、饮水安全、危房改造、农村电力、易地搬迁、生态环境、村容村貌等基础设施，把握好精准性、协同性和前瞻性。

（三）保障扶贫

有效整合资源，积极争取国家资金投入，调整优化省级财政支出结构。加大对贫困地区的中央和省级财政项目资金的支持力度，重点向贫困县、贫困村、贫困户倾斜。整合各项涉农资金和帮扶资金，提高整村推进投入强度和项目建设水平。在资金使用方式上，采取"资金滚动式"发展模式，支持更多的贫困百姓来发展脱贫。

放大信贷扶贫效应。扩大贫困村互助资金试点范围，加大小额贷款发放力度，对没有外出就业、有一定技能又有创业意愿的贫困户发放小额信贷贴息贷款，支持发展特色优势产业。

完善社会保障体系，着力提供基本公共服务，做好就业、社保、救助等工作，围绕解决"因病致贫、因病返贫"问题，以"两保三助"为抓手，实行特殊医疗救助保障，实施"定心丸"工程。完善医疗救助机制，提高民政保障对象医疗救助比例。完善养老保障机制，加快以

农村互助幸福院为主的养老福利机构建设，提高农村五保对象供养水平和集中供养能力。

加强基层组织建设这个根本保证，按照"三严三实"和"两为"干部的要求，把基层党组织打造成为带领群众脱贫致富、维护农村稳定的坚强领导核心。鼓励和选派思想好、作风正、能力强、愿意为群众服务的优秀年轻干部、退伍军人、高校毕业生到贫困村工作。进一步加强扶贫工作队工作力度。

（四）智力扶贫

按照"扶贫先扶智、彻底斩断贫困链条"的总体思路，遵循"政府主导、社会参与"的工作原则，深入推进教育精准扶贫工作。以提升贫困村基础教育水平、资助家庭贫困学生就学、帮扶贫困群众实现稳步脱贫为首要工作任务，以倾斜支持贫困村发展教育、加大贫困生资助力度、开展贫困生职业学历教育为主要工作措施，建立上下联动、多部门合力推进的教育扶贫机制，通过教育提升贫困地区和贫困家庭的自我发展能力，从根本上消除贫困。

整合好各类培训资源，实施精准培训。大力实施"雨露计划"，千方百计地提高贫困劳动力的职业技能。大力发展基础教育和职业教育，支持贫困地区初中毕业生到较发达地区中等职业学校接受教育。做好扶贫干部培训、重点贫困村党支部书记培训工作，实施"一村一名大学生""三支一扶"等人才培养计划。

提升农业科技扶贫能力，派驻科技特派员，指导贫困村应用先进实用技术，依托农业重大项目的实施，采取集中办班、现场指导、咨询服务等多种形式，开展农业实用技术的普及性培训。强化农技推广服务，推出一批扎根农村、带动一方的"土专家""田博士"和"能人"。

（五）信息扶贫

按照扶贫信息化建设的要求，建立贫困户、贫困村、贫困乡动态化信息管理系统。通过扶贫信息管理平台，实现省、市、县、乡、村上下之间，扶贫系统内部，扶贫系统与行业部门、金融机构、帮扶单位之间的互联互通、信息共享。按照国家统一贫困识别标准，完善贫困村、贫困户建档立卡资料，建立市、县、镇、村四级互联互通扶贫信息系统平台，做到"一户一网页、一户一对策、一户一帮扶、一年一结果、一年一核查"，实现各级与贫困户信息直通车。

加快建成精准扶贫大数据平台，加强对数据的分析，全面准确把握贫困状况，对贫困人口的致贫原因、贫困程度、脱贫难度等胸中有数。通过脱贫销号、返贫挂号的办法，实现扶贫对象科学化动态管理。按照脱贫出、返贫进的原则，以县区为单位，以年度为节点，以脱贫目标为依据，逐村逐户建立贫困村、贫困户帮扶档案，做到有进有出，逐年更新，分级管理，动态监测。

纵深推进电商扶贫工作，加快贫困地区现代物流体系建设，将城乡商业服务网点、农资和商品配送中心、农畜产品交易市场和农产品冷链等商贸流通服务体系建设资金重点倾斜到贫困县和贫困村。积极发展电子商务、农超对接、直供直销、连锁经营等现代流通方式，搭建农产品"线上线下"交易平台，发展网上交易与配送，实现宽带网络、物流运输对贫困县乡的全覆盖，扩大贫困地区农产品和特色产品的网上销售，并结合"一带一路"倡议实施，扩大特色优质农产品外销。

20 优势、成效、问题

——武汉临空经济发展调研报告之一

张 萍

（《湖北统计资料》2015 年增刊第 38 期；本文获时任副省长许克振签批）

今年 5 月，省政府出台了《关于加快推进武汉临空经济区建设的若干意见》（鄂政发〔2015〕27 号），明确了武汉临空经济区发展的指导思想、基本原则、总体目标，提出了武汉临空经济区发展的主要任务和政策支持的具体要求。当前武汉临空经济区发展的现状如何？还存在哪些困难和问题？与相关省份临空经济区发展相比还存在哪些差距和不足，针对这些问题，近期，省统计局组织专门力量进行了调研分析，现分两期刊发，以引起有关方面的重视。

一、武汉临空经济区的比较优势

（一）得天独厚的区位优势

一是中部崛起的战略支点位置。武汉是华中地区经济、政治、文化、金融、信息中心，是中部地区和长江中游唯一的特大中心城市，自古以来就是商业重镇，商品市场辐射广及 30 个省（自治区、直辖市）和 600 多个县（市），是承东启西、联南接北的战略要地。中部要崛起，离不开武汉经济聚散能力和辐射能力的带动。二是武汉"1+8"城市圈的发展规模。2014 年，武汉城市圈 GDP 达到 17265.15 亿元，占全省 GDP 总量的 59.8%；固定资产投资达到 14149.23 亿元，占全省总量的 58.2%；社会消费品零售总额达到 7453.62 亿元，占全省总量的 63.1%。"1+8"城市圈的形成，将成为湖北乃至长江中游最大、最密集的城市群，也是湖北产业和经济实力最集中的核心区，圈内资源丰富，市场空间巨大，为发展临空经济增添了巨大的吸引力和市场需求。三是多重叠加的交通枢纽地位。武汉自古九省通衢，是长江经济带中游节点城市、中部战略支点核心和南北交汇中心，是中国内陆最大的水陆空交通枢纽。京广、京九、汉丹、沪汉蓉、京港 5 条铁路干线，以及京珠、沪蓉等 6 条国道在此交汇，武汉正在成为全国四大铁路运输枢纽之一。水运已形成"干支一体，通江达海"的客货运网络，武汉港是长江流域重要的枢纽港和对外开放港口。武汉天河机场是华中地区唯一可办理落地签证的出入境口岸，为全国四大枢纽机场，处于我国中、东部航线网络中心，被誉为"航空天元"。以武汉为中心，1 小时飞行圈可覆盖全国 40% 的城市，2 小时飞行圈可覆盖 60% 的城市。这种区位优势，对于武汉对接"一带一路"和发展航空物流、跨境贸易非常重要，也赋予了武汉进一步发展为门户枢纽的机遇。

（二）雄厚的产业基础优势

武汉作为全国中心城市，2014 年实现 GDP 10069.48 亿元，经济总量跻身全国城市第 8 位，提前一年完成"十二五"规划提出的突破万亿元目标，GDP 总量赶超成都，跃居 15 个副省级城市第 3 位，实现历史性跨越。武汉 9.7% 的增速仅次于重庆、天津。各类市场主体数量达 401 万户，新增 87.9 万户，居中部第 1 位，全国第 5 位。新引进 16 家世界 500 强企业入驻，在汉世界 500 强企业累计达到 216 家。服务业发达，是全国重要的人流、物流、资金及信息流交汇和集散中心。2014 年武汉全年交通客货运输换算周转量达 3912.43 亿吨公里，比上年增长 17.1%。社会消费品零售总额达 4369.32 亿元，增长 12.7%。服务业增加值达 4933.76 亿元，占全市生产总值的比重达 49%。武汉既是传统的工业基地，又是现代制造业基地，同时还拥有光谷、东湖高新技术开发区等高新技术产业区，具备发展临空经济的良好产业基础。

（三）丰富的科教旅游资源优势

湖北物华天宝、人杰地灵，素有"惟楚有才"之美誉。2014 年，湖北有普通高校 123 所，在校学生 153.64 万人，其中研究生 11.67 万人。全省拥有各类科研和开发机构 1700 多个，从事科技活动人员 34 万多人，在光纤光缆、光通信、"3C"和"3S"软件、生物医药、电动汽车等若干领域技术实力居全国领先地位。武汉科教优势十分突出，是全国第三大教育中心，第二大智力密集区。楚文化博大精深、历史悠久。湖北省不仅有长江三峡、神农架等著名的自然旅游资源，还有武汉长江大桥、黄鹤楼等人文旅游景观以及荆楚文化、知音文化、木兰文化和盘龙文化等享誉中外的历史文化旅游景观。被誉为"华夏文化南方之源，九省通衢武汉之根"的殷商盘龙城屹立在武汉市黄陂区天河机场脚下，947 平方公里的木兰生态旅游区建有华中地区最大的城市生态旅游景群——"木兰八景"。雄厚的科教实力、丰富的旅游资源和完善的配套设施极大地增强了武汉的吸引力，为发展临空旅游业和商务会展业提供了必要条件，为武汉临空经济的发展开拓了更为广阔的市场。

二、新的武汉临空经济区发展成效显著

省政府出台的关于加快推进武汉临空经济区建设的若干意见中，明确规划以天河机场为中心建设临空新城。临空经济区涵盖了武汉市黄陂区部分地区、东西湖区和孝感市部分地区，规划区总面积 371 平方公里，协调区总面积 1105 平方公里。目前，武汉临空经济区建设正如火如荼，机场三期强势推进，航空市场快速拓展，基础设施不断完善，产业结构提挡升级，一座新的武汉临空经济城正在崛起。

（一）天河机场发展态势强劲

2014 年，武汉天河机场完成旅客吞吐量 1727.71 万人，比上年增长 10.0%；货邮吞吐量 14.30 万吨，增长 10.5%；航班起降 157596 架次，增长 6.1%。今年上半年，武汉天河机场客流量达 922.88 万人次，运输起降 7.99 万架次，同比增速分别达 10% 和 3.5%。其中，国际及地区客流量 81.28 万人次，同比增速达 46%。南航、东航、国航三大武汉基地公司完成旅客吞吐量 519.95 万人次，航班起降 44865 架次，同比增速分别达 13.23%、7.81%。

目前，从武汉出发可直飞全国 70 个主要城市，可直飞 4 大洲的国际及地区定期通航点达 35 个，已开通武汉至巴黎、莫斯科、旧金山的洲际航线。今年上半年从武汉空港中转的航空旅客同比增幅达 37.5%。

正紧锣密鼓建设的天河机场三期扩建工程，预计明年投入使用，年旅客吞吐量可达 3500 万人次，货运吞吐量达 44 万吨，为目前运输能力的两倍。机场第二跑道长 3600 米、宽 60 米，为国内最高等级，可供有着"巨无霸"之称的世界最大客机——空客 A380 起降。届时，武汉机场将实现城际、地铁、公交、出租、长途大巴、私家车及航空等 7 种交通方式无缝立体换乘，

成为交通换乘一体化程度极高的航空枢纽。

（二）黄陂临空经济区块状经济集群初步显现

好山好水好黄陂，临空临港临天下。处于机场核心地带的黄陂区，受机场航空运输业发展的影响最为直接。黄陂临空经济区规划面积 162 平方公里，已建成 31.6 平方公里。目前园区已引进工业项目 68 家，签约投资额 452 亿元，其中开工建设 20 家，已建成投产 5 家，累计完成投资额 218 亿元。南航、国航、东航、海航、友和道通等已先后入驻临空经济区，在优先发展客运的基础上，还将重点发展航空货运、飞机维修等关联产业；在航空物流上，形成了以保税物流园区建设、现代物流园区建设为主导的产业功能园区布局，普洛斯、京东商城、圆通速递、越海物流、菜鸟网络科技等知名物流、电商企业已经进驻。目前，华中现代航空物流园和武汉海航蓝海临空产业园已成为国内外现代物流、快件快递和电子商务产业发展的首选承载地。核心区已初步形成五大千亿元板块雏形，即以周大福为龙头的珠宝时尚产业，以比亚迪和汉能为龙头的新能源产业，以北车轨道制造基地为龙头的装备制造产业，以卓尔通用飞机制造为龙头的飞机制造产业，以翰宇药业为龙头的生物医药产业。

临空产业带动了黄陂区经济社会加快发展。2014 年，黄陂区完成地区生产总值 506.5 亿元，比上年增长 11%；地方公共财政预算收入 46.7 亿元，增长 14.8%；完成全社会固定资产投资 579.9 亿元，增长 19.1%；社会消费品零售总额 189.4 亿元，增长 15%；全年接待游客达 1200 万人次，实现旅游综合收入 36 亿元，分别增长 20% 和 21%。

（三）东西湖临空经济区特色优势产业加快发展

2013 年，国务院批准武汉吴家山经济技术开发区更名为武汉临空港经济技术开发区，成为我省首个发展临空经济的国家级功能区。核心区与机场距离在 15 公里圈层之内，区内慈（惠）—天（河）公路直接连通机场，距汉口商务中心 15 公里，距汉口火车站 11 公里，距阳逻深水港 40 公里。沪渝高铁、武广高铁、京港澳高速、沪蓉高速、兰杭高速及 107 国道等交通要道穿境而过，通达全国 27 个省（自治区、直辖市）。

东西湖临空经济区规划面积 109 平方公里，核心区 40 平方公里。区内云集了东西湖保税物流中心，武汉铁路集装箱中心站，武汉海关总部三大通关、保税、仓储、物流平台，开设有湖北公路二类口岸、电子口岸、国家铁路口岸三大通关门户。保税物流中心与天河机场实现"区港联动"，成为首批国家级示范物流基地，"铁水公空"综合现代物流格局基本形成。2015 年，成功引入中国电建湖北公司等区域总部项目，新增中信资产华中公司等 8 家金融机构，总部经济加快集聚态势明显。汉口印象、西湖广场、中心广场等一批商业综合体陆续建成，融园、豪生等高档酒店建设稳步推进。汉江一日游、汉江花世界、郁金香主题公园、如意科普游等新项目逐步兴起。

2014 年，全区地区生产总值 580 亿元，比上年增长 11%；公共财政总收入完成 140.8 亿元，增长 17.8%；地方公共财政预算收入完成 69.2 亿元，增长 15.1%，总量位居全市行政区、功能区第 1 位；固定资产投资总额 419 亿元，增长 21%；社会消费品零售总额 165 亿元，增长 31.3%；税收总额突破 124 亿元，净增 20 亿元；全区接待游客突破 500 万人次，实现综合收入 6.5 亿元。

（四）孝感临空经济区助推汉孝同城化

孝感临空经济区与武汉天河机场相距 5 公里，与武汉市主城区相距 16 公里，与武汉新港相距 36 公里，与京港澳高速相距 4 公里，与福银高速相距 5 公里，与沪蓉高速相距 15 公里，是武汉北部航空、铁路、水运、公路组成的大物流复合走廊的中心节点。区内自然环境优美，野猪湖、白水湖和府河将临空经济区环抱其中。区域总面积约 100 平方公里，规划建设面积 39 平方公里，区内现有人口 2.8 万人。正协同武汉发展航空产业、高新产业、现代贸易、先进制造业等。

《孝感临空经济区"十二五"发展规划纲要》明确把孝感临空区规划建成以航空、物流、高新技术产业及高端商居为主的 30 万人口规模的东部新城。围绕"国际视野、国内一流、华中品牌、'两型'名片、孝汉合作桥头堡"的定位，孝感临空经济区呈现出良好的发展势头。孝汉大道成为武汉的快速通道，汉孝城际铁路的通车，拉开了武汉与周边城市"半小时通勤圈"的序幕。四纵六横主干道、地下管道正同步推进，勾勒出临空区新城架构。申通、韵达快运华中总部基地、普洛斯现代物流园、华中医药健康物流产业园等 7 家物流企业相继落户临空区，总投资 50 亿元。道路及配套管网、污水处理、中央商务区、闵集集镇综合改造、站前广场及中央公园、光谷仓、华中临空电商商业步行街等一批重点项目建设得风生水起，总投资超过 60 亿元。依托路网建设，临空区积极争取项目资金支持，投资 1.8 亿元建设 110 千伏杨家田变电站，投资 4900 万元对府河堤防分三期进行加固。

三、武汉临空经济区建设发展中存在的问题

（一）临空经济整体规模偏小

近年来，武汉临空经济发展加快，但与周边省份临空经济相比，差距有所扩大。一是航空总量偏小。2014 年，武汉天河机场旅客吞吐量 1727.71 万人，居全国第 13 位，仅相当于成都的 45.9%，低于长沙 74.34 万人，客运量自 2010 年起连续 5 年落后于长沙黄花机场，位居中部第 2 位；而在货邮吞吐量方面，天河机场货邮吞吐量 14.30 万吨，仅相当于成都、郑州的 26.2% 和 38.6%。郑州新郑机场在全国排名从 2012 年的第 20 位跃至 2014 年的第 15 位，取代武汉，成为中部第 1 位。武汉空港现有的通航能力已远远满足不了发展的需要。2008 年建成的武汉天河机场第二航站楼设计年吞吐量为 1300 万人次，2013 年已经处于饱和状态，2014 年机场发送旅客已超 1700 万人次。目前，天河机场起降飞机架次高峰时每小时已超过 35 架次，跑道容量已达极限。二是增长不快。2014 年武汉机场旅客吞吐量增长 10%，低于郑州 10.3 个百分点，低于成都和长沙 2.6 个百分点。2011 年，郑州机场货邮吞吐量尚落后武汉近 2 成，但 2012 年、2013 年、2014 年，该机场货运增幅分别达到 47%、69.1% 和 44.9%，排名从全国第 20 位跃升至第 8 位，创下中国民航界的"郑州速度"，将武汉远远抛在身后。三是经济实力不强。2014 年，武汉临空港经济技术开发区（东西湖区）规模以上工业实现增加值 330.9 亿元，仅相当于武汉经济技术开发区和武汉东湖新技术产业开发区的 43.8% 和 22.3%。完成固定资产投资总额 418.2 亿元，相当于武汉东湖新技术产业开发区投资额的 2/3。孝感临空经济区还处于起步阶段，市场主体数量不多，2014 年仅有工业企业 6 家，建筑业企业 1 家。

（二）管理体制和协调机制有待完善

武汉临空经济区涉及"两市三区"，由于行政区划不同，目前缺乏统筹协调跨地区和跨相关部门的领导机构。三地政府、机场和企业还没有找到利益的共同点，资源得不到有效的整合和利用，还不能形成临空经济发展所需要的强大合力。临空经济发展和临空经济区内外功能缺乏详细完整的规划，涉及三地的基础设施建设一直没有具体方案，临空经济区的土地、财税等

政策没有统一的标准，园区内外产业之间的联动缺乏分工与协作，区域内规划落实难，基础设施不易对接，园区功能趋同，产业聚集不足，影响了临空经济做大做强。天河机场把主要精力放在机场规模的扩建和枢纽机场目标的建设上，对临空经济区内配套交通网络建设和基础设施配套建设投入不够。有的企业对临空经济的发展还只是持观望的态度，没有实施具体的投资行为。总之，政府、机场和企业三方面缺乏合理定位和明确分工，在相关工作的推进过程中存在组织协调体制不顺和机制不健全的情况，是临空经济区建设和临空经济发展面临的一大障碍。

（三）政策支持与推进力度不够

临空经济处于新型产业链的高端，相对来说，所需要争取的政策空间和层次也较大、较高。如产业政策引导、土地利用、海关监管制度创新、"大通关"基地建设、保税物流加工等，需要争取上级的政策支持。武汉市政府对临空经济区热情很高，早在2007年就公布了其临空经济区规划，但直至今年才出台关于加快推进武汉临空经济区建设的若干意见，此前一直没有具体的支持政策，与上海、成都、郑州等在发展初期，就坚持政策先行，积极打造临空经济政策高地的兄弟省市相比推进缓慢。黄陂临空经济区内，随着各大航空公司及航空货运、飞机维修等产业的发展，海航蓝海、普洛斯、顺丰、美特斯邦威、圆通等现代物流和区域分拨中心的进驻，比亚迪、汉能太阳能薄膜等大型企业落户，发展空间不足已成为制约临空经济区发展"瓶颈"，亟须对现有发展规划进行拓展，进一步向北延伸，解决建设用地不足的问题。

（四）现有的产业布局不尽合理

一是三个临空经济区功能定位不清晰，发展优势和发展特色不明显，存在产业结构同构，园区发展碎片化，基础设施、交通不对接等现象，产业之间也缺乏分工与协作机制，不利于临空产业的管理，影响了产业集群效应。二是缺乏主导产业，一般都是"机场+航空公司+物流企业"的产业模式，物流成为临空即将取得的主要产业，但高新技术、电子产品等特色产业较少，产业示范作用不明显。一些企业在临空经济核心区以及辐射区内没有原材料、零部件的配套企业，对区内其他企业缺乏应有的带动作用。有航空物流企业却没有高新科技企业，有航空食品产业但无航空农业配套，产业格局相对单一，在产业发展向价值链高端攀升不足，产业链的构建水平有待进一步提高。三是机场周边未形成有效的产业链关系。在航空制造、航空运输业、航空物流业、商务会展、休闲娱乐、高科技产业及支柱产业配套上，引进不够，没有相关的配套产业企业来促进经济提升，与发展"国际航空港"有一定的差距。

21 湖北工业优势行业的选择

宋雪 陶禹 罗志勇 李杰 王芳

（《湖北统计资料》2015 年第 68 期；本文获时任副省长许克振签批）

新常态下，明确我省工业哪些行业具有优势，哪些是劣势行业，哪些是潜力行业，对于把握未来我省工业的发展方向，加快"建成支点、走在前列"具有重要现实意义。本文选用2014 年数据，运用统计模型，从区域优势、带动优势和贡献优势三个方面系统分析并选择出我省工业行业中分工优势比较明显、带动作用和贡献程度较大的行业，供领导决策参考。

一、优势行业的选择方法

行业的区位优势、影响带动力优势和社会贡献优势是判断和选择一个地区优势行业的主要标准。本文根据 2014 年资料，从这三个方面对我省工业各行业优势情况进行了具体分析，并对这三项指标重新进行加权计算，得出一个综合指数，以此作为最终选择我省优势行业的重要依据。

（一）区域优势行业分析

区域优势是从工业地区结构的集中程度来衡量其发展前景。有些行业，在一个地区比重较大，但放在全国看却是微不足道的；有些行业在省内的比重较小，而在全国却有着举足轻重的地位，这就是建立在区域专业分工基础上的相对优势所在。

分析区域分工优势常用区位商来测定。通过区位商分析可以测定各工业行业在全国的相对专业化程度，来间接反映区域间经济联系的结构和方向。常用的测定指标有工业总产值（销售收入、增加值）等。其计算公式为：

区位商（LQ）＝（某地区 A 行业产值/该地区全部产值）/（全国 A 行业产值/全国全部产值）

从计算结果可以看出，我省工业区域分工有以下特点。

（1）我省具有分工优势的行业相对较多。在 41 个工业大类行业中，具有分工优势的行业（指 LQ>1 的行业）有 16 个，占 39.0%。其中，具有明显区域分工优势的行业（LQ>1.5）有非金属矿采选业、酒饮料精制茶制造业、汽车制造业、农副食品加工业、烟草制品业和纺织业六大行业。

（2）传统行业分工优势较强。我省 16 个具有分工优势的行业中，有 8 个行业属于食品、纺织、石化、建材等我省传统优势行业。其中，具有明显区域分工优势的行业（LQ>1.5）中，传统行业占据 4 席。

（3）高新技术行业分工优势不足。我省 16 个具有分工优势的行业中，有高新技术产业的行业仅有汽车制造业和医药制造业，其他如电气制造业、计算机通信设备制造分工优势都较低，仪器仪表制造业 LQ 值仅为 0.4137，计算机通信和其他电子设备制造业 LQ 值仅为 0.4811。

（二）带动优势行业分析

工业生产活动的一个重要特点是要投入和消耗大量其他工业、农业或服务业的产品。投入和消耗的多少，反映了该工业行业对其他行业的带动辐射作用。一般来说，带动辐射作用强的工业行业，对整个国民经济的拉动作用也大，这也是衡量和选择有比较优势与发展前景行业的重要标准。

分析工业行业带动优势，大多用投入产出模型来测定。其模型为

$$B = (i - A)^{-1} - i$$

其中，$A = (a_{ij})$，称为直接消耗系数矩阵；$B = (b_{ij})$，称为间接消耗系数矩阵。通过该模型计算某一工业行业对其他工业行业的带动力的公式如下：

$$D_j = \sum b_{ij} \times Y_j$$

其中，D_j 表示第 j 个工业行业对其他工业行业的总带动力；Y_j 表示第 j 个工业行业当年的总产出。

在同一基准年度内，不同行业 D_j 的大小，就表明了该产业在该地区的带动程度大小。D_j 值越大，行业波及程度越高，对该地区的经济带动作用越明显；反之亦然。

从工业行业带动力排名结果看，我省工业行业呈现出如下特点：工业带动力强的行业集中在传统行业和先进的装备制造业。带动力位列前 4 位的大类行业是化学原料及化学制品制造业、农副食品加工业、黑色金属冶炼及压延加工业、建材。而处在前 10 位的行业中，有六大行业属于装备制造业。因此，从行业的带动辐射作用看，目前我省传统工业的强势特征比较突出，而装备制造业中的汽车制造业、金属制品业、电气机械器材制造业等对其他工业行业的带动作用也非常明显。

（三）规模效益优势行业分析

选择地区优势行业，还可以从工业行业规模效益的角度来确定。我们以 2014 年数据中各工业行业贡献值（用利税总额替代）为主要标志指标，以各行业工业总产值、万元总产值实现的贡献率为辅助指标，计算出 2014 年工业各行业贡献与规模状况的排名。

从工业行业贡献与规模排名结果看，我省各工业行业呈现出以下特点。

（1）从贡献值总量来看，排在前 10 位的行业中，除医药制造业和橡胶塑料制品外，其余八大行业都是总产值位列前 10 位的行业。因此我省工业中，贡献值的总量大小与行业规模的大小呈高度正相关。

（2）从万元总产值实现的贡献率来看，排名前 3 位的分别是烟草制品业、石油和天然气开采业、电力热力生产和供应业，都是国家垄断类行业。排名前 10 位的工业行业中，有 4 类属于国家垄断类行业，4 类属于资源开采类行业。

（3）前十大行业中，除电力、热力的生产和供应业以及非金属矿物制品业两大行业外，其余八大行业万元总产值实现的贡献率排名都靠后。这其中，规模位于我省前列的农副食品加工业、化学原料及化学制品制造业、纺织业，由于利润率偏低，贡献率排名靠后在意料之中；而像通用设备制造业、金属制品业、专用设备制造业等装备制造业，由于上游产品价格偏高，市场竞争日趋激烈，产品技术水平低，更新换代不及时，导致行业利润率和贡献率也没有达到应有的水平。特别是计算机通信设备制造业等高新技术产业，由于自主研发能力不够，产品竞争优势不强，其万元总产值实现的贡献率处于较低水平。

二、优势行业的选择结果

运用"比值系数法",消除以上三项指标量纲的影响,然后计算出 2014 年我省工业各行业的综合指数。根据 2014 年我省工业行业总优势排名情况,得出以下结论。

(1)行业总优势值在 0.80 以上的有 14 个大类行业,其中总优势值超过 1.0 的行业有 8 个,见表 1。这些行业中,有的区位优势、影响带动力优势和社会贡献优势都比较明显,有的在其中 1 个或 2 个方面的优势比较明显,因此可以作为今后一段时期我省工业的优势行业。

表 1 14 大类行业的总优势排名及各分项优势值

行业	总优势值	带动值	贡献值	区位值
农副食品加工业	2.09	0.98	0.25	0.86
汽车制造业	2.00	0.63	0.65	0.72
化学原料和化学制品制造业	1.67	0.86	0.28	0.53
非金属矿物制品业	1.61	0.68	0.41	0.52
烟草制品业	1.60	0.01	0.99	0.60
金属制品、机械和设备修理业	1.23	0.58	0.25	0.40
电气机械器材制造业	1.05	0.61	0.21	0.23
黑色金属冶炼和压延加工业	1.04	0.68	0.03	0.33
酒饮料和精制茶制造业	0.99	0.32	0.12	0.55
通用设备制造业	0.98	0.38	0.38	0.22
电力、热力生产和供应业	0.97	0.35	0.48	0.14
纺织业	0.90	0.19	0.17	0.55
计算机通信和其他电子设备制造业	0.87	0.52	0.19	0.16
橡胶和塑料制品业	0.86	0.19	0.21	0.47

(2)以上十四大类工业行业大致可以分为五种类型:第一类是传统的以农产品为原料的加工业,分别是农副食品加工业、烟草制品业、酒饮料茶制造业、纺织业,以及食品制造业;第二类是以资源和能源为原料的加工业,分别是非金属矿物制品业,黑色金属冶炼及压延加工业,电力、热力生产和供应业;第三类是基础原料和基础产品加工业,分别是化学原料及化学制品制造业、橡胶制品业;第四类是高端装备制造业,分别是汽车制造业、金属制品制造业、通用设备制造业;第五类是高新产业,分别是电气机械器材制造业、计算机通信设备制造业。

(3)在上述优势行业中,行业的优势与规模呈高度相关。优势值排在前 4 位的分别是农副食品加工业、汽车制造业、化学原料及化学制品制造业、非金属矿物制品业。这也说明,我省现阶段的工业结构中,这些传统的工业行业仍然具有比较明显的行业优势。

(4)在上述优势行业中,电气机械器材制造业、计算机通信设备制造业两个行业的工业总产值分别排在第 9 位和第 10 位,虽然也进入了全省优势行业之列,但是从区位优势分析来看,这两个行业却分别排在工业 41 个行业大类中的第 33 位和第 38 位。这说明,一方面这两个行业尽管在我省规模较大,但放在国内市场来看,规模与区域优势还比较弱。另一方面这两个行业在区域优势不强的情况下，主要依靠行业较强的影响带动优势进入全省工业的优势行业，因此也具有相当可观的发展前景。

三、促进我省工业优势行业发展的几点思考

（一）以宏观经济政策为导向，拓展行业规模

一是实施积极的财政政策和稳健的货币政策，来缓解企业融资难等问题，并从降低融资成本、加大税收减免等方面来促进优势行业发展，保持行业稳定增长。二是要制定完备的产业政策和投资政策。要加大对潜在竞争力较大的行业改造升级，加大调结构、转方式的步伐，使其竞争力由数量扩张和价格竞争逐步转向质量型、差异化为主的竞争。通过目前新业态、新商业模式来创造更多的投资机会，以投资来积累原始资本，不断扩大行业规模，形成有序规范、快速增长的市场环境。

（二）以创新发展模式为驱动，提升竞争优势

一是加大产业品牌化运作。对常规产品实现内部挖潜，并积极开发新产品，建设企业文化，打造企业品牌。二是优化行业结构，明确发展重心。要积极引导扶持新兴产业，培育和发展战略性新兴产业和未来主导产业；重点发展优势行业，稳步发展一般行业。对效益低下、技术落后产业，要敢于淘汰和摈弃。三是发挥政府主导作用，引导产业转型升级。政府要发挥积极作用来推动产业结构调整，通过深化改革进一步完善市场经济体制，弥补市场体制的某些不足。要大力实施知识产权的保护，加大对基础性研究的支持；加强专业人才和技术工人的培养，充分发挥湖北地区高校人才优势；同时，与行业、企业加强协调、沟通，强化优质服务，帮助推动行业结构调整和优化升级。

（三）以国家重大战略为平台，明确发展重心

一方面要鼓励湖北企业走国际化发展之路。顺应"一带一路""长江经济带"步伐，加大与周边国家和地区的合作，转移行业过剩的生产能力，消化吸收国外行业先进生产方式，扩大市场份额；另一方面要积极承接国家发展重心。"一带一路""长江经济带"意味着我国对外开放由东部牵动转为以中西部为主的全面牵动。要加快使湖北经济成为中部崛起重要战略支点的步伐，推动华中城市群建设，以武汉为龙头，加快襄阳、宜昌等副省域城市建设，以湖北优势产业带动中部优势产业集群发展，以积极融通中部为契机，发挥居中优势，带动整个中部经济崛起。

22 借力"互联网+"推动湖北产业升级

李 川　陶 涛　侯新颜

[《湖北统计资料》2015 年第 73 期；本文获时任副省长许克振签批，被省委政研室《调查与研究》（2015 年第 12 期）全文转载，在《中国信息报》刊登]

"互联网+"是把互联网的创新成果与经济社会各领域深度融合，推动技术进步、效率提升和组织变革，提升实体经济创新力和生产力，形成更广泛的以互联网为基础设施和创新要素的经济社会发展新形态。从产业角度看，新一轮互联网革命正在向各个产业领域渗透并加速融合，成为撬动产业转型升级的重要力量。当前，我省经济发展进入新常态，产业转型升级处于关键期，亟须创新产业发展方式，培育发展新动力。"互联网+"为我省加快产业升级提供了新的契机。本文对我省"互联网+"助推产业升级的现状、问题进行了分析，并提出建议，供参考。

一、湖北"互联网+"助推产业升级现状

（一）基础建设发展迅猛，信息水平不断提高

近年来，我省顺应互联网发展需要，大力推动互联网基础设施建设与应用，信息化水平不断提高。

一是互联网基础设施覆盖城乡。截至今年 6 月底，我省互联网端口达到 1493 万个，移动基站达到 13.3 万个。4G 基站实现乡镇以上地区全覆盖。行政村通宽带比例达到 94%，通光纤比例超过 90%。二是互联网用户规模快速扩大。2014 年，我省网民总数达 2625 万人，比上年增长 5.4%，宽带接入用户达 869.7 万户，比 2005 年增加 741.7 万户，平均每年增长 23.7%。三是信息化发展水平不断提高。2014 年，全国信息化发展指数为 66.56，湖北为 67.16，发展水平指数居全国第 11 位，位次比 2013 年上升 2 位。

互联网基础设施建设与应用的迅猛发展，为我省互联网与产业融合发展提供了必要的"硬件"基础。

（二）平台建设加快推进，工程项目全面铺开

云服务平台加快落地。今年 7 月，湖北大数据交易系统上线，这是国内首个省级该类平台。同月，长江大数据交易所、东湖大数据交易中心、长江众筹金融交易所等多家云服务平台在武汉揭牌。电商应用平台不断增加。阿里巴巴、京东等全国十大电商平台已在湖北设立区域总部或物流配送中心。以湖北国际电子商务应用平台、汉正街等为代表的一批大型本土电子商务平台逐步投入运营。互联网+工程项目全面推进。我省正在推进光纤宽带普及提速工程、智能制造创新平台专项工程、楚天云及基础数据库共享工程等多个围绕"互联网+"的工程项目建设。今年将通过项目支持 300 家企业开展两化融合试点。

"互联网+"平台及工程项目加速推进，为我省互联网与产业融合发展提供了越来越好的

"软件"支撑。

（三）加快渗透传统产业，促进升级效果初显

互联网通过深度整合、重构传统的产业链、技术链、服务链，加快传统产业升级。近年来，在政府积极引导与市场倒逼作用下，我省传统产业纷纷"触网"，部分企业已尝到甜头，互联网推动传统产业升级效果初显。

一是互联网促进传统企业销售模式升级。我省传统企业通过开展电子商务，推进"一商两店"、线上线下同步销售，促进了销售模式升级、效益提升。2014 年，湖北有电子商务销售行为的规模以上工业企业 856 家，全年电商销售额为 1691.3 亿元，其平均营业收入为 7.3 亿元，是全省规模以上工业企业平均营业收入的 2.8 倍；有电子商务销售行为的线上批发零售企业 315 家，电商销售额为 475.0 亿元，平均营业收入为 5.9 亿元，是全省线上批发零售企业平均营业收入的 3.6 倍。

二是互联网促进传统企业技术升级。带电作业安全细分领域的领头企业武汉奋进电力技术有限公司顺应互联网潮流，进行技术与产品升级，积极研发工业机器人、网络传感器与云计算产品及服务，获国家专利 80 余项，现已成为湖北工业机器人行业的代表企业。东风汽车公司与华为开展战略合作，布局车联网，将在汽车电子、智能汽车、IT/ICT 信息化建设等领域开展跨界发展。

三是互联网促进传统企业管理升级。武钢工程技术集团开发"营销异地协同应用"，支持系统从生产到物流入出库的整个供应链过程。项目区域营销管理系统上线以来，在提高订货速度、降低物流成本、提高库存周转率等方面经济效益显著。

（四）推动跨界融合重组，促进新兴业态发展

互联网推动产业从单一的内部纵向提升向基于网络化、智慧化的多元产业"跨界融合重组"转变，催生新兴产业和新型业态。在"互联网+"的推动下，我省电子商务、软件开发、现代物流加快发展。

一是电子商务快速发展。截至 2014 年年底，我省已有电商示范基地 8 个，示范企业 37 家。有数据显示，2014 年，我省电子商务交易额突破 8000 亿元，增速达到 35%，交易额居全国第 8 位、中部第 1 位。

二是软件开发业加快成长。软件业是互联网经济发展的信息技术支撑产业，多年前，我省就提前布局，把这一领域作为发展重点。近年来，我省软件开发业不断壮大。2014 年，全省软件开发业规模以上法人单位数达到 135 个，比上年增长 7.1%，营业收入 102.11 亿元，增长 27.6%，利润增长 89.0%。

三是现代物流发展较快。随着互联网与经济社会的融合，物流需求规模不断扩大，我省充分发挥交通和区位优势，推动现代物流业发展。2014 年，我省物流业增加值达 2102 亿元，比上年增长 13.6%，比全省地区生产总值增速高 3.9 个百分点，高出全国物流业增加值平均增速 4.6 个百分点。特别是快递等相关物流行业，发展势头强劲。2014 年，我省规模以上快递企业业务收入达 41.38 亿元，增长 44.9%，比全国平均水平高 3 个百分点，居全国第 9 位。

二、"互联网+"助推产业升级中存在的问题

（一）普及与配套服务偏弱

互联网普及率仍然不高。中国互联网信息中心数据显示，2014 年，湖北互联网普及率为

45.3%，居全国第 18 位，不及发达地区 60% 以上的普及率，也低于全国 47.9% 的平均水平。相关配套服务发展滞后。目前，湖北省内只有湖北数字证书认证管理中心有限公司一家企业能够开展电子认证服务；仅有武汉金信源、武汉城市一卡通、中百电子商务等 5 家企业获得央行颁发的第三方支付牌照，而广东达 20 余家，湖南也有 6 家。

（二）融入传统产业难度偏大

长期以来，湖北产业结构偏重，国字头企业偏多，传统产业发展路径依赖较强，现有的产业政策大部分仍是旧有工业化思路的承袭，传统工业化体制机制及管理模式与互联网思维不相适应。不少传统企业对"互联网+"的认识还停留在表面，危机意识与创新意识不强，在企业发展理念上还难以转变。2013 年，全省规模以上工业企业中有电子商务交易的单位比重为 4.6%，比全国平均水平低 2.3 个百分点；重点服务业中有电子商务交易的单位比重为 3.1%，低于全国平均水平 2.0 个百分点；农业企业中有电子商务交易的单位占比仅为 2.4%。仅从初步的电子商务应用来看，传统产业运用互联网思维推动发展还任重而道远。

（三）向生产领域渗透进程偏慢

目前，我省"互联网+"主要还停留在消费领域，向生产领域的渗透进程偏慢。两化融合程度不高。中国电子信息产业发展研究院的数据显示，2014 年，我省两化融合指数为 69.41，在全国省份中仅处于中游。其中，工业应用指数为 62.85，比其他指标明显偏低，是影响我省两化融合程度的薄弱环节。工业生产是我省经济发展的重要支柱，经过长期发展，我省已成为工业大省、制造业大省，工业经济具有良好的基础和优势，工业互联网、互联网+制造等具有巨大的潜力，加快促进潜力充分发挥是当务之急。

（四）龙头企业偏少

互联网融合应用的龙头企业偏少。工业互联网融合应用的企业数量仍较少，规模不大。电商龙头企业不多。支付宝公布的数据显示，2013 年，全国在网上销售额过亿元的企业超过 500 家，其中湖北不到 10 家。本土互联网龙头企业缺乏。原在湖北的几家规模较大的互联网企业 PPTV、卷皮网从本地搬走，其他一些相对知名互联网企业，又先后被外地企业收购。当前只剩下海豚浏览器、超级玩家、盛天网络还相对知名，但总体实力不强，对传统产业渗透与带动作用非常有限。

三、借力"互联网+"，推动产业升级的对策建议

在新一轮科技革命和产业变革中，互联网与各领域的融合发展正对我国经济社会发展产生战略性和全局性的影响。我省应加快智慧湖北建设，把握"互联网+"契机，强化互联网对产业升级的引领、融合、创新驱动作用，实现我省产业发展的新飞跃。

（一）构建"互联网+"发展机制，做好顶层新设计

进一步深入研究《国务院关于积极推进"互联网+"行动的指导意见》，结合我省实际，做好"互联网+"的规划。成立省级促进互联网+产业发展办公室，建立跨部门、跨地区、跨行业的"互联网+"协同推进机制。强化省政府与国家有关部委在"互联网+"领域的合作，建立部省合作机制。

（二）夯实"互联网+"发展基础，打造信息新骨架

推进光纤宽带普及提速。加快推进"宽带中国"战略在我省的实施进度，组织实施国家

新一代信息基础建设工程，提高公共场所 Wi-Fi 覆盖率，有效降低网络资费，支持农村及偏远地区宽带建设和运行维护。推动基础电信企业提升对工业园区、大型工矿企业以及中心企业宽带接入服务水平。引导促进数据中心合理布局，支持工业云服务平台建设，建设一批高质量的面向行业、企业的私有云和大数据处理平台，建立中部最大的公有云基地。打破社会各领域的"信息孤岛"，开放公共数据资源。加快建设全省统一的数据资源平台，推动公共信息资源向社会逐步开放和开发利用。

（三）传播"互联网+"发展思维，弘扬网络新文化

组织党政干部、企业家等社会各界人士深入学习互联网思维，开展"互联网+"科普教育，展示互联网+产业取得的经济效益，推动"互联网+"浪潮的传播。举办互联网产品及新型众筹产品发布会、"互联网+"论坛活动，"走进互联网企业"等活动，推动互联网新文化在更大范围内的传播和交流。

（四）营造"互联网+"发展环境，甘当孵化新保姆

设立省级"互联网+"产业发展引导基金。投向"互联网+"领域的重要项目、优势企业、产业基地以及公共服务平台建设，发挥基金杠杆作用，带动社会资本积极进入"互联网+"经济。引导省内金融机构适应"互联网+"企业需求，创新金融产品，全面推行"连连贷"等无还本续贷产品，降低企业融资成本。简化"互联网+"产业行政审批。简化省内"互联网+"企业证照的申办及年检，以及上市改制重组等相关手续的审批流程。各园区科技孵化器运营单位优先安排"互联网+"企业入驻，并提供代办事务性业务，降低准入门槛，吸引各类主体进行"互联网+"创新创业，努力营造全省政策宽松、创业氛围浓厚的生态环境。

（五）找准"互联网+"发展节点，抢占产业新高地

（1）加快推进"互联网+"在生产领域的融合应用。重点推进"互联网+"制造。一是基于我省在电子信息产业发展上积累的优势，进一步促进光通信和激光、智能终端、软件及信息服务、北斗卫星导航应用等基础性、先导性产业加快发展。二是推进两化深度融合，加快推动云计算、物联网、智能机器人等在生产过程中的应用。发展大规模个性化定制，开展基于个性化产品的商业模式创新。三是促进两业融合，加速制造业服务化转型。

（2）全面推进"互联网+"在消费领域的融合应用，尤其要鼓励批发市场创办电商基地，重点推进县域电商发展。当前，我省县域电商发展仍偏慢，应利用政策引导县域电商加快发展，加强农村电子商务平台和服务体系建设，鼓励农民利用电子商务创新创业，可考虑将县域电商发展情况列入县域经济发展评价指标体系。

（3）着重培育"互联网+"龙头企业。一方面，引导传统企业加快互联网融合应用。重点鼓励和引导传统优势行业的龙头企业充分发挥现有的行业优势、专业技术优势，找准融合发展切入点。另一方面，扶持本土有潜力的互联网企业发展壮大。支持发展前景好的互联网创新创业项目，重点扶持像武汉宁美国度科技公司之类以互联网营销为主的电商企业，重点从行业细分领域寻找突破口。

23 2015年上半年我省GDP增长8.7%

董树平

(《统计信息专报》2015年第4期；本文获时任省委书记李鸿忠签批)

上半年，在全国经济增速放缓的新常态下，湖北稳增长、调结构、转方式取得了实质性进展，经济增长态势和经济运行质量好于全国。经国家统计局初步核算，2015年上半年，我省地区生产总值13104.78亿元，按可比价格计算增长8.7%，增幅比全国平均水平高1.7个百分点。其中：第一产业增加值为915.53亿元，增长4.1%；第二产业增加值为6224.26亿元，增长8.4%；第三产业增加值为5964.99亿元，增长9.8%。全省经济呈现"总体平稳、稳中有进、进中向好"的积极态势。同时，当前经济运行中也存在着工业增长乏力、动力不足、部分经济先行指标低位运行、经济下行压力大等问题，需要引起高度关注。

一、上半年我省经济运行的主要特点

1. GDP增速呈回升态势

受国内外经济环境影响，湖北经济增长速度在一季度出现了快速下降的趋势，GDP增速创2000年以来的季度新低。二季度，在国家出台的一系列宏观调控政策的作用下，湖北全省上下保持定力、主动作为，坚持以提高经济发展质量和效益为中心，统筹做好稳增长、调结构、促改革、惠民生等各项工作，全省经济平稳运行，二季度GDP增速有所回升。上半年全省GDP增速达到8.7%，其中二季度GDP增速为8.8%，比一季度增速提高0.3个百分点。

2. 第一、二产业稳中有升

第一产业明显回升。上半年我省第一产业增加值同比增长4.1%，比一季度提升1.8个百分点，拉动GDP增幅提高0.14个百分点。第二产业缓中趋稳。上半年，我省规模以上工业增速为8.2%，尽管比一季度下降0.2个百分点，但6月当月规模以上工业增幅达到8.5%，比上月提高1.3个百分点，呈现出趋稳回升的态势。规模以下工业进一步提速，上半年累计增速达到7.9%，比一季度提高0.6个百分点，对全省工业的平稳增长起到了十分重要的支撑作用。建筑业受固定资产投资增速持续下降等因素影响，增速小幅下滑。初步核算，上半年我省第二产业增速与一季度相比基本持平。

3. 第三产业强劲支撑

初步核算，上半年我省第三产业增速为9.8%，比一季度提高0.1个百分点。第三产业主要的增长点在以下几个方面：一是非营利性服务业，上半年，全省财政八项支出增速为23.6%，比一季度上升7.6个百分点，对第三产业增长的贡献率达到35.9%；二是金融业，上半年，全省存贷款余额增长14.3%，保费收入增长20.8%，证券交易额增长263.4%，金融业对第三产业增长的贡献率达到20.3%，比一季度提高5.8个百分点；三是营利性服务业，上半年，全省营利性服务业营业收入增速达到15.3%，比一季度提高7.2个百分点；四是房地产业，上半年，全省商品房销售面积增速由负转正，累计增速为6.3%，比一季度回升9.7个百分点，对第三产业增长的贡献率达到2.2%。

4．产业结构进一步优化

上半年全省第一产业增加值为915.53亿元，占GDP的比重为7%，比上年同期下降0.5个百分点；第二产业增加值为6224.26亿元，占GDP的比重为47.5%，比上年同期下降3.4个百分点；第三产业增加值为5964.99亿元，占GDP的比重为45.5%，比上年同期提高3.9个百分点。在整体经济增速下滑的背景下，第三产业发展速度不降反升，增速达到9.8%，不仅成为上半年经济增长的重要动力，更是发出了湖北经济增长由工业主导向工业和服务业共同推动的积极信号。据测算，第三产业对经济增长贡献率为48.5%，拉动GDP增长4.2个百分点。

5．经济运行质量有所提高

上半年我省累计完成一般公共预算收入1515.56亿元，比上年同期增长15.1%，增速比一季度提高2.4个百分点。全省完成税收总收入2041.2亿元，比上年同期增长9.9%，增幅比一季度提高2.25个百分点。其中国税收入累计完成1087.44亿元，同比增长11.4%，增速比一季度提高3个百分点，比全国平均增幅高出2.8个百分点。国税总量居全国第7位，居中部6省首位，增幅居全国第3位。地税收入为953.76亿元，同比增长8.3%，增速比一季度提高1.5个百分点。1—5月，规模以上工业企业完成利润846.52亿元，比上年同期增长11.3%，高于同期全国工业企业利润增幅12.1个百分点，高于同期全省增加值增幅3.1个百分点。

二、宏观经济运行存在的主要问题

今年二季度，全省经济运行虽然出现了趋稳回升的态势，但总体上湖北经济仍然处于"三期叠加"阶段，经济运行中不稳定、不确定因素仍然较多，经济下行压力较大。

1．工业增长乏力

工业是湖北经济的重要动力，工业对我省经济增长的贡献率一般在45%～55%之间，最高年份达到60%。今年上半年，工业对我省经济增长的贡献率为41.9%，比上年同期下降7.5个百分点。我省GDP增速低于江西主要是受工业增速低的影响，上半年江西的规模以上工业增速为9.6%，比我省高1.4个百分点，影响GDP增速0.5个百分点以上。

2．经济下行压力仍然较大

在新旧动力转换时期，今明两年将是湖北经济较困难的时期。上半年全省工业、建筑业、投资、消费、客货周转量、用电量等主要经济指标低位运行，比上年同期均有较大幅度的回落，主要指标增速多为金融危机以来的最低点，全省经济下行态势仍十分严峻。上半年，湖北主要行业增长速度超过8.7%的只有3个行业，其中，超过10%的行业只有金融业和非营利性服务业，两大行业增速分别达到16.1%和14.8%，对全省GDP增长的贡献率达到35.3%，拉动GDP增长3.1个百分点。下半年，我省经济下行的压力仍然较大。

3．经济增长动力不足

固定资产投资增幅下降，全省上半年共完成固定资产投资13561.3亿元，同比增长17%，增速同比回落 4 个百分点。其中房地产开发投资 1879.47 亿元，增长 2.3%，增速同比回落 22.5 个百分点。全省亿元以上的新开工项目 1753 个，比上年同期减少 723 个，降幅为 29.2%。与上年同期相比，今年上半年全省新增规模以上工业企业 2003 家，同比减少 26.7%；新增产值 572.42 亿元，同比减少 45.8%；新增企业对工业产值的贡献率下降 2.9 个百分点。

4．部分经济先行指标继续低位运行

从用电量来看，全省用电量降幅尽管比上季度有所收窄，但仍然呈现下降态势，1－6 月同比减少 0.55%；工业用电量仍然呈负增长，1－6 月累计下降 4.64%。从交通运输来看，公路、航空、铁路运输周转量分别增长 6.4%、14.3% 和 －0.8%，除公路运输周转量增幅略比上季度提高 1.5 个百分点以外，航空、铁路运输周转量增速均比一季度下降，分别比上季度增速下降 1.1 个和 2.4 个百分点。

三、对加快湖北经济发展的建议

1．保持定力，稳定经济增长

我省上半年实现了 8.7% 的增长速度，成绩来之不易。最重要的经验之一是省委、省政府在复杂的国内外环境下，保持了足够的定力，始终坚持"稳中求进"总基调，始终坚持"竞进提质，升级增效"总要求，牢牢把握"绿色决定生死，市场决定取舍，民生决定目的"三维纲要，以提高经济发展质量和效益为中心，主动适应经济发展新常态，坚定信心，主动作为，真抓实干。发展不够是湖北最大的实际，当前湖北部分地方因为经济不景气，地方财政的压力越来越大，有的市县在明后两年可能陷入财政困境。如何稳定经济增长是当前各级领导干部需要重点关注的头等大事，尤其是在当前经济下行压力较大的关键时期更要坚定不移，不懈怠、不浮躁、不气馁、不折腾，以超强的定力抓发展。

2．深化改革，增强市场活力

实体经济是湖北发展的支柱，保持实体经济活力必须深化改革。在实体经济最困难时期要充分发挥政府的指导、帮助和推动作用。要坚持问题导向，突出改革重点，着力解决制约实体经济发展最突出的资金紧张、税费高、用工难等重点问题，不断增强实体经济活力。加大政策落实力度，优化发展环境，真正使"产业第一、企业家老大"的理念落到实处。

3．突出创新，加快动力转换

下半年湖北经济工作的重点必须突出创新。要充分利用湖北的科教资源优势，推进创新型人才队伍建设，加大科技投入，加大技术开发力度，提高湖北产品的市场竞争力。要充分发挥政府在创新中的引领作用，谋划好创新的方向，统筹好创新资源，优化好创新环境，要通过组织创新和管理创新，提高资源配置效率。要破除传统阻碍科技成果转化的体制机制障碍，充分发挥企业技术创新的主体作用，使创新成果更快地转化为现实生产力。要通过创新切实化解当前产能过剩的不利局面，减缓工业增长乏力对我省经济增长提速的掣肘，增强宏观经济增长动力，努力形成第一、二、三产业协同发展的良好局面。

4．扩大投资，增强发展后劲

高强度的投资依然是推动湖北经济增长的核心动力。近几年来，湖北投资对经济增长贡献率一直在 60% 左右。针对当前工业投资和房地产投资增速下滑的局面，要多管齐下、多策并举，加大投入力度。一是抢抓机遇谋划项目，要结合"一带一路"倡议、长江中游城市群国家重大战略，加快谋划一批具有长期效益的产业投资项目，并抓好落地和开工。二是创新投融资体制，努力拓宽投融资渠道。利用当前资本市场蓬勃发展的有利时机，帮助企业通过主板和三板市场开展直接融资；激活社会投资，进一步放宽民间投资的行业和领域，通过 PPP、P2P 等创新方式吸引民间投资基础设施和社会公益项目。三是大力推进招商引资。招商引资是扩大投资的重要手段，要创新招商理念，优化投资环境，创新招商方式，要充分利用投资峰会、经贸恳谈会、银企对接会等多元化形式加大招商力度，有效提高招商项目的落地率和资金到位率。

24 湖北部分地区商品房销售面积大幅下降应引起高度重视

王 飞

(《湖北统计资料》2015 年增刊第 19 期；本文获副省长曹广晶签批)

房地产是国民经济的重要支柱产业，具有产业链长、需求弹性大、辐射面广、带动作用强等特点。在经济下行压力较大的新形势下，如何促进房地产市场健康、平稳、较快地发展，对当前稳增长、调结构、惠民生具有十分重要的作用。今年以来，湖北房地产市场总体平稳，但发展极不平衡，部分地区商品房销售面积大幅下降，对此，应引起高度重视，并采取切实有效的措施，防止房地产市场继续下滑对经济增长带来的风险。

一、前 5 个月湖北商品房销售的基本态势

（一）商品房销售波动较大

今年年初，湖北房地产销售情况达到历史最低点。1—2 月商品房销售同比下降 21.9%，随着国家及地方出台一系列调控政策，房地产市场逐步趋于稳定，湖北房地产销售状况有所好转，但波动较大，呈震荡回升走势。前 5 个月，湖北商品房销售面积 1600.09 万平方米，同比增长 0.8%，扭转了前 4 个月下滑势头，由负转正，分别比 1—4 月增幅上升 7.5 个百分点、比一季度增幅上升 4.2 个百分点、比年初 1—2 月增幅上升 22.7 个百分点、比上年同期增幅低 8.9 个百分点。前 5 个月全省各市州商品房销售变动情况见表 1。

表 1 前 5 个月全省各地商品房销售面积增长情况

地域	1—5月		1—4月		1—3月		1—2月	
	商品房销售面积/平方米	增幅/%	商品房销售面积/平方米	增幅/%	商品房销售面积/平方米	增幅/%	商品房销售面积/平方米	增幅/%
湖北省	16000937	0.8	11474695	−6.7	8510342	−3.4	3621186	−21.9
武汉市	7046618	8.0	4784048	−2.5	3430064	2.9	1156898	−2.2
黄石市	483044	−30.6	255324	−42.3	160458	−34.7	70827	−55.1
十堰市	613765	40.9	413067	20.2	299211	16.9	180542	13.9
宜昌市	1183711	4.7	978048	−5.4	836913	5.1	256278	−58.4
襄阳市	1121417	−26.5	826210	−19.7	591261	−16.5	282913	−32.6
鄂州市	120807	2.0	88949	−3.1	57221	−20.5	29063	−33.7
荆门市	685689	−15.8	488531	−21.6	328458	−28.0	115071	−52.5
孝感市	668342	−21.5	497945	−21.7	356818	−30.4	137405	−40.5
荆州市	462314	−0.9	332789	−9.1	230232	−12.1	93835	−46.1

续表

地域	1—5月		1—4月		1—3月		1—2月	
	商品房销售面积/平方米	增幅/%	商品房销售面积/平方米	增幅/%	商品房销售面积/平方米	增幅/%	商品房销售面积/平方米	增幅/%
黄冈市	1048773	−6.1	828044	−11.7	686815	−7.4	287588	−47.7
咸宁市	799095	5.2	600560	−3.5	454222	−9.3	268530	11.7
随州市	261908	−30.8	190522	−41.8	122804	−51.1	55851	−69.4
恩施土家族苗族自治州	731603	38.3	585172	25.1	457146	65.8	218371	38.1
仙桃市	371866	51.6	243233	15.2	178170	2.7	225837	84.3
潜江市	150171	19.9	137088	21.8	123812	30.1	93544	200.6
天门市	251814	60.2	225165	53.9	196737	46.0	148633	19.6

（二）地区之间房地产市场分化严重

在当前房地产市场低迷的状态下，湖北商品房销售出现回暖迹象，但各市州发展极不平衡，武汉城市圈总体好于鄂西城市圈，前5个月，武汉城市圈商品房销售面积占全省61.8%，比上年同期提高2.1个百分点。地区间的发展不平衡日益显现。以武汉市为代表的9个市州商品房销售为正增长，其中：武汉、宜昌、鄂州和咸宁市本月由负转正，增幅排前3位的是天门市增长60.2%、仙桃市增长51.6%、十堰市增长40.9%。有7个市商品房销售面积为负增长，其中：5个市商品房销售面积降幅较大，它们是随州市、黄石市、襄阳市、孝感市和荆门市。

随州市，前5个月商品房销售面积为26.19万平方米，同比下降30.8%，比1—4月增幅回升11.0个百分点，比年初1—2月增幅上升38.6个百分点，比上年年底增幅下降38.8%，1—2月为最低点，下降69.4%。

黄石市，前5个月商品房销售面积为48.00万平方米，同比下降30.6%，比1—4月增幅回升11.7个百分点，比年初1—2月增幅上升24.5个百分点，比上年年底增幅下降40.2%，1—2月为最低点，下降55.1%。

襄阳市，前5个月商品房销售面积为112.14万平方米，同比下降26.5%，比1—4月增幅下降6.8个百分点，比年初1—2月增幅上升6.1个百分点，比上年年底增幅下降13.7%，1—2月为最低点，下降32.6%。

孝感市，前5个月商品房销售面积为66.83万平方米，同比下降21.5%，比1—4月增幅回升0.2个百分点，比年初1—2月增幅上升19.0个百分点，比上年年底增幅下降22.4%，1—2月为最低点，下降40.5%。

荆门市，前5个月商品房销售面积为68.57万平方米，同比下降15.8%，比1—4月增幅回升5.8个百分点，比年初1—2月增幅上升36.7个百分点，比上年年底增幅下降44.8%，1—2月为最低点，下降52.5%。

这5个市商品房销售面积增幅与年初相比，均呈回升趋势，降幅在缩窄，表现出向好的态势。

（三）商品房待售面积居高不下

商品房待售面积是决定销售情况好坏的晴雨表，也是商品房市场供大于求的集中表现。前几年房地产投资高速增长，三线城市和县域房地产项目大幅增加，楼市火热，销售旺盛。随着国家出台一系列遏制房地产过快增长政策的效应，房地产市场急剧降温，各地楼市从热卖急转为难卖的尴尬局面，造成湖北商品房待售面积居高不下。5月末，湖北商品房待售面积为2867.56万平方米，同比增长24.6%，由于近期部分城市房地产有逐步回暖的迹象，商品房待售面积增长势头有所减缓，其中5月末与4月末相比，商品房待售面积增幅回落3.4个百分点，比一季度增幅回落2.6个百分点，比1—2月增幅回落11.8个百分点，虽然待售面积增速逐步缩窄，但仍处在高位。

5月末，随州、黄石、襄阳、孝感和荆门市商品房待售面积分别为60.98、89.37、137.71、177.86和262.59万平方米，增幅分别为35.3%、71.1%、—5.6%、49.3%和33.9%，这5个市比上月新增加待售面积26.33万平方米，与年初相比净增加201.08万平方米，在商品房销售大幅下滑的情况下，市场去库存化压力较大。

二、部分地区商品房销售下降的成因分析

房地产市场的兴衰是体现经济发展快慢的标杆，随着经济下行压力逐步显现，湖北房地产市场也进入重大转折和调整阶段，房地产开发投资由高速增长转向低速，商品房销售市场也进入低迷状态，造成这一现象是由多重因素集中爆发的体现。根据对部分地区商品房销售情况的综合分析，当前影响商品房销售下滑主要有以下原因。

（一）政策、价格、经济及前几年房地产过快增长等因素对商品房市场产生一定影响

近几年来，国家连续进行了三轮房地产政策调控，旨在遏制房价过快上涨，促进房地产市场平稳、健康地发展，对楼市过热和房价增长过快起到有效遏制。虽然近期部分地区针对房地产市场低迷出台了一些房地产调控新政，对房地产市场有所刺激，但购房者对购房意愿持币观望态度者居多。另外，国家对政府改善办公条件严格控制，也对房地产市场产生不利影响，如：襄阳东津新区受政府搬迁计划搁浅，造成东津世纪城等多家房地产企业房屋销售大幅下跌，并造成主城区房地产行业连锁反应。由于前几年这些地区房地产业发展过猛，可售房屋基数过大，并且大部分不在主城区，而且价格偏高，与当地居民收入不匹配，加之今年经济增长放缓，购房者持币观望氛围更加浓厚，造成房地产市场有价无量局面，据多家房地产部门反映，签约商品房销售走势与当地经济增长快慢走势基本吻合，短期内下行趋势还将延续。

（二）打工经济对商品房市场产生一定影响

近年来湖北加快城镇化建设步伐，本市居民购房基本趋于饱和，外迁人口或农民工进城购房逐步增多。湖北是教育和劳务输出大省，外出务工人员较多，这部分群体对商品房刚性需求较强烈，相当一部分人是返乡置业，但由于今年经济形势不容乐观，各地劳务市场受工资待遇低下的影响，签约率偏低，人才流失较多。外出务工群体普遍学历偏低，打工难，收入与往年相比有所降低，对现有的房价难以承受，挣钱难，不敢轻易出手购房，这部分群体对县域房地产市场打击甚大，进而对湖北商品房销售市场业产生一定影响。

（三）受近期股市走牛的影响，部分资金流向股市对商品房市场产生一定影响

今年中国股市行情全面上扬，利好消息吸引着人们的眼球，大部分股民从中获利颇丰，

股市虽有风险，但获利来得快，部分想购房的群体、又对房地产市场预期顾虑重重的购房者，纷纷加入炒股行列，其目的是在短期内捞桶金，以减轻购房压力。据了解各地今年办理股权证的人数和银转证资金均创历史新高，这部分的资金大量流入股市，无疑对房地产市场产生巨大冲击。

（四）保障性住房和居民社区建设对商品房销售市场也有一定影响

近年来湖北加大保障性住房和居民社区建设力度，保障性住房建设的推进满足了低收入群体的住房要求，同时也减少了对商品房的购买力；居民社区建设转移了部分城镇居民购房需求，加之投资性购房需求减少，刚性购房需求群体有限，也造成商品房销售市场无法摆脱卖房难的困境。

三、对策建议

房地产业既是地方经济的重要支柱产业，又是地方财政收入的重要来源，为维护和规范好房地产市场，促进湖北房地产业持续、健康地发展，进一步发挥其在国民经济和社会发展中的作用，现提出以下几点建议。

（一）加大政府宏观调控和政策落实力度

认真贯彻落实好中央和省的各项房地产市场调控政策和措施，加大对房地产市场出现的新情况、新变化的关注，努力解决供需矛盾，实现供需平衡。一是为增加市场信心，尽快出台更加适应本地特色的房地产调控政策，要保持各项政策落实的持续性和有效性；二是发挥各级政府部门的调控功能，加大调控力度，通过规划、土地、税收、金融等调控手段的配合作用，保持房地产开发规模与市场需求同步；三是尽快建立房地产市场预警预报和信息披露制度，及时向社会通报房地产市场供求、结构、价格、涨幅、空置数量、投资动向等情况，引导开发商理性投资，消费者理性购房。

（二）加大金融机构对房地产市场的资金支持力度

今年以来，受销售回笼资金缓慢的影响，全省房地产开发到位资金增长低下，开发资金趋紧的矛盾加剧。对此，要加大金融对房地产开发的支持力度，积极开展银企对接，扩大银行信贷规模，争取银行对符合条件的房地产开发项目资金支持力度，缩短放款周期，加快企业销售回款速度。同时鼓励企业加强自身的信用建设，提高经营的素质和竞争力，积极拓宽融资渠道，充分利用民间资金，采取多种方式吸纳社会存量资金，多举措筹资来缓解企业资金困难的现状，确保全省房地产市场健康发展。

（三）加大房地产市场转型升级和创新力度

应对市场需求，加大商品房结构调整力度。正确引导房地产开发企业对宏观形势的判定，根据宏观调控政策和市场需求的变化，及时调整房地产发展战略和市场营销策略，尽快扭转当前房地产市场不利局面。充分发挥市场在资源配置中的决定性作用，应根据市场需求和城镇化进程的需求，保障不同阶层消费者的住房需求。

（四）加大推进城镇化和工业化步伐力度

要形成对商品房的有效需求，购房动机和购买力两种因素缺一不可。城镇化会将一部分农村富余劳动力转移至城镇，工业化将消化大量新增城镇劳动力，使他们有较稳定的工作增加收入，形成新的购买力，促使他们有在城镇安家落户的能力和改善居住环境的愿望，从而形成对商品房的有效需求，最终带动房地产业繁荣发展。一是根据城镇居民居住情况、收入水平的变化以及城镇化的进程等调整房地产市场供应结构，保证各层次居民的住房需求。二是要扩大城市规模和设施容量，提高城市运营和管理水平，增强城市综合承载能力。三是努力培养全省房地产投资的新增长点，不断拓展县域房地产开发，适当给予房地产市场向县级转移的支持力度，加快县域房地产市场的发展。

（五）加大正面舆论宣传引导力度

加强正面的宣传报道和对当前政策的解读，发布权威信息，树立购房者的信心。一是消除购房者对房地产市场骤变的预期顾虑；二是尽可能扭转购房者持币观望的心态；三是引导居民适度住房消费，以缓和消费者的信心危机。房地产开发商也要进一步增强信心，正确研判、理性把握房地产市场形势，改变营销策略，以促进房地产市场良好发展。

25　湖北与中部其他省份 R&D 资源投入比较分析

徐晓颖

(《湖北统计资料》2015 年第 77 期；本文获时任副省长郭生练签批)

　　湖北作为科教大省，长期以来都是全国 R&D 资源比较集中的地区之一。2014 年全省 R&D 人员全时当量达到 14.07 万人年，R&D 经费投入首次突破 500 亿元，达到 510.9 亿元，位居全国第 6 位，中部第 1 位。但相对于经济发展的总量而言，我省 R&D 投入强度略显不足。2014 年全省 R&D 投入强度（即 R&D 经费与地区生产总值之比）为 1.87%，虽较上年提高了 0.06 个百分点，但仍落后于安徽，实现"十二五"末 R&D 投入强度达到 2% 的目标困难进一步加大。本文通过对我省 R&D 投入的规模、强度、结构及变化特征与中部其他省份进行比较，分析我省 R&D 活动的特点、优势和不足。

　　2014 年，我省围绕"创新湖北"的建设目标，继续加大研发投入力度，全社会研发经费保持稳定增长，投入强度持续提升。与中部其他省份相比，我省在研发人力和经费总量上有一定优势，但某些结构及趋势问题却不容忽视。

一、湖北与中部其他省份 R&D 投入总量比较

（一）人力总量排位不变，但增长速度有所放缓
　　如图 1 所示，就中部范围来看，2014 年我省 R&D 人员全时当量达到 14.07 万人年，总量继续位居中部第 2 位。与中部第 1 位河南相比，我省 R&D 人员全时当量低了 2.07 万人年，与河南的差距较上年略有拉大。速度上，2014 年我省 R&D 人员全时当量增长 5.76%，较上年速度放缓 2.6 个百分点，位次虽较上年提升了 1 位，但仍低于安徽和河南，位居中部第 3 位。

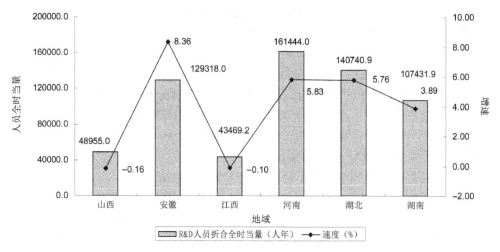

图 1　2014 年中部六省 R&D 人员全时当量及增速

（二）经费投入规模保持中部第1位，且优势继续扩大

2014年，我省R&D经费投入首次突破500亿元大关，达到510.9亿元，总量位次较上年提升1位，居全国第6位，继续排名中部第1位。与中部第2位河南、第3名安徽相比，我省研发经费分别高出110.89亿元和117.29亿元，超出27.7%和29.8%，研发经费总量的优势进一步扩大，如图2所示。

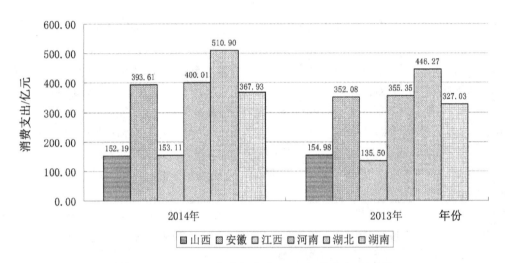

图2 2013－2014年中部六省R&D经费支出（亿元）

二、湖北与中部其他省份R&D投入强度比较

（一）人力投入强度高于中部平均水平，但研究人员占比不高

2014年，我省每万名从业人员中有R&D人员59.14人，高于中部平均水平，排名第1位，但具有中级以上职称或博士学历的研究人员仅占全省R&D人员的47.18%，低于湖南3.18个百分点，低于安徽0.51个百分点。我省R&D人力投入较多，位居中部第1位，说明参与研发活动的企业和人数较多，创新活动较为活跃，但高学历研究人员的相对缺乏在某种程度上影响了研发的水平和质量，因此我省R&D人员素质还有待进一步提高。

（二）经费投入强度位次不变，与第1位安徽差距有所缩小

2014年，我省R&D经费投入强度为1.87%，虽较上年提高了0.06个百分点，且与全国平均水平的差距有所缩小，但仍低于全国平均水平0.17个百分点，排位居全国第10位。在中部，我省投入强度虽高于平均水平0.44个百分点，但仍低于安徽0.02个百分点，差距较上年缩小了0.02个百分点，继续位居中部第2位。与排名第3位的湖南相比，高出0.51个百分点，差距比上年扩大了0.04个百分点，如图3所示。

（三）人均经费继续位居中部第1位，增长速度有所加快

2014年，我省R&D人员人均经费达到23.43万元/人年，高出中部平均水平2.91万元/人年，继续位居中部第1位。与中部其他省份相比，我省人均经费领先优势继续扩大，比第2位湖南高出0.79万元/人。从速度上看，我省R&D人员人均经费增长7.7%，比上年加快2.7个百分点，速度位次从2013年的第4位上升到2014年的第1位。

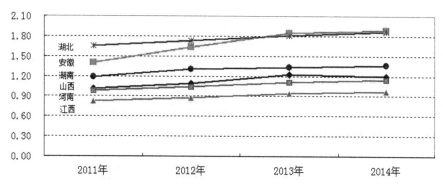

图3　2011—2014 年中部六省全社会 R&D 经费投入强度（%）

三、湖北与中部其他省份 R&D 投入结构比较

（一）企业投入为主，其他部门增速差距较大

从执行部门看，我省 R&D 经费投入主要集中在企业，总量大、增速快，而其他研发主体经费投入增速远低于预期，与中部其他省份也有一定差距。2014 年，我省企业投入 R&D 经费 397.25 亿元，占全部经费的 77.8%，增长 16.4%，增速居中部第 1 位。科研机构投入 R&D 经费 63.77 亿元，增长 11.7%，低于安徽增速 17.8 个百分点，增速居中部第 2 位。高等院校投入 R&D 经费 47.02 亿元，增长 5.3%，低于安徽 1.5 个百分点，低于江西 0.6 个百分点，增速居中部第 3 位。事业单位投入 R&D 经费 2.85 亿元，同比下降 15.4%，低于第 1 位湖南 23 个百分点，增速在中部垫底，见表 1。由此可见，事业单位投入增速差距偏大是导致我省研发投入强度位居中部第 2 位的重要原因之一，因此相关部门要高度重视，加大投入力度，努力提高我省的研发力度和水平。

表1　2014 年中部六省各执行部门 R&D 经费增长速度　　　　　　单位：%

部门	山西	安徽	江西	河南	湖北	湖南
科研机构	−15.1	29.5	−6.9	4.8	11.7	−0.2
高等院校	−13.2	−11.9	5.9	6.8	5.3	2.7
企业	0.8	12.1	16.1	13.7	16.4	14.2
工业企业	0.8	14.9	16.1	14.2	16.4	14.7
事业单位	2.2	2.5	−3.0	6.5	−15.4	7.7

（二）集中于试验发展，其他方面比重较低

基础研究和应用研究在 R&D 活动中占有重要地位，是创新链的最前端。2014 年，我省基础研究投入 18.62 亿元，应用研究投入 69.13 亿元，试验发展投入 423.15 亿元，基础研究和应用研究投入经费的绝对额虽有所增加，但增速不高，且占全部经费的比重偏低，只有 17.2%，比上年下降 2.9 个百分点，如图 4 所示。我省基础研究和应用研究所占份额虽然排在中部省份首位，但与发达国家 15%～25%的水平相比还有相当大的差距。基础研究和应用研究经费投入不足、水平偏低，表明我省科技发展的根基还不够坚实，不利于原始创新能力的提升和地区核

心竞争力的提高。

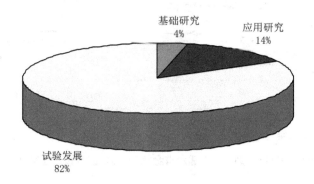

图 4　2014 年我省 R&D 经费投入结构情况

四、对加大我省 R&D 资源投入的建议

在经济新常态下，我省要在积极推进"大众创业万众创新"的同时，进一步加大研发投入力度，顺应"互联网＋"的大融合、大变革趋势，充分发挥科研优势，不断增强科技实力，激发各类主体的创业创新活力，营造更加良好的研发环境。

（一）稳定现有人才，吸引外埠高层人才

科技支撑发展，人才引领未来。近年来，我省制定实施"产业聚人"政策，稳定和吸引了大批人才。产业集聚吸引人才集聚，人才集聚反过来又会加速产业集聚。因此，产业规划要充分利用政府对科研人才的优惠政策，引导科研人才制定完整的职业生涯规划，使现有科研人才安心工作。在人才引进方面，要加大团队引进力度，以推动高新技术产业和战略性新兴产业的发展。各级政府要制定和实施政府配套补贴等政策措施，充分发挥柔性引才机制的作用，搭建企事业单位与留学人员、国外专业进行项目、人才对接的平台，鼓励用人单位采取咨询、兼职、项目合作、考察讲学、业务顾问等多种形式，吸纳海外人才为我所用，鼓励和引导各类高层科研人才采取柔性流动方式来湖北参与科研开发与合作，使想干事业的人才有事业干，能干事业的人才干成事业，使湖北真正成为"人才乐园"和"人才磁场"。

（二）优化创新环境，抓好公共平台建设

一是加快建设一批创新研发平台。积极帮助有能力的企业设立研发中心、研发平台，合作研发或引进一批产业发展急需的关键技术和装备，提高企业自主创新水平。积极争取国家在我省布局建设一批科技重大基础设施、国家工程研究中心、工程实验室和国家地方联合创新平台，加速推进省级工程研究中心、工程实验室和各等级企业技术中心的布局和建设。二是完善科技成果对接和转化平台。建立全省统一的科技信息交流与交易平台，不断更新科技成果库和技术需求库，让企业及时了解高校和科研院所的科研成果和技术力量，也让高校和科研院所及时掌握市场动态和技术需求。三是建设公共技术服务平台。在整合现有资源的基础上，积极组建跨领域的基础性研究试验平台和中试平台。推动科技资源开放共享，建立高校、科研院所、企业的科研设施和仪器设备向社会开放的运行机制，加大国家和省级重点实验室、工程实验室、工程（技术）研究中心、检验检测中心等向企业开放的力度。

（三）改善投资结构，打造多元融资渠道

一是进一步加大政府研发经费投入力度。实践证明，政府投入对企业研发投入提高有非常明显的引导作用，因此应进一步加大政府研发经费投入力度，特别是要加大政府在基础研究和应用研究的投入比重，夯实创新能力建设的基础，增强经济发展的技术动力，提高全省经济的持续发展能力。二是进一步强化财政资金的引导放大作用，鼓励金融机构优先安排我省重点产业研发活动，实现科技资源与金融机构的有效对接，提升融资服务的针对性和适应性。扩大风险投资基金规模，完善风险投资基金的准入和退出机制，不断创新科技金融产品和服务模式，整合信贷、投资、租赁、保险等各种科技金融手段，全力打造"科技金融超市"。三是强化国际合作。建设国际研发合作交流信息库，搭建国际研发合作和交流平台，支持有较强竞争力的企事业单位与有关国家和地区开展研发合作，推动我省研发合作向更高水平、更宽领域拓展。

（四）加强部门联动，建立协调合作机制

研发投入统计涉及多个职能部门，各职能部门除加强本部门的统计能力建设外，还要加强部门间联系，建立"整体、协调、互补、共享"的部门合作机制。一是加大部门协调力度。建议由科技部门牵头，每年组织召开一次部门协调会，明确责任分工，通报各部门当年经费投入完成情况。二是加大部门监测力度。相关部门根据我省发展情况，定期进行监测，并加强监测结果分析，对发现的问题及时预警。三是及时解决相关问题。各部门根据监测分析结果，结合本部门实际，对出现的新情况、新问题要及时予以解决。只有相关部门同心齐力、协调发展，才能确保我省研发经费投入健康、持续地增长。

26 对加快推进我省循环经济产业发展的建议

叶博勋 刘峰

(《湖北统计资料》2015年增刊第37期；本文获时任副省长许克振签批)

近年来，我省积极开展各类循环经济园区试点，资源循环利用产业规模不断扩大，扶持培育了一批循环经济产业骨干特色企业和名牌产品，产品市场占有率稳步提高，企业迅速发展壮大。但也存在配套政策不完善、回收资源网络体系不健全、发展资金紧缺等问题。为此，加快推进我省循环经济发展，必须加大配套政策扶持力度，壮大循环经济产业规模，延长加粗循环经济产业链条，促进我省产业结构转型升级。

"十二五"以来，我省将发展循环经济作为结构优化升级和发展方式转变的突破口，初步建立起"政府大力推进、市场有效驱动、公众自觉参与"的循环经济发展运行机制，资源循环利用产业规模不断扩大，资源产出率有所提高，涌现出了一批循环经济发展先进典型。

一、我省循环经济发展的现状

（一）试点城市、循环经济园区多点开花显成效

"十二五"以来，我省共争取到谷城再生资源园区国家"城市矿产"示范基地、宜昌经济开发区猇亭园区循环化改造示范试点等6类11个国家循环经济重大示范试点，并积极开展省级循环经济园区试点，共获得国家补助资金过10亿元。截至2014年年底，全省产值在5000万元以上的从事资源循环利用产业的企业数量已超过200家，资源循环利用产业总产值已超过1000亿元，园区规模不断扩大，资源循环利用产业发展势头良好。

（二）资源循环利用效率稳步提高

一是工业废弃物利用率不断提高。如襄阳市谷城县再生资源园区废铅、废铝、废钢等工业废弃物新增利用量已达132.9万吨，再生资源年回收量达到278万吨，年综合利用量达到238万吨。宜昌经济开发区猇亭园区2014年万元GDP能耗同比下降5.16%，工业用水重复利用率达到95%。

二是城市有机固废处置实现无害化、资源化。襄阳市国新天汇公司建成全省首个污泥综合处置项目，每天处理新增和存量污泥300吨，餐厨废弃物15吨，每年可从市政污泥、餐厨垃圾中生产沼气660万立方米，提纯后车用CNG约220万立方米，每天可为襄阳市约300台出租车提供燃料，相当于每年节约5500吨标准煤，每年可实现减少二氧化碳排放2万吨，年产生沼气肥料2.6万吨用于土壤改良。

三是农业废弃物资源利用多样化。肥料利用、饲料化利用与能源化利用相结合，全省秸秆利用率达60%以上。尤其是生物质发电，全省已经建成14家规模以上生物质发电企业，2014年发电量20.48亿千瓦时，实现了农业废弃物的有效利用。

（三）科技创新造就了一批循环经济领军企业

企业与高校、科研机构有效结合，形成了一批具有自主创新能力、自主知识产权和自主品牌的循环经济骨干企业，引领了绿色发展、可持续发展潮流。如荆门市格林美园区废弃电池与钴镍稀有金属循环利用技术已达国际先进水平；襄阳市谷城县再生资源园区中的湖北金洋冶金有限公司和湖北骆驼蓄电池有限公司，回收利用废旧铅酸蓄电池、废铝，已发展成全国知名品牌。此外，湖北兴发集团化工股份有限公司、湖北宜化集团有限责任公司、湖北美亚达新型建材集团、宜昌南玻硅材料有限公司、东风康明斯发动机有限公司、襄阳金耐特机械股份有限公司等一大批企业已初步成长为各自领域里发展循环经济的领军骨干企业。这些循环经济企业已经拥有世界先进水平和国内领先水平的重大科研成果，为发展循环型产业提供了重要的技术保障和支撑。

（四）初步建立了资源回收平台

一是建立了以社区为基础的社会回收网络。如格林美股份有限公司建立了废弃电池回收箱、电子废弃物回收超市、"3R"循环型社区超市，覆盖了湖北、广东、江西和河南等地区，在全国300个主要城市内建设了3万个废弃电池回收箱，布置了500个废弃电器电子产品回收超市。

二是创建了公共机构合作回收体系。襄阳市谷城县建立了鄂西北再生资源交易中心，襄阳市从事再生资源回收利用经营户达1400户，从业人员超过5000人，累计回收量达240万吨，回收额达97亿元，上缴利税达4.4亿元，城市平均回收率达70%以上。

三是建立了餐厨废弃物回收体系。武汉、宜昌、襄阳等地出台了餐厨废弃物管理办法，建立和完善覆盖全市的餐厨垃圾管理网络，实现餐厨垃圾的规范收运，杜绝餐厨垃圾进入食品链，实现餐厨废弃物循环化利用。

（五）小循环带动大循环

一是企业层面小循环，如兴发集团精细磷化工综合利用废水、废气、废渣、废热，形成完整的闭合连环资源化循环产业链；宜昌南玻实现全闭合循环模式生产多晶硅；宜化集团实现融合网络循环"煤、磷、盐"三大产业间的共生耦合。

二是园区层面中循环，如谷城再生资源园区回收废铅酸蓄电池、废铝、废钢铁、报废汽车及园区三环集团产生的废料，由湖北金洋公司等企业生产铅合金、铝棒和铝锭，然后提供给骆驼集团华中公司、海峡公司生产新的铅酸蓄电池。金洋公司再生铝工厂利用废铝直接生产汽车铝铸造件，铸造成新的汽车零部件、工程车配件、军工配件、火车配件、轮船配件等铸造件，又提供给园区内的三环集团等企业，在园区内形成闭路循环。

三是区域层面大循环，以武汉、襄阳、宜昌、荆门、江汉平原、鄂东地区为核心，发挥龙头企业和典型园区的示范带头作用，辐射周边市县，形成产业集聚特征明显、发展方向各有侧重、覆盖全省的循环型产业发展格局，打造形成了六大资源循环利用的产业发展聚集区。

二、循环经济发展中存在的困难和问题

近年来，我省发展循环经济工作取得了一定成效，但同时必须清醒地看到，我省循环经济发展规模还有待扩大，发展水平有待提高。主要表现在：有利于循环经济发展的产业、投资、财税、金融等政策有待完善，部分资源性产品价格形成机制尚未理顺，循环经济能力建

设、服务体系、宣传教育等有待加强。这些困难和问题制约着循环经济的发展，必须尽快加以研究解决。

（一）企业融资困难

循环经济大部分企业不缺订单，但缺资金，有些企业甚至影响了正常运行。一是银行"惜贷""抽贷"，企业贷款难度加大；二是民间融资成本高，通过非银行机构融资的成本较大；三是循环经济产业链上的小企业容易被大企业占用流动资金，造成中小企业资金循环周期过长，给中小企业带来资金紧张的困境。

（二）无序竞争时有发生

从全省范围看，循环经济园区在市（州）布局较为合理，从市（州）范围看，县（市、区）循环经济园区的布局不够优化，有的市州有几个园区，出现同质化发展情形。发改、经信、财政、环保、商务等相关职能部门与各级地方政府在申报循环经济发展项目时，未能有效沟通，各自为政，出现"九龙治水"的局面，无序竞争时有发生。如襄阳市的谷城县和老河口市，循环经济园区都主打废铅回收利用，按环保规定，为保证废铅回收不影响居民生活，园区周围方圆 2 公里内居民户需要搬迁。相邻 2 县（市）同质化发展，2 个县（市）园区周围居民都要搬迁，既增加了搬迁成本，又浪费了稀缺的环境容量，影响了循环经济企业的竞争力，不利于规模经济的形成。

（三）废旧资源的税收优惠力度不够

目前，对各类废旧资源回收行业的优惠政策及扶持力度不够。如 2014 年，对废铅回收行业征收 17% 的增值税税收，退还企业 50% 的税收，企业实际税率约为 8%，但依然远高于一般工业 4% 的增值税平均水平；2015 年，废旧资源的退税政策扩大到废钢、废铝等产品，惠及更多废旧资源，退税比例统一为 30%，但废铅回收行业享受的税收优惠政策较去年减少了，影响了废铅回收企业经营的积极性。税收政策对各类再生资源分类不明晰，优惠的持续性和稳定性不强。

（四）废旧资源回收交易平台不健全

一是资源回收体系尚不健全，交易平台建设滞后，各循环经济园区建立的资源回收交易市场还不完善，物联网还不健全，效率不高；二是废弃资源分类、分拣不科学，资源回收利用效率不高，餐厨废弃物回收利用阻力较大；三是大部分资源循环还仅限于企业内部循环利用，园区循环化改造不够，重点资源循环利用受到的成本制约较大。

（五）废弃物循环利用技术有待加强

行业内部龙头企业在市场竞争中各自为战，缺乏信息、技术方面的交流与合作。大部分企业科研队伍力量薄弱，技术研发投入不足，产品技术含量不高，自主创新能力不强，不能持续创新，缺少自主知识产权的关键技术和核心竞争力，产品附加值不高，对产业链的拉动效应不明显，且产业链不长也不完整。目前，主要工业固体废弃物之一——磷石膏，在循环利用方面没有很好的处理技术，只能大量堆放，仅宜昌经济开发区猇亭园区就堆积超过 1000 万吨，磷石膏实际综合利用率不到 20%，远远低于日本等发达国家水平。

三、对策建议

大力发展循环经济，促进生产、流通、消费过程的减量化、再利用、资源化，是推进生态文明建设的重要途径，也是在经济发展新常态下推进经济结构调整和转型升级的重要抓手。各地区、各部门要从战略和全局的高度加强协调配合，进一步加大工作力度，采取切实有效的措施，努力壮大循环经济产业，提高循环经济发展水平。

（一）加强领导和组织协调

一是树立全省循环经济发展一盘棋的理念，成立全省循环经济发展领导小组，统一组织协调各级政府、各相关部门共同参与循环经济发展项目规划；二是科学合理布局循环经济园区，统一规划使用全省的环境容量，提高再生铅等资源循环利用产业的利用效率，减少二次污染，提高循环经济发展水平；三是延长加粗循环经济产业链条，鼓励企业间、产业间建立物质流、资金流、产品链紧密结合的循环经济联合体，促进工业、农业、服务业等产业间循环链接、共生耦合，实现资源跨企业、跨行业、跨产业、跨区域循环利用。

（二）积极构建融资平台

拓展循环经济企业融资渠道，组建省、市、县各级融资平台，确保循环经济产业资金供给。一是在循环经济领域开展银企战略合作，适时、适度调整银行贷款展期，提高资金的使用效率，解除企业过桥资金融通的难题；二是各级政府设立循环经济产业发展专项基金，并抓好落实，对于发展较好的循环经济企业重点扶持；三是积极引导风险投资资本投资于循环经济项目。

（三）加大废弃物循环利用技术扶持力度

完善推动循环经济产业发展的科技支撑体系，加大对磷石膏等重点废弃物循环利用方面的科研支持力度。一是进一步推动企业与高校、科研单位实行产学研联合，同时引进吸收国外先进技术，研发自主核心技术；二是发挥园区产业集群效应，加强循环经济园区企业信息技术交流，建立信息技术共享平台，实现循环经济园区企业优势互补，提高废弃物循环利用率。

（四）完善再生资源与生活垃圾的回收网络

一是进一步扩大既有资源回收交易平台的影响力，以点带面，加大资源循环利用的宣传力度，为再生资源回收网络营造良好的社会环境；二是加快建设城市社区和乡村回收站点、分拣中心、集散市场三位一体的回收网络，建设符合环保要求的专业分拣中心，形成一批分拣技术先进、环保处理设施完备、劳动保护措施健全的废旧商品回收分拣集聚区；三是完善生活垃圾分类回收、密闭运输、集中处理体系，在社区及家庭推行垃圾分类排放，鼓励居民分开盛放和投放厨余垃圾，建立高水分有机生活垃圾收运系统，实现厨余垃圾单独收集、循环利用；四是充分发挥互联网在逆向物流回收体系中的平台作用，促进再生资源交易利用便捷化、互动化、透明化。

（五）进一步完善税收政策

一是继续落实和完善资源综合利用税收优惠政策，加大再生资源回收体系建设的税收优惠力度，加强对已经出台的循环经济产业税收优惠政策的落实力度，提高政策的可操作性；二是更具体地细分循环经济产业的税收抵扣政策，及时更新循环经济产业税收优惠政策的目录，简化再生资源增值税优惠政策手续，提高从事废旧资源循环利用企业的积极性。

（六）建立循环经济考核评价机制

制定循环经济示范城市（县）、园区、企业评价指标体系，建立区域循环经济发展成效评价机制，对发展循环经济成绩显著的单位和个人给予表彰和奖励。

27 "四降一升"化解企业成本压力

——供给侧改革视角下湖北工业降成本的思考

张利阳 陈 晓

(《湖北统计资料》2016 年增刊第 5 期；本文获时任副省长许克振批示)

企业是经济的微观基础，是就业的载体，是财政收入的主要贡献者。供给侧结构性改革的关键一招就是降低企业成本，增加企业效益，为鼓励和促进大众创业、万众创新，营造宽松环境，推动产业转型、结构优化。2015 年 12 月 22 日国务院常务会议决定自 2016 年 1 月 1 日起下调燃煤发电上网电价，全国平均每度电降低约 3 分钱，打响了"帮助企业降低成本"第一枪。湖北工业企业成本现状如何？"帮助企业降成本"该从何处着力？本文对湖北工业企业成本状况进行了初步分析，并以此探讨帮助企业降低成本的对策，供领导参考。

一、成本高制约企业生产经营

（一）企业盈利能力减弱

利润增幅明显回落。2015 年全省规模以上工业企业累计实现主营业务收入 42470.2 亿元，比上年增长 4.5%。盈亏相抵后实现净利润 2233.1 亿元，仅增长 2.1%，增幅较上半年回落 10.2 个百分点，如图 1 所示。亏损企业亏损额 259.8 亿元，增长 58.5%，增幅较上半年上升 58.3 个百分点。

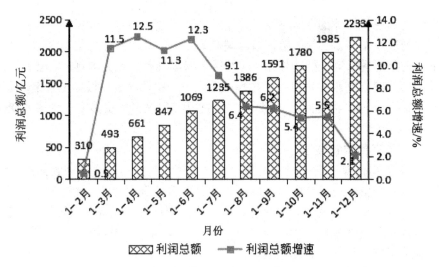

图 1　2015 年湖北规模以上工业企业利润总额及增速

主营业务收入利润率低于全国平均水平。2015 年主营业务收入利润率为 5.3%，比全国平均水平低 0.5 个百分点，居全国第 18 位，低于河南、江西，居中部第 3 位。与 2014 年、2011 年相比，分别降了 0.1 个、0.3 个百分点。

（二）企业经营成本提高

2015 年，全省规模以上工业企业营业成本为 36326.7 亿元，增长 4.8%，增幅较上半年加快 1.3 个百分点，且快于收入增幅 0.2 个百分点。每百元主营业务收入中，主营业务成本占比高达 85.5%，分别较 2014 年、2011 年上升 0.3、0.6 个百分点。税费等其他支出占收入的比重为 9.2%，较 2014 年、2011 年上升 0.8、3.7 个百分点。成本费用利润率为 5.3%，分别比 2014 年、2011 年下降 0.2、3.0 个百分点，如图 2 所示。企业成本负担加重，挤压了盈利空间，削弱了产品竞争力，使企业面临较大的经营压力。

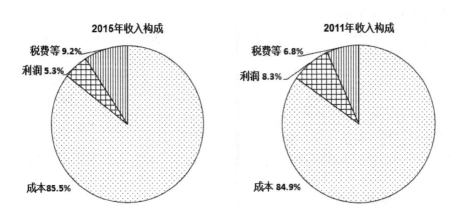

图 2　2011 年和 2015 年工业企业收入构成

（三）主导行业成本负担加重

2015 年，41 个工业行业大类中，有 23 个行业成本比上年上升，占 56.1%。其中汽车、钢铁、建材、纺织、化工五大行业每百元主营业务收入中的成本分别为 84.91 元、93.83 元、84.87 元、88.03 元和 88.13 元，分别比上年增加 1.82 元、1.64 元、1.3 元、0.54 元和 0.21 元。

二、工业企业主要面临四类成本负担

（一）用工成本持续攀升

工资上涨快，社保缴存比例高。2015 年四季度工业企业景气调查显示，44%的企业认为生产经营中的主要问题是"用工成本上升"。自 2011 年以来我省职工最低工资标准连年上调，上涨幅度在 50%以上。对工业成本费用调查显示，2014 年全省规模以上大中型工业企业人均职工薪酬为 6.02 万元，较 2011 年增加 9610 元。工资提高在劳动密集型行业表现尤为突出。如荆门某服装公司反映企业职工薪酬年支出占加工费收入的比重 2012 年只有 53.9%，2013 年、2014 年则攀升至 80.3%和 83.9%。与工资挂钩的相关负担费用也水涨船高，以社保费为例，人均社保费为 6505 元，比 2011 年多出 874 元。从企业调研了解到，在我省，"五险"的总费率已达到企业工资总额的 39.25%。据咸宁企业反映，同一个企业在咸宁、深圳、东莞办厂，在咸宁"五险一金"缴存比例为 42%，比深圳、东莞高 12 个百分点。

（二）税费成本上升较快

税费占营业收入比重持续提高，工业企业税费负担较重。2015 年全省规模以上工业企业上缴税金 1951.9 亿元，增长 6.8%，高于全国 3.7 个百分点。其中主营业务税金及附加税额占主营业务收入的比重为 2.1%，高于全国 0.5 个百分点，居全国第 14 位。税费占营业收入的比重为 9.2%，该比重较 2011 年提高 2.4 个百分点。分行业看，石油加工、汽车、化工、医药、烟草、印刷、有色金属、食品制造业等行业税费负担高于全省平均水平。从基层调研了解到，部分地区土地使用税由 2014 年的 3 元/m² 上升到 2015 年的 9 元/m²；房产税过去是房产总值的 70%，2015 年则改为房产总值与地产总值总和的 70%；耕地税由原来的 2 万元/亩上升到 2015 年的 3.3 万元/亩。

（三）融资成本仍然较高

融资难、融资贵问题仍未有效缓解。2015 年四季度对工业企业景气调查显示，35.9% 的企业认为生产经营中的主要问题是"资金紧张"。仅 2.0% 的企业认为四季度融资较容易，仅 6.2% 的企业认为四季度融资成本比上季度下降。在全省工业经济形势调研中可了解到，一方面企业银行贷款综合费用贵。除银行正常利息外，还要承担财务顾问费用、抵押物评估费、担保费、财产保险费、抵押登记费、担保费等；续贷时"过桥"费用高，提高了企业融资成本。另一方面金融机构惜贷、抽贷、限贷现象严重，部分银行"多收少贷"或"只收不贷"，导致企业资金紧张。鄂州市走访调查的 100 家规模以上企业中有 55 家反映流动资金严重不足，合计缺口达 4.59 亿元。

（四）生产成本居高不下

在环境制约、产业供应链、物流费用等因素的综合作用下，我省工业企业生产成本居高不下。据工业成本费用调查，2014 年全省规模以上工业企业制造成本占营业收入的比重为 78%，比 2011 年提高了 2.1 个百分点。其中上升幅度较大的依次是：直接材料、折旧费、排污费、经营租赁费、运输费、技术转让费。

三、打好"帮助企业降成本"组合拳

中央经济工作会议将降成本列入今年五项重点经济工作之一，明确提出要帮助企业降低成本。企业成本涉及方方面面，需要多方施策，打出"组合拳"，打好歼灭战。结合湖北省情，应努力做到"四降一升"，具体如下。

（一）推进价改，降低资源成本

价格是最容易对企业成本产生影响的因素之一。建议帮助企业降低电力、物流等资源成本。目前降低电力价格已经打响了降成本攻坚战的"第一枪"，但仍有下调的空间，我省可考虑继续出台下调电价或用电奖励政策。采取切实有效的措施降低物流成本，降低和统一公路、桥梁收费标准，规范收费定价机制，并早日将通过回购实行部分高速公路免费提上日程。

（二）减税降费，降低财税成本

一是贯彻落实中央关于结构性减税的政策，加大税收优惠力度。全面推开"营改增"并加大部分税目进项税抵扣力度，减少税收优惠政策审批环节，改革税收预缴制度，不违规征收"过头税"，真正实现"放水养鱼"。二是全面规范涉企收费行为，加大涉企收费清理力度。在当前"大众创业、万众创新"的背景下，要充分激发企业活力，更应进一步简政放权、降低审批成本，为企业营造更宽松的市场环境。减少行政审批事项，规范中介机构服务收费，清理规范地方政府性基金收费项目，降低政府行为给企业带来的负担。

（三）双管齐下，降低融资成本

一是改善企业融资环境。在全省范围内开展整顿金融市场秩序工作，推动银行业"七不准、四公开"要求落到实处，整顿金融服务乱收费现象，取消不合理收费项目，降低不合理收费标准，在此基础上，扶持发展和规范监管小额贷款公司和担保机构。二是拓宽企业融资渠道，用好和创新融资产品和工具，鼓励扩大股权、债券等直接融资，大力发展应收账款融资。鼓励符合要求的企业通过发行债券、上市渠道融资。引导金融机构加大对高新技术企业、重大技术装备、工业强基工程等的信贷支持，促进培育发展新动能。

（四）统筹协调，降低人力成本

在经济新常态下，合理的"五险一金"费率是企业降成本的重要途径之一。建议适度调整最低工资增长速度，降低企业"五险一金"缴纳比例，适当下调公积金缴存比例。同时研究实施国有资产划转，提高国有企业上缴国有资本收益金比例等措施，专项用于充实社保基金。

（五）改革创新，提升企业效益

大力推进企业技改创新工作，宣讲国家、省相关技改扶持政策，发布工业企业技改升级指导目录，鼓励企业增加技改投入、扶持企业引进先进设备，提高设计、工艺、装备、能效等水平，有效降低成本。引导企业树立自主创新意识和自主知识产权意识，激发企业对接市场需求自主升级改造的动力，加大新产品研发投入，致力于丰富产品结构、加长加宽产业链，推动企业产品升级，提升企业效益。

28 湖北省生态环境质量公众满意度调查报告

王兴华

（《湖北统计资料》2016年增刊第15期；本文获时任省委书记李鸿忠签批，被《参阅件》全文转发至各市、州、县党委政府及省直各单位）

党的十八大以来，习近平总书记就加强生态保护、推动绿色发展提出了一系列新思想、新观点、新论断。党的十八届五中全会把"绿色发展"作为五大发展理念之一，将绿色发展提到了前所未有的高度。为贯彻落实中央、省委关于保护生态环境的总体部署，客观反映我省绿色发展进程，湖北省社情民意调查中心于今年5月在全省开展了湖北省生态环境质量公众满意度调查，现将调查情况报告如下。

一、调查概况

本次调查的范围是全省103个县（市区），调查方式以电话调查为主，网络和微信调查为辅，调查共成功访问27138人，调查内容主要为社会公众对当地生态环境质量的评价（知晓度和满意度）。知晓度的内容包括习总书记对修复长江生态环境的论述及省委、省政府对生态环境保护总体定位的知晓程度；满意度的内容包括访问者对本地生态环境、人居环境、污染整治、生态环保工作的评价、环境保护信心度，以及社会公众对当地政府推进环境整治的建议及意见等。

二、调查结果

调查显示，全省社会公众对我省生态环境质量的总体满意度为70.04分。受访者对当地党委、政府进一步加强生态环境保护工作的信心度和当地党委、政府在生态环境保护方面所做的努力评价最高，得分分别为77.21分和73.04分；对居住地噪声控制（工业噪声、交通噪声、建筑施工噪声、生活噪声）及水环境（河流、湖泊和饮用水水质等）的满意度得分最低，分别为66.55分和64.30分，见表1。

表1 湖北生态环境质量各评价指标得分

评价指标			题号	得分
知晓度	习总书记：修复长江生态环境摆在压倒性位置		Q1	67.15
	省委、省政府："绿色决定生死"放在"三维纲要"首位		Q2	72.49
满意度	生态环境	空气质量	Q4	67.98
		水环境	Q5	64.30
		控制噪声	Q6	66.55
		总体	Q7	71.78

续表

评价指标		题号	得分
满意度	人居环境	居住、生活环境	Q8	71.59
	污染整治	环境状况	Q9	71.22
		环境污染整治成效	Q10	67.09
	生态环保工作		Q11	73.04
	环境保护信心度		Q12	77.21

分市州看，神农架林区、恩施土家族苗族自治州、十堰市生态环境质量总体满意度排在三甲，分别为 80.89 分、77.42 分和 74.89 分；随州市、武汉市、仙桃市满意度排在后三位，分别为 65.05 分、64.70 分和 61.18 分。各市州生态环境质量总体满意度如图 1 所示。

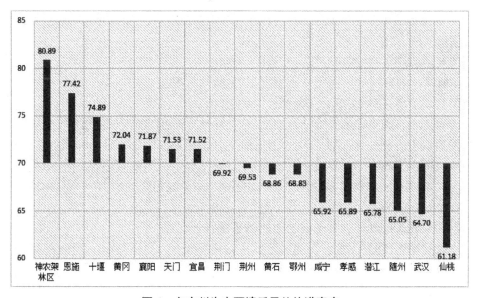

图 1　各市州生态环境质量总体满意度

分区县看，排名前十位的分别是宣恩县、咸丰县、神农架林区、利川市、钟祥市、鹤峰县、远安县、兴山县、秭归县、保康县；排名后十位的分别是掇刀区、青山区、江汉区、仙桃市、赤壁市、通山县、江岸区、武昌区、应城市、洪山区。

三、各题得分情况

本次调查共设置了 11 个计分题，其中知晓度题目 2 个，满意度题目 9 个，各题得分情况如下：

（1）习总书记关于长江生态的重要论述的知晓度：全省知晓度为 67.15 分，得分在前两位的市州分别是宜昌市（72.53 分）和恩施土家族苗族自治州（71.74 分），得分在后两位的市州分别是仙桃市（60.40 分）和黄冈市（59.78 分）。

（2）省委、省政府把"绿色决定生死"放在"三维纲要"首位的重要部署的知晓度：全省知晓度为 72.49 分，得分在前两位的市州分别是神农架林区（78.68 分）和潜江市（75.83 分），得分在后两位的市州分别是荆州市（67.56 分）和仙桃市（61.37 分）。

（3）空气质量满意度：全省得分为 67.98 分。得分在前两位的市州分别是神农架林区（91.52 分）和恩施土家族苗族自治州（85.51 分），得分在后两位的市州分别是仙桃市（59.76 分）和武汉市（53.78 分）。满意度得分差距较大。

（4）水环境满意度：全省得分为 64.30 分，是所有题目中得分最低的。得分在前两位的市州分别是神农架林区（77.85 分）和恩施土家族苗族自治州（73.15 分），得分在后两位的市州分别是随州市（52.71 分）和仙桃市（48.06 分）。

（5）控制噪声满意度：全省得分为 66.55 分。得分在前两位的市州分别是神农架林区（77.60 分）和恩施土家族苗族自治州（72.67 分），得分在后两位的市州分别是仙桃市（60.40 分）和武汉市（57.43 分）。

（6）生态环境总体满意度：全省得分为 71.78 分。得分在前两位的市州依然是神农架林区（85.93 分）和恩施土家族苗族自治州（82.00 分），得分在后两位的市州分别是武汉市（63.99 分）和仙桃市（62.01 分）。

（7）人居环境满意度：人居环境主要是指市容市貌或村容村貌等生活环境，全省得分为 71.59 分。得分在前两位的市州分别是神农架林区（78.60 分）和宜昌市（75.59 分），得分在后两位的市州分别是咸宁市（64.57 分）和随州市（64.51 分）。

（8）环境状况满意度：全省得分为 71.22 分。得分在前两位的市州分别是神农架林区（86.91 分）和十堰市（78.36 分），得分在后两位的市州分别是潜江市（62.71 分）和仙桃市（59.28 分）。

（9）环境污染整治成效满意度：全省得分为 67.09 分。得分在前两位的市州分别是神农架林区（78.75 分）和恩施土家族苗族自治州（75.01 分），得分在后两位的市州分别是潜江市（59.92 分）和仙桃市（56.16 分）。

（10）对当地党委政府生态环保工作的满意度：全省得分为 73.04 分。得分在前两位的市州分别是神农架林区（82.33 分）和恩施土家族苗族自治州（79.10 分），得分在后两位的市州分别是潜江市（66.09 分）和仙桃市（63.76 分）。

（11）环境保护信心度：全省得分为 77.21 分。得分在前两位的市州分别是恩施土家族苗族自治州（83.32 分）和神农架林区（81.92 分），得分在后两位的市州分别是咸宁市（70.06 分）和仙桃市（69.88 分）。

总体来看，社会公众对我省生态环境质量是基本认可的，但总体评价并不高。下一阶段，应进一步加大对中央、省委关于生态环保工作总体部署的宣传力度，让"保护生态环境就是保护生产力，改善生态环境就是发展生产力"的理念在全社会形成广泛共识，统筹推进经济和生态环境保护的协调发展。对社会公众反映强烈的空气污染、噪声污染及水污染加大治理力度，务求取得实际成效。通过全省自然资源资产负债表编制试点和领导干部自然资源资产离任审计试点重大改革，把五大发展理念特别是绿色发展理念作为指挥棒，进一步在全省树立和强化绿色发展的鲜明导向，适应和引领经济发展新常态，实现可持续发展。

29 创新是提高湖北全要素生产率的根本途径

陶红莹　王静敏

(《湖北统计资料》2016 年第 17 期；本文被《政策》第 6 期、《政府调研》第 6 期先后转载）

供给侧结构性改革是国家宏观调控的新思维和新举措。"三去一降一补"紧紧围绕从供给侧改善资源配置、提高经济运行效率、提升全要素生产率（TFP）展开。当前湖北全要素生产率现状如何？存在哪些短板？如何提升湖北全要素生产率？本文针对上述问题进行了简要探析，并提出了初步建议，以供参考。

一、全要素生产率与经济增长

（一）全要素生产率反映的实质是技术进步

经济增长是生产要素投入产出的结果。生产要素可以分为有形要素和无形要素。有形要素包括劳动力、资本、土地，无形要素包括技术进步及运用、规模经济及专业化分工、劳动者素质及技能、组织管理优化、体制机制创新等。通常用总生产函数 $Q=Af(K,L,R)$ 来表明这些因素之间的关系，其中 Q 为产出，K 为资本的生产性作用，L 为投入的劳动，R 为投入的自然资源，A 为经济的技术水平。全要素生产率所反映的就是有形生产要素（K，L，R）投入之外的无形生产要素（A）对经济增长所做出的贡献，其来源主要是技术进步。于是，提高全要素生产率的问题实际上就转化为研究在供给侧中如何促进技术变革和创新，增加其作为生产要素的贡献率问题。

全要素生产率是政府制定长期可持续增长政策的重要依据。通过估算全要素生产率可以进行经济增长源泉分析，识别经济是投入型增长还是效率型增长，判断经济发展所处的阶段，进而为政府制定和评价长期可持续增长政策提供客观基础。

（二）日本与韩国跨越"中等收入陷阱"的成功经验

当前，我国正面临着能否顺利实现经济转型，成功跨越"中等收入陷阱"的考验，日本与韩国在成功跨越"中等收入陷阱"的经验值得借鉴。

韩国在向高收入国家迈进的阶段，技术进步作为提高生产率的动因起到了关键作用：高科技出口占制成品出口的比重快速增长，由 1989 年的 18%增长到 1995 年的 26%，2004 年达到 33%。R&D 支出也快速增长，其占 GDP 的比重由 20 世纪 80 年代初的 0.5%左右增长到 1996 年的 2.42%，2010 年达到 3.74%。韩国在跨越"中等收入陷阱"前后，资本和劳动力对经济增长的贡献率分别降低 14.8 个、19.2 个百分点，全要素生产率对经济增长的贡献率则由 19.9%提高到 53.9%，提高了 34 个百分点。

日本则将技术进步上升到法律与制度高度，将"技术立国"战略作为基本国策，并通过实行税制优惠措施、补助金、委托费低息融资等政策优惠和"产官学"相结合模式，扶植企业和民间研发活动，同时以创新型科技园区为载体，培育自主创新能力。1963－1973 年，日本经济增长率为 9.5%，全要素生产率增长率为 4.9%，经济增长的一半是由全要素生产率推动的。1980－1990 年资产泡沫破灭之前，日本的全要素生产率远高于美国、德国和法国。

二、湖北全要素生产率变化情况

（一）湖北全要素生产率变化情况的初步分析

利用索洛经济增长模型观测 2001－2014 年间湖北与全国和部分省份的全要素生产率及其对经济增长的贡献，其中劳动投入数据采用年中全社会从业人员数，资本投入数据根据资本存量与固定资本形成总额以及一定的折旧率并采用永续盘存法对存量进行推算，经济增长用地区生产总值来反映。总体而言，湖北全要素生产率现状见表1。

表1　2001－2014 年湖北经济增长与 TFP、资本、劳动的关系　　单位：%

年份	GDP 增长	TFP 增长	资本增长	劳动增长	TFP 贡献率	资本贡献率	劳动贡献率
2001	8.9	2.1	12.0	0.8	23.7	72.1	4.2
2002	9.2	2.8	11.2	0.9	30.3	65.1	4.5
2003	9.7	3.7	10.4	0.9	38.3	57.4	4.3
2004	11.2	5.1	10.7	0.9	45.2	51.1	3.7
2005	12.1	4.9	12.6	0.9	40.8	55.7	3.5
2006	13.2	5.2	14.3	0.8	39.2	58.0	2.8
2007	14.6	6.1	15.2	0.7	42.1	55.7	2.2
2008	13.4	5.0	15.2	0.6	37.2	60.7	2.1
2009	13.5	4.7	16.0	0.5	34.9	63.4	1.7
2010	14.8	5.4	17.2	0.5	36.3	62.2	1.6
2011	13.8	4.0	17.8	0.7	28.6	69.0	2.4
2012	11.3	1.8	17.3	0.6	15.6	81.9	2.5
2013	10.1	1.3	16.1	0.3	13.3	85.3	1.4
2014	9.7	1.6	15.2	0.0	16.2	83.8	0.0
2001－2014	11.8	3.8	14.4	0.6	32.3	65.3	2.4

（1）湖北全要素生产率增长率的变化与宏观经济运行趋势基本一致。

（2）2001 年，湖北全要素生产率增长率为 2.1%，随后逐年稳步攀升至 2007 年的最高值 6.1%，GDP 增长也达到历史高位 14.6%。自 2008 年以后，全要素生产率开始出现下滑趋势，尽管在 2010 年出现了回升的势头，但未能持续。2012 年下降幅度继续加大，陡降至 1.8%，近三年来都维持在 2% 以下水平，这与经济进入新常态后增速换挡也是一致的，从另一个侧面也说明推进供给侧结构性改革是十分紧迫的。

（3）湖北经济增长主要是依靠资本投入。2001－2014 年，湖北地区生产总值年均增长

11.8%，全要素生产率年均增长 3.8%，对经济增长的贡献率为 32.3%，资本年均增长 14.4%，对经济增长的贡献率为 65.3%，劳动投入年均增长 0.6%，对经济增长的贡献率为 2.4%。14 年间资本贡献率始终超过了一半以上，表明经济增长的动力主要来自资本投入。随着资本的深化达到一定水平，资本-产出比例将下降，经济增长将会更加依靠技术和制度的变革与创新，见表 2。

表 2　2001—2014 年全国及部分省份 TFP、资本、劳动年均增长及贡献率　单位：%

地域	GDP 年均增长	TFP 年均增长	资本年均增长	劳动年均增长	TFP 贡献率	资本贡献率	劳动贡献率
全国	9.8	2.4	13.3	0.5	24.9	72.7	2.4
北京	10.5	2.9	10.2	4.6	27.6	52.2	20.3
上海	10.3	3.3	9.4	4.4	31.5	48.6	19.9
江苏	12.3	4.4	14.2	0.5	35.9	62.0	2.0
浙江	11.2	3.1	13.2	2.2	27.8	62.9	9.3
广东	11.6	2.5	14.2	3.2	21.7	65.5	12.8
山西	11.2	1.6	16.0	2.2	14.4	76.3	9.3
河南	11.5	1.5	17.7	1.1	13.0	82.4	4.6
湖北	11.8	3.8	14.4	0.6	32.3	65.3	2.4
湖南	11.7	2.9	15.8	0.9	24.4	72.0	3.6
安徽	11.8	3.5	14.1	1.6	29.6	64.1	6.3
江西	11.9	2.9	15.5	1.7	23.9	69.5	6.6

（4）湖北全要素生产率在中部六省具有一定的领先优势。2001—2014 年，湖北全要素生产率年均增长 3.8%，高于全国平均水平 1.4 个百分点，其对经济增长的贡献率高于全国平均水平 7.4 个百分点。在中部六省中，湖北全要素生产率年均增长高于安徽省 0.3 个百分点，高于湖南省、江西省 0.9 个百分点，高于河南省、山西省 2 个百分点以上，全要素生产率的贡献率也高于安徽省 2.7 个百分点，高于湖南省 7.9 个百分点，高于江西省 8.4 个百分点，高于河南省近 20 个百分点。湖北全要素生产率在中部六省中的领先优势较为明显。

（二）湖北全要素生产率存在巨大的增长潜力

（1）理念优势。理念是行动的先导。新常态下，省委、省政府不断深化对经济社会发展规律的认识，始终坚持"稳中求进"总基调，始终坚持"竞进提质、升级增效、以质为帅、量质兼取"的总要求，始终坚持"三维"纲要。这些发展理念科学，颇具地方特色，成为湖北逆势而进的优势和重要保证。

（2）科教优势。湖北共有普通高校 120 余所，在校生 152 万人，分别居全国第 3 位和第 4 位。"十二五"期间，全省高新技术产业增加值年均增长 24.2%，2015 年达到 5028.94 亿元。国家级高新区 7 家，省级高新区 20 家，国家级创新平台 59 家，省级创新平台 764 家；全省科技企业孵化器 300 多家，孵化面积突破 1000 万平方米，科技人员 38.84 万人；技术合同成交额保持较快增长。丰富的科教资源为提高湖北全要素生产率奠定了坚实的基础。

（3）产业优势。目前，湖北千亿元产业已达 17 个，汽车制造、农副食品加工、化学原料制造、建材、计算机通信设备等主导产业拉动作用明显。2015 年，全省第三产业增加值增长 10.7%，快于第二产业 2.4 个百分点，经济增长呈现出工业和服务业共同推动的积极信号。从 1—2 月份数据来看，全省新经济形态初步形成。限额以上批发和零售业通过公共网络实现零售额 64.2 亿元，增长 95.5%，同比加快 43.9 个百分点。全省高技术制造业增加值增长 21.2%，高出全省规模以上工业增加值 14.2 个百分点。从产品产量来看，运动型多用途乘用车（SUV）增长 53.5%，智能手机增长 50.2%，太阳能电池增长 32.7%，光纤增长 31.8%，工业机器人增长 14.7%。传统产业升级改造与新兴产业蓬勃兴起共同为经济增长提供动力支持。

三、湖北在提高全要素生产率方面存在的短板

我们从影响全要素生产率的因素入手，分析湖北在科技创新、要素供给和产业发展方面存在以下短板。

（一）科技创新面临"三低"

（1）科技创新总投入较低。2013 年，全国 R&D 经费内部支出占 GDP 的比重超过 2%，跨入具有创新能力的行列，当年有 8 个省市超过全国平均水平。而湖北 2015 年投入强度为 1.91%，仍未达到具有创新能力的标准。2014 年，湖北地方财政科技支出占地方财政支出的比重为 2.73%，低于全国平均水平 0.77 个百分点。按资金来源看，政府资金占总资金投入的比重不断下降，2014 年，湖北政府资金占科技总投入的 19.1%，低于全国 2.1 个百分点。

（2）企业创新能力和热情较低。2014 年，全省 15957 家规模以上工业企业中仅 1960 家有研发活动，仅占 12.3%，远低于全国平均水平 15%；企业创新平台较少，全省 600 多个省级以上技术创新平台中，企业仅占 30% 左右；企业核心自主知识产权数量较少，最能代表企业自主创新能力的发明专利数仅占 12% 左右。企业 R&D 经费支出占主营业务收入的比重仅为 0.88%，均低于全国平均水平。

（3）人才红利释放较低。科教优势是湖北经济发展的一大传统优势。然而，大规模的科教人才优势却没有充分转化为生产力优势，始终停留在要素优势和潜在优势上。同时，由于实际工资水平较低、人才市场发展滞后等因素导致湖北面临高素质人才外流的考验。出了雷军、周鸿祎之后，湖北却消失在中国互联网版图，正是这一现象的真实写照。

（二）要素供给面临"两失衡"

（1）地域间失衡。2014 年，武汉市地区生产总值占全省的比重为 36.8%，全社会固定资产投资占比为 27.8%，地方公共财政预算收入占比为 42.9%，地方财政支出占比为 23.8%，常住人口占比为 17.8%，从以上要素占比来看，武汉市的要素配置总量及占比远远超过了宜昌和襄阳的总和，武汉市对于全省其他地市经济的虹吸效应比较显著。

（2）企业间失衡。一方面，由于多种原因，不少"僵尸企业"能够不断地获得各种资源，另一方面是大量的中小企业面临着融资难、融资贵的生存困境。现实经济中，某些"僵尸企业"占比较高的行业和地区，又恰恰是国有企业占比较高的行业和地区。2015 年，湖北国有工业利润总额下降 9.1%，增速低于全省平均水平 11.4 个百分点，与此同时，亏损企业亏损额大幅增加。总资产贡献率为 12.6%，比全省平均水平低 1 个百分点，资产负债率为 57.5%，比全省平均水平高 3.5 个百分点。钢铁、有色金属行业资产负债率高达 67%。因此，去产能，清理"僵

尸企业"，矫正要素扭曲配置中的任务依然较重。

（三）产业发展面临"三弱"

（1）市场主体较弱。2014 年，湖北大型工业企业占规模以上企业的比重为 2.2%，低于全国平均水平 0.4 个百分点。成长型中小企业的比例低。主营业务收入在 1 亿~2 亿元之间的成长型中小企业数为 3159 家，仅占中小企业数的 21.8%。

（2）产业配套能力较弱。产业配套能力对企业生产率有非常显著的正向影响。但湖北产业链条不完善，配套能力和加工延伸不够，产业结构位于产业链前端和价值链中低端。2014 年湖北的工业增加率为 25.8%，较 2010 年下降 6.0 个百分点。重工业偏重的结构仍未扭转。

（3）第三产业发展较弱。2015 年，湖北第三产业增加值占地区生产总值的比重为 43.1%，低于全国平均水平 7.4 个百分点，分别低于山西省、湖南省 9.9 个和 0.8 个百分点。2014 年，全省生产型服务业增加值占全部服务业增加值的 40.7%，与先进省市相比存在较大差距，更远远低于发达国家生产型服务业占全部服务业 70% 的水平。现代服务业发展不足已成为湖北经济发展的明显短板。

四、对提高湖北全要素生产率的初步思考

提高全要素生产率通常有两种途径，一是通过技术进步实现生产效率的提高，二是通过生产要素的重新组合实现配置效率的提高。从具体因素来看，全要素生产率取决于教育、研发、创新、企业家精神、知识产权保护、经济制度等。归根到底，只有创新才是提高全要素生产率的根本途径。

（一）合理配置资源，确保市场决定性地位不动摇

从宏观层面来讲，促进资源在更大的区域范围内优化配置，用发展新空间培育发展新动力，用发展新动力开拓发展新空间。按照多层次战略，推进区域一体化协同发展。从微观层面来讲，要确保市场决定性地位不动摇。大幅度减少政府对资源的直接配置，推动资源依据市场规则、市场价格、市场竞争实现效益最大化和效率最优化。加快推进城镇化和户籍制度改革，促进农业人口转入非农产业，提高劳动生产率。从供给端盘活要素资源，提升资源配置效率。

（二）转变发展理念，充分发挥政府战略导向作用

一是要制定制度框架，形成尊重知识、尊重人才，激发创新创造的良好机制。二是要提高湖北地方财政科技支出占财政支出的比重，发挥政府资金的引导作用，带动湖北 R&D 走在全国前列。三是要充分发挥政府战略导向作用，学习借鉴日韩两国历次产业战略调整和转型中政府发挥主导作用的成功经验，树立清晰的产业发展政策导向，大力推进各项体制机制改革创新，营造公平竞争的秩序和政策环境，强化政府监管效率和公共服务职能，落实精准调控，推动政府和市场的协调配合。

（三）供需两端发力，助力成果转化推进产业升级

紧紧抓住《长江经济带创新驱动产业转型升级方案》的实施契机，以创新驱动促进产业转型升级。一是继续进行科技体制机制改革创新，大力建设"四众"平台，培育"双创"发展良好环境，加强科技研发服务体系建设，解决研发者、投资者和消费者之间的信息高度不对称问题。二是调整产业结构。推进工业化由平推式向立体式转变，实现工业结构和技术的全方位转型升级，提高创新成果承接能力。大力发展现代服务业，力争"十三五"期间第三产业增加

值占 GDP 的比重较快上升。三是激发企业自主创新活力。增强企业创新主体意识，把市场作为企业创新的出发点和落脚点。紧紧抓住企业家这一创新核心，大力弘扬企业家精神，建立健全培养企业家精神的发展机制。

（四）培育良好环境，释放人才红利，打造人才高地

技术的进步离不开知识的积累，知识的积累离不开人这一关键因素。在自然资源禀赋条件一定的情况下，提升人力资本将给全要素生产率带来直接的正面影响。一要筑巢引凤，利用武汉大学、华中科技大学、中国科学院武汉分院等科研优势，将重量级的企业部分研发中心吸引到省内，培育大型知名企业，形成高端人才磁场。二要助凤展翅，在爱护人才、尊重人才上面出实招、解实难，健全人才市场，搭建人才沟通交流平台，为其施展才能提供优质的服务。三要引凤还巢。继续开展"楚才回归"活动，鼓励在外创业的湖北人以资金、人才、资源等多种形式反哺家乡。四要大力发展职业教育，培养造就适应市场需要的各类人才，提升人才供给水平。

30   我省民间投资增速下降主要原因及对策建议

罗 勇

（《湖北统计资料》2016 年第 28 期；本文被省政府研究室《送阅件》第 3 期采用）

扩大和促进民间投资是激发经济发展的活力和动力，保持经济长期平稳较快发展的重要举措和途径，也是各级党委、政府关切的问题之一。近几年来，在整体经济环境较为复杂的情况下，湖北民间投资接力政府投资，民间投资活力得到进一步增强，所占份额提高，逐步成为投资主体，在总量上已占据全省投资的六成以上，成为支撑全省投资增长的"稳定器"。但是今年以来，全省民间投资出现了一些新的变化，主要表现为民间投资增速大幅度回落，一季度仅增长 2.7%，创多年来最低水平，不仅低于全国平均水平，也低于中部平均水平。基于此，省统计局就此问题进行了初步调研分析，并在此基础上提出了若干思考与建议，供领导决策参考。

一、民间投资增长乏力，增速低于全国、中部平均水平

据统计，1－3 月，全省民间投资累计完成 2990.18 亿元，增长 2.7%，比上年同期增幅低 12.6 个百分点，低于全省投资平均增速 10.9 个百分点。民间投资增速创历年来最低水平，不仅低于全国平均水平，也低于中部平均水平。一季度民间投资增速低于全国平均水平 3.0 个百分点，低于中部平均水平 3.5 个百分点。

分产业看，第一产业民间固定资产投资同比增长 32.6%，增速同比回落 8.8 个百分点；第二产业增长 8.6%，上升 1.0 个百分点；第三产业下降 5.8%，回落 29.4 个百分点。

分区域看，一季度，全省 17 个市州中，除武汉、神农架外，有 15 个市州民间投资同比下降，其中潜江、咸宁、黄冈、鄂州、十堰和荆门市分别下降 78.9、38、27.1、26、21.6 和 19.5 个百分点。作为全省投资主力，武汉市民间投资一季度仅增长 4.8%，也明显低于全国平均水平。

二、民间投资增速下滑原因分析

我省民间投资一季度呈现了一定的下滑趋势，民间投资占全部投资的比重由上年同期的近 70% 下降至一季度的 63.2%，占比下降 6.7 个百分点。究其原因，主要受宏观经济下滑、投资主体观望气氛浓烈、部分地方招商引资力度减弱、民间投资环境趋紧等因素影响。

（一）市场整体呈现低迷状态，企业信心不足

今年以来，国际经济复苏缓慢，国内经济下行压力仍然较大，市场需求不足、产能过剩等因素叠加对企业盈利造成较大压力。我省 GDP、工业、投资增速都有不同程度的下降，因生产成本上升、出厂价格下降等因素导致企业利润下滑，预期收益降低，减弱了企业投资意愿。部分企业对投资创新颇多顾虑，吃不准投资方向和市场前景，对新上项目及扩大生产持观望态

度，投资意愿降低，信心不足，造成部分民间资本投资项目搁浅。

（二）土地要素供给短缺

据对全省调研分析，土地利用规划问题是制约我省民间资本投资项目建设最为突出的问题。民间投资进程中，土地的落实存在较大困难，每年地方有限的土地指标相对企业投资所需土地严重不足，导致部分项目迟迟不能落地。如鄂州市鄂城新区范围内有2800余亩的土地不合规，航空都市区范围内基本农田覆盖广，直接影响一些重点项目动工建设；项目用地规划调整压力大，导致鄂州市华容区引进项目的建设开工与项目用地指标不符，特别是三江港新区的一些重大项目的用地指标加大，因国土规划调整导致土地不能及时挂牌，项目无法开工建设。工业企业用地紧张。如恩施属于山区，发展基本要向山要地，近几年来征地拆迁难度越来越大，加上产业发展导向的生态环保方面考虑，土地收储紧张，工业企业投资落地困难，投资较往年增幅下滑。

（三）部分行业民间投资发展较缓

尽管国家和各级政府先后出台了一些促进非公经济和民间资本发展的政策，但民间投资在资格认定、准入门槛、产权转移等环节手续繁杂，"玻璃门""弹簧门"现象仍然较为普遍，尤其在部分鼓励重点放开的领域，民间投资发展仍然较为缓慢。一季度，全省水的生产和供应业民间固定资产投资6.73亿元，同比减少34%，占该行业固定资产投资比重为31.4%；交通运输、仓储和邮政业民间固定资产投资101.23亿元，同比减少17.1%，占该行业固定资产投资比重为19.3%；水利、环境和公共设施管理业民间固定资产投资135.16亿元，同比减少14.7%，占该行业固定资产投资比重为27.5%；卫生业民间固定资产投资3.32亿元，同比下降16.5%，占该行业固定资产投资比重为11.3%；公共管理和社会组织民间固定资产投资11.80亿元，同比下降45.5%，占该行业固定资产投资比重为18.8%。上述五大涉及基础设施、社会事业、公共事业领域的行业民间投资所占比重都不足四成，且民间投资增速均远低于该行业投资增速。

（四）民间投资产业层次普遍偏低

全省民间投资产业层次整体偏低，产业转型升级的任务仍然比较艰巨。主要表现在：一是新型工业化作为全省产业转型的重中之重，工业投资的增长仍然乏力。一季度，我省民间工业投资1583.5亿元，占全省工业投资的比重达83.0%，但增速只有7.6%，比全省工业投资增速低4.2个百分点。值得注意的是，食品加工、黑色金属冶炼等部分我省的优势产业受产能过剩和需求下降双重挤压，生产经营状况不佳，利润下降，完成投资较去年同期明显回落。二是第二产业中过剩产能较多和部分高耗能、高污染的行业的比重较大。大量高耗能、高污染、低技术的低水平建设主要集中在民营投资，一季度，我省六大高耗能行业投资498.46亿元，其中民间投资的占比高达74.1%。三是大量民间投资仍处于产业链的底端。据调查分析，在第三产业内，民间投资多集中于投资少、见效快、技术性不强的一般服务业，而对技术和资金要求较高的科技、金融等行业投入较少。另外，民间投资在市场准入限制较严或行业垄断程度较高的电力、交通运输等行业的投资比重依然偏低。一季度电力民间投资占全省电力投资比重为25.3%。可见，民营企业转变发展方式的任务更重、更迫切，可以说，没有民间投资的健康发展，就很难实现转变经济发展方式、优化调整产业结构的目标。

（五）融资渠道单一成本高

许多民营中小企业筹集投资发展资金主要靠自我积累、银行贷款、民间融资等，难以通过发行企业债券、股票等方式直接融资，融资渠道和方式总体比较单一，一旦遇上经济不景气，或者银根紧缩，资金就非常短缺。而且民间融资利率高，增加了民营企业的资金成本。从我省民间投资主体资金来源渠道看，自筹资金占比高达76.9%，其他资金来源占比11.7%，国内贷款占比10.7%，国家预算资金仅为0.6%。可见，民间投资主要依靠自身积累来发展的局面并没有发生根本性转变。我省民间投资的资金来源是以自筹资金为主，目前来看，自筹资金明显虚浮、后劲不足，而民营企业在银行的贷款难、门槛高是全国性问题，加上经济的不景气，小额贷款公司也不愿、不敢贷款给民营企业，资金短缺和资金链的不稳定是个长期难题。此外，要素保障问题突出。项目建设与企业融资难的矛盾比较突出，部分企业与银行虽然达成了贷款意向，但由于缺乏抵押担保、项目前期工作未落实等，达不到银行贷款要求，资金落实仍有难度。

（六）房地产投资增速放缓

房地产市场在我省民间投资中占有一定比例。由于住房结构供过于求、三四线城市去库存压力大、社会进入老龄化趋势明显，房地产企业对市场前景暂时持观望态度，投资意愿较少，房地产投资增速放缓，从而给民间投资也带来了一定的影响。据对部分房地产企业的走访调研发现，大部分房地产企业对继续投资开发持观望态度，规模稍大点的企业已经明确表示不再开发商住楼，转而投向养生养老及生态旅游产业。一季度占民间投资份额五分之一以上的房地产完成投资674.86亿元，增长4.6%，比上年同期增幅低11.3个百分点。房地产投资的降热是民间投资下降的重要因素之一。

（七）民间投资项目规模整体较小

一季度，全省民间投资项目（除房地产）7187个，项目平均规模为2.32亿元，比全省固定资产投资项目平均规模小0.64亿元。全省546个10亿元以上投资项目中，民间投资项目283个，计划投资占全部固定资产投资比重为21.9%。计划总投资在5000万元以下的民间投资项目最为集中，项目个数和完成投资分别占5000万元以下投资项目的67.2%和66.3%。但是，部分县、市区的乡镇3000万元以下的项目十分雷同，重复建设现象依然存在。民间投资"微型化""短期化"的投资格局还没有根本性的转变。

三、促进民间投资发展的对策思考

随着民间投资增速下滑，占比持续下降，民间投资对全省投资增长的贡献率与拉动率持续降低，对稳定全省投资增长，发挥投资对拉动经济增长的关键性作用将产生较多不利影响。为改变这一局面，我们建议：

（一）加强政策研究，出台鼓励民间投资发展可操作性强的政策文件

着力于拓展民间投资领域、运用市场机制畅通投资渠道、完善政府采购支持民营企业的有关制度，要进一步加强民间投资政策的研究和落实，对前几年出台的政策措施进行全面梳理，制定出符合湖北实际的具体措施，迅速消除制约民间投资发展的体制机制障碍。

（二）落实扶持政策，优化投资环境，加大对民间投资的支持力度

着力于消除民间投资政策歧视、切实减轻民间投资主体负担、完善公共配套和服务设施，要进一步为民间投资的健康有序发展创造一个良好的外部环境。在特许经营方式上多做探索，在基础设施建设上多向民营项目做政策倾斜，简化企业投资项目审批流程，切实解决企业实际困难，使民间投资"能上马、快落地"，培养民间投资健康发展和壮大，全面激活市场活力。

在制定和实施城市发展规划、土地利用规划和土地供应计划等时应充分考虑民间投资的需求，为民间资本创造更多的投资机会。

（三）拓宽民间融资渠道，破除土地瓶颈制约

一是加大政策扶持力度。通过出台具有可操作性的政策细则，提高投资收益，解决民间投资激励不足的问题，以增强其投资积极性。二是开展重点项目银企对接会等专题活动，加大"金融进园区"贷款协议落实力度，确保解决部分企业资金难问题。定时召开银企对接会议，用好企业"过桥基金"，争取专项建设基金向民营项目倾斜，在项目运行过程中间加大对民间投资项目金融扶持力度，鼓励各种商业银行降低信贷门槛，在民间投资项目融资方式选择和融资机构建立上做好跟踪服务。三是加大闲置土地的清理工作，协调争取用地指标。通过废弃厂房利用、土壤污染治理试点等形式扩大可用地规模，争取用地指标增长。重点解决已开工项目不能按时办理土地证的问题，同时调整年度用地指标安排措施，向重点开工项目倾斜，加大闲置土地清理工作，避免项目用地晒太阳。

（四）大力招商引资，加强重大项目推介

要大力开展招商引资，主动争取和引进项目，切实抓好近期签约项目落地和重大项目建设，强化项目工作保障，为项目投资和经济发展强动力、增后劲。要进一步加大民间投资的行政服务力度，统筹安排民间投资项目。加强重大项目推介。凭借湖北良好的经济发展环境优势，开展新一轮招商引资工程。通过商会、经协会等平台，推介招商引资项目，鼓励社会投资项目，形成新的民间投资增量。

（五）大力推广 PPP 模式，积极推动 PPP 模式项目开工建设

创新投融资方式，坚持直接融资和间接融资相结合、向上争取和自身努力相结合，实行一个产业一支基金，创新政银企合作模式，推广 PPP 模式。重点是贯彻落实特许经营法，打破行业准入限制，鼓励民间投资向银行、保险、电信以及电力、水利设施、铁路、港口、卫生、医疗、城市及农村基础设施建设等领域发展。推行 PPP 模式是当前鼓励社会民间投资的重要举措，建议各级政府及发改部门加强统筹协调，全力组织推进，对已在国家、省级 PPP 项目库的项目要切实推进项目落地落实，确保项目如期开工建设。

31 树立绿色标杆，打造生态高地

——丹江口市生态环境保护和绿色发展纪实

金 花

（《湖北统计资料》2016年第64期；本文被《中国信息报》第5704期以《宜居
宜业 宜游——丹江口打造新型工业生态旅游城市》为题转载刊登）

近年来，丹江口市立足生态环境保护，走出了一条经济与绿色发展相辅相成、共同提高的路子。近期，省统计局调研组到丹江口市就生态环境保护和绿色发展进行了专题调研，深入丹江口市统计、国土、环保、水利、林业等相关单位及有关企业座谈，实地考察了丹江口市生态环境保护和绿色发展情况。调研显示，丹江口市在树立绿色标杆、厚植生态优势、做活山水文章、打造生态高地等方面成效显著。绿色发展已成为湖北的一张亮丽名片，推动了丹江口市经济、社会和生态效益的共赢。

一、夯实绿色发展的生态基础

丹江口水库兼具南水北调中线调水源头、汉江中下游流域城市供水区和鄂北岗地引丹灌区水源地三大水源，辐射国土面积约43.8万平方公里，受益人口1亿多人，在国家水资源战略上处于重要地位。多年来，丹江口市始终突出生态建设核心地位，不断践行生态文明发展理念，突出"五个围绕"积极推动生态文明建设和绿色转型发展。

（一）围绕转变理念抓生态

丹江口市是南水北调中线工程的坝区、核心水源区、主要库区、移民集中安置区、集中连片扶贫攻坚区，地位突出，功能重要，责任重大，任务艰巨。为谋求水源地经济、社会、生态可持续发展，确保国家水资源安全，勇担保护一库清水永续北送的政治使命，丹江口市立足大山、大水、大森林的基础市情，紧紧围绕"保水质、惠民生、促转型"这一历史任务，秉承"创新、协调、绿色、开放、共享"的发展理念，创造性地开展工作，提出了建设"中国水都"的战略构想，大力实施"生态立市"的发展战略，坚持全域生态化的生态文明发展理念，突出生态建设核心地位，外修生态、内修人文。在丹江口，"绿化就是经济、生态就是发展""绿水青山就是金山银山"的理念已经深入人心，一座宜居、宜业、宜游的新型工业生态旅游城市，正在南水北调中线源头快速崛起。

（二）围绕环境治理抓生态

一是抓水污染防治。认真贯彻落实"水十条"，实行严格的水资源管理制度。一方面，采取社会监督、断面考核、专项行动、约谈预警、挂牌督办等手段，全面开展以污水处理厂、垃圾填埋场专项整治，排污口、河道垃圾专项整治，饮用水源地专项整治，建设项目环境影响评价和环保设施竣工验收专项整治，破坏生态环境违法行为专项整治等为主要工作任务的"清水行动"，确保南水北调中线工程水源地水环境安全，建立和完善水环境保护工作的长效机制，实现水源地水环境质量的持续改善。丹江口库区连续两年均为Ⅱ类水质，官山河由2014年的Ⅲ类提升为Ⅱ类水质。另一方面，全面开展"清网"行动。为确保丹江口库区水质，根据《中华人民共和国水污染防治法》、国务院《南水北调工程供用水管理条例》的有关要求，在国家相关政策和资金支持还未到位的情况下先试先行，于2014年7月起开展取缔网箱养殖工作，拆除网箱养鱼设施，并对渔民实施上岸转产。经核实，丹江口市网箱实物调查登记涉及12个镇办、1773户121013只网箱，现已拆除网箱6.2万只。二是抓大气污染防治。认真贯彻落实"大气十条"，建立了大气污染防治目标管理责任制；成立机动车尾气监管中心，开展了机动车尾气环保检测和环保标志核发工作；扎实开展了燃煤锅炉专项整治行动，改造燃煤锅炉3台14吨，淘汰燃煤小锅炉，对35家餐饮单位油烟进行专项治理，清洁能源使用率达93%。印发了《2016年丹江口市秸秆露天禁烧和综合利用工作实施方案》，加强秸秆禁烧综合整治。三是抓移民搬迁。作为南水北调核心水源区，为保护库区水质，丹江口市自2009年2月至2013年8月，历时4年多，先后搬迁移民23189户、92799人，其中外迁9119户、39440人，内安14070户、53359人。

（三）围绕绿色创建抓生态

一是大力实施生态修复工程，严把生态红线。通过积极开展创建国家森林城市、国家环保模范城市和国家园林城市，深入实施"绿满丹江口"行动，在55条小流域实施山、水、林、田、路综合治理水土保持工程，建设库周生态隔离带13个，对丹江口库区临水1千米范围内实行永久性保护，加快形成天然生态屏障。二是打造环库生态城镇群。全覆盖开展了农村环境综合整治，着力创建生态镇、生态村、生态家园，建设美丽乡村。新建污水处理厂13个，垃圾处理厂7座，垃圾填埋场6座，垃圾中转站4个。争取资金1.47亿元对全市147个村的饮用水源、生活垃圾、生活污水、畜禽养殖污染实施综合整治。对所有库区移民安置点配套建设生活污水人工湿地处理设施，出台了《丹江口市农村生活垃圾和生活污水治理工作方案》。采取"以奖代补"的方式建立农村生活污水和生活垃圾治理长效机制，运行费用由财政保障。三是抓示范创建。开展绿色机关、绿色社区、绿色家庭、绿色学校和"生态家园"创建活动，每年将部分生态建设工程纳入政府十件实事，2016年将实施沙沟河、安乐河、大柏河生态修复工程，同时完成147个村庄环境综合整治，形成全民共塑"天蓝、地绿、水清、城美"的形象。

（四）围绕转型发展抓生态

严格落实国家和湖北主体功能区划要求，加大结构调整力度，实行保护优先，绿色发展，强力推进关闭污染企业、淘汰落后产能，着力构建水源地绿色低碳循环发展产业体系。建立了《丹江口市生态产业发展和生态建设绩效评价机制》，严格执行环保准入标准。农业上，重点发展柑橘、核桃、茶叶等有利于水土保持的种植业；工业上，严格落实国家主体功能区规划要求，加大结构调整力度，淘汰落后产能，对重点企业建立环境管理档案，狠抓重点企业、重点项目和重点领域的节能减排，关停并转丹江磷化、西保公司等高能耗、高污染企业110家，大力发展农产品加工、水资源利用、生物医药、电子信息等生态产业；第三产业上，依托武当山、源头水两张旅游名片，把生态旅游作为优势支柱产业来抓，推动服务业发展。

（五）围绕机制创新抓生态

重点建立了四项机制：一是环保工作机制。严格落实环保"党政同责、一岗双责"，书记、市长分别任环委会第一主任和主任，市"四大家"相关领导任副主任，市直各相关部门为市环委会成员单位，初步形成了党委政府统领、环保部门牵头、成员单位协同、全社会共同参与的环保工作格局。二是分层监管机制。制定了《丹江口市网格化环境监管体系实施方案》，在库区乡镇设立了 6 个环境保护管理站，新增 1 座空气负离子自动观测系统，购置了水质监测采样船 1 艘，在城区设立两座噪声监测 LED 显示屏，增设了环境应急中心等，建成市、镇、村三级网格化环境监管体系。三是目标考核机制。一方面坚持把环境保护纳入市委市政府决策体系，把主要污染物总量控制要求、环境风险评估等作为制定县域经济社会发展规划的重要依据，把环保工作目标任务纳入乡镇和市直部门年度目标考核。另一方面积极推进自然资源资产负债表编制及领导干部自然资源资产离任审计试点工作，做实负债表编表摸底工作。四是责任追究机制。出台了《丹江口市环境保护"一票否决"制度实施办法》，严格实行环境保护"一票否决"制。

二、实现绿色崛起的转型发展

（一）生态文明建设见成效

大力实施"生态立市"发展战略，正确处理移民搬迁安置和工程建设中出现的各种问题，正确处理生态环境保护和经济社会发展中出现的各种矛盾。近年来，丹江口市坚持把绿色发展和环境保护作为一项重要的政治任务，积极争取生态补偿政策，加快实施《丹江口市及上游水污染防治与水土保持规划》项目建设，切实加大林业生态建设，严格防治工业污染和农业面源污染，丹江口水库水质良好，各项指标均优于国家《地面水环境质量标准》Ⅱ类水质标准，其中 109 项水质监测指标中，已有 106 项达到了国家一级水质标准；全市森林覆盖率由 2010 年的 39.9% 提高到 54.29%；区绿地覆盖率达到 36.5%；优良以上空气质量达标率达 86.6%；先后荣获"全国绿化模范市""湖北省园林城市"等称号；2013 年和 2015 年，分别被评为"全国生态环境质量轻微变好县市"之一，2015 年荣获首届"中国好水水源地"称号。

（二）经济发展实现新跨越

经济发展保持中高速增长。"十二五"期间，丹江口市 GDP 年均增长 14.6%，高于全国、全省平均水平，全市地区生产总值由 2010 年的 92.14 亿元增加到 2015 年的 182 亿元，年均增加值近 18 亿元，相当于 1995 年全年规模。五年来，丹江口市坚持以二、三产业双轮驱动为先导，把结构调整作为转型发展的关键环节，三次产业结构由"十二五"初期的 15.2∶50.6∶34.2 调整为 14.2∶50.7∶35.1。其中，第一产业稳中有升，完成增加值 25.92 亿元，增长 2.5%；工业化转型速度加快，2015 年轻重工业增加值之比由 2010 年的 11.3∶88.7 调整为 31.1∶68.9，高新技术制造业完成增加值 11.95 亿元，规模以上农产品加工业完成增加值 21.8 亿元，分别占规模以上工业总量的 15.5% 和 28.3%，对工业经济的增长支撑作用明显；服务业贡献不断增强，2015 年服务业占全市生产总值的比重为 35.1%，对全市经济增长的贡献率达到 43.2%，较 2010 年提高 23.7 个百分点，与工业（54.7%）共同成为经济增长的有力支撑。人均地区生产总值 2015 年增加到 40670 元（约折合 6182 美元），比 2010 年增长 95.8%，实际年均增长 14.4%，按照当年世界银行划分标准，成功迈入中等偏上收入地区。继荣获 2013 年度"全省县域经济先进县市"荣誉称号后，丹江口市 2014 年、2015 年连续两年度蝉联"全省县域经济工作成绩突出单位"殊荣。

（三）环境污染治理见成效

实行最严格的环境保护制度，坚持"生态保护与污染防治"并举，"城市环境与农村环境"

并抓，深入实施大气、水、土壤污染防治行动计划。2015 年，在全市范围内建成"生态家园示范村"21 个；当年实现主要污染物化学需氧量（COD）、氨氮排放总量累计削减 33.3%，二氧化硫、氮氧化物排放总量累计削减 11.1%，城区空气质量优良率达到 90% 以上；建成、运行丹江口库区水污染防治"十二五"规划项目共 7 大类、48 个，包括污水处理项目 14 个、垃圾处理项目 6 个、水土保持小流域治理项目 2 个、工业点源治理项目 5 个、入河排污口整治项目 7 个、水环境监测能力建设项目 1 个、库周生态隔离带建设项目 13 个，全市入库河流水质全部达到地表水 II 类标准；累计完成退耕还林 42.4 万亩，治理水土流失面积 1000 余平方公里，惠及 6.6 万农户、25 万人，同时，计划新增退耕还林 10 万亩、石漠化治理 68 万亩、库区湿地保护 60 万亩、生态公益林建设 136 万亩，用于恢复植被覆盖、防治土壤污染、涵养丹江口水源。

（四）转型发展助推新动能

在产业引进方面严把环保准入关和投资强度关，坚持把环保"第一审批权"作为"高压线"严格落实，实现了节约集约发展。数据显示，近 10 年来，丹江口市先后投入 3 亿多元资金，关停污染严重的大小企业 100 多家，否决了 22 个不符合环保要求的投资项目。依托丹江口水利枢纽，在优化电力供应这一主业的基础上，淘汰了磷化工、电石生产等落后产业，新增了一批产业链条长、发展前景好、能源资源消耗少、环境污染小的工业项目。同时，以生态工业引领生态经济，精心培育汽车零部件及整车、新能源新材料、农产品加工 3 个"百亿元产业"，水资源利用、生物医药、电子信息 3 个"五十亿元产业"，水都工业园、六里坪工业园、丁家营工业园、东环工业园 4 个"百亿元园区"，内抓企业运行，外抓招商引资，特色产业引领成效明显；着力打造库区特色高效生态农业示范区，70 余万亩柑橘、茶叶、水产、核桃、烟叶、水产养殖等特色产业基地，以及 50 多个特色专业村遍布汉江两岸，产业格局进一步优化，多措并举，鼓起了农民的钱袋，洁净了北方的"水缸"。

三、对丹江口市生态环境保护和绿色发展的建议

丹江口市是南水北调中线核心水源区，对北方来说是调水源头，对汉江下游来说是输水源头，保护好库区及汉江水质，是生态文明建设的根本出发点和最终落脚点。但作为一个国家级贫困山区县级市，丹江口库区还存在生态监控力量薄弱、生态补偿政策有待完善、生态建设投入力度不足等问题。为此，针对调研情况，提出以下几个方面的建议。

（一）继续完善生态补偿机制

丹江口库区生态环境建设以及水源区水质保护是一项长期的系统工程，作为国家秦巴山连片特困地区，丹江口市地方财政难以承担长期的大量资金投入。国家南水北调中线水源地生态补偿机制带有基本公共服务均等化的特点和普惠性质，并未凸显丹江口市作为淹没区，特别是核心水源区的损失及环境保护成本差异。建议建立完善的南水北调水源区的生态补偿机制。应充分考虑以下因素：一是以中央财政转移支付为主；二是南水北调中线工程受水区对水源区实行对口支援；三是按照"谁投资、谁受益"的原则，支持鼓励社会资本参与生态建设、环境污染整治的投资；四是按照生态补偿原则，对地方财政增支减收差额实施补偿；五是区分水源区和库区、一般库区和核心库区。在生态补偿上，核心库区高于一般库区，一般库区高于水源区。建议按照此原则，将生态补偿重点放在环境保护以及涉及民生的基本公共服务建设上。

（二）支持将丹江口水库（丹江口市）纳入国家水质良好湖泊生态环境保护范围

丹江口水库作为国家级饮用水源，水质优良，但库区也存在农业面源污染、水土流失、入库河流污染、环境监管能力薄弱等一系列问题，应积极向国家环保部门争取，将丹江口水库（丹江口市）纳入国家级水质良好湖泊生态环境保护项目，重点用于开展生态保护与修复、入库河流综合治理、环境监管能力建设、渔业养殖污染调查以及饮用水源保护区建设等，以持续改善库区水质和生态环境。

（三）支持丹江口市生态文明先行示范区和主体功能区试点建设

加大政策、资金和项目支持力度，探索建立国家公园体制，向国家呼吁建立水源区经济社会发展和生态保护基金。支持丹江口涉水产业发展，包括汉江航运通道建设，一江两岸滨江空间开发利用，水资源开发利用，建立水权、碳排放权、排污权交易机制等。

（四）加大对库区生态治理、环境保护和精准脱贫工作支持力度

推进丹江口库区水污染防治和水土保持"十三五"规划实施，重点对丹江口水库及上游、"入库不达标河流"等进行治理，加强石漠化综合治理、天然林保护、长江防护林保护，巩固退耕还林成果，加强水库库岸（江岸）地质灾害防治（坝下一江两岸河堤建设）等重点生态工程建设。推进丹江口库区地质灾害和不稳定库岸的监测、治理、搬迁等项目建设。丹江口市是全国移民大市，在南水北调中线工程建设中，面对的生态环境建设与保护任务最重、转型发展压力最大，且脱贫压力大、任务重。要加大精准脱贫力度，支持库区移民后扶发展、易地扶贫搬迁以及重大项目建设。

32　从人均 GDP 看湖北经济发展

杨　旸

（《湖北统计资料》2016 年第 63 期；本文被 2016 年 10 月 31 日《湖北日报》转载刊登）

人均 GDP 是反映一国或地区经济实力强弱的主要指标。长期以来湖北人均 GDP 低于全国平均水平。近年来，随着国家中部崛起战略的实施，湖北在"建成支点，走在前列"的新定位下，积极推进"一元多层次"战略，全省经济保持了较高的增长速度，综合实力不断增强。2015 年湖北人均 GDP 达到 50654 元，按年平均汇率计算，折合 8133 美元，首次超过全国平均水平（49993 元，折合 8027 美元）。"十三五"期间将有望迈进"人均 GDP 1 万美元俱乐部"，对全省经济社会发展和全面建成小康社会具有重大现实意义。

一、湖北人均 GDP 发展情况

（一）人均 GDP 发展历程

改革开放以来，湖北人均 GDP 保持逐年提升的基本趋势，呈现出"缓慢—快速—稳步—快速"的运行轨迹。

1978－1991 年，人均 GDP 增速虽有起伏，但总体提升较为缓慢，年均增长 8.0%。期间人口因素影响较大，经济年均增长 9.5%，人口年均 1.5% 的较快增长拉低了人均 GDP 增速。

1992－1997 年，人均 GDP 连续保持了两位数以上的快速增长，年均增速达 10.9%。期间经济增长迅速，年均增长 12.9%；人口增速有所回落，年均增长 1.1%，人均 GDP 实现了快速增长。

1998－2003 年，人均 GDP 增速虽比前期有所回落，但仍然保持了较为稳定的增长，年均增长 9.9%。期间经济增速有所下滑，年均增长 8.8%；人口呈负增长，年均减少 0.5%。

2004－2012 年，人均 GDP 又迎来快速增长期，年均增长达到 12.9%。其中，2005 年突破万元大关，2009 年跨入 2 万元；按美元计算，2010 年突破 4000 美元关口。期间经济年均增幅高达 13.1%，人口增长较缓，年均增长 0.2%。

2013－2015 年，受国内外不利因素影响，我省人均 GDP 增速比前期有所回落，但仍然保持了年均 9.1% 的较高增长速度，高出全国 2.3 个百分点。期间经济年均增长回落到 9.6%，人口增速略有反弹，年均增长 0.4%。

预计未来，我省经济进入中高速发展阶段，经济增速缓中趋稳，加之"全面二孩"政策实施迎来生育小高潮抬高人口数，人均 GDP 增速将呈小幅回落态势。

（二）实现超越全国平均水平

1995 年我省人均 GDP 为 3671 元，仅为全国平均水平的 72.1%。随后十年间，总体呈波动追赶态势，但追赶的速度不快。2005 年达到全国水平的 80.4%，其后两年又下滑到 80% 以下，期间与全国平均水平的绝对差距不断扩大，1995 年比全国平均水平低 1420 元，2008 年差额达到 4263 元。从 2009 年起，差距逐年缩小，2014 年仅落后全国 58 元，2015 年超过全国 661 元（见表 1）。

表 1　1995－2015 年湖北与全国人均 GDP 比较　　　　　　单位：元

年份	湖北	全国	差距
1995	3671	5091	－1420
2000	6293	7942	－1649
2005	11554	14368	－2814
2006	13360	16738	－3378
2007	16386	20505	－4119
2008	19858	24121	－4263
2009	22677	26222	－3545
2010	27906	30876	－2970
2011	34197	36403	－2206
2012	38572	40007	－1435
2013	42826	43852	－1026
2014	47145	47203	－58
2015	50654	49993	661

（三）位列全国第二梯队

近年来，湖北经济总量增长较快，在全国位次从 2007 年的第 12 位上升到 2015 年的第 8 位，从第二梯队跨入第一梯队，但人均 GDP 一直处在第二梯队，徘徊于第 13、14 位，成为湖北经济发展指标中的短板。

2015 年，位列"人均 GDP1 万美元俱乐部"的有 10 个省市，其中山东人均 GDP 首次跨入 1 万美元。湖北人均 GDP 为 8133 美元，居全国第 13 位，与重庆（8402 美元）、吉林（8325 美元）同列第二梯队（见表 2）。

表 2　2015 年部分省市人均生产总值及地区生产总值

地域	人均生产总值/元	人均生产总值/美元	地区生产总值/亿元
天津	107960	17334	16538
北京	106284	17064	22969
上海	103141	16560	24965
江苏	87995	14128	70116
浙江	77644	12466	42886
内蒙古	71903	11544	18033
福建	67966	10912	25980
广东	67503	10838	72813

续表

地域	人均生产总值/元	人均生产总值/美元	地区生产总值/亿元
辽宁	65524	10520	28743
山东	64168	10303	63002
重庆	52330	8402	15720
吉林	51852	8325	14274
湖北	50654	8133	29550
陕西	48023	7710	18172
宁夏	43805	7033	2912
湖南	42968	6899	29047

（四）在中部继续保持领先

在中部六省中，湖北经济总量居前、增速靠前，人均 GDP 也一直保持在较明显的领先位置。2015 年，湖北人均 GDP 保持中部六省首位，比山西、安徽、江西、河南分别高 15637 元、14657 元、13930 元、11523 元，比湖南高 7686 元（见表 3）。

表 3　2015 年中部六省 GDP、人均 GDP 及增速

地域	地区生产总值		人均生产总值	
	绝对值/亿元	增速/%	绝对值/元	增速/%
山西	12802.58	3.1	35017	2.6
安徽	22005.60	8.7	35997	7.7
江西	16723.78	9.1	36724	8.5
河南	37010.25	8.3	39131	7.9
湖北	29550.19	8.9	50654	8.4
湖南	29047.21	8.6	42968	7.8

（五）与先进省市存在一定差距

与沿海地区发达省市相比，湖北人均 GDP 存在一定差距。2015 年，湖北人均 GDP 为 50654 元，不到第一梯队京津沪的一半，相当于三地 2007－2008 年水平；分别是江苏、浙江的 57.6%、65.2%，相当于两地 2010 年水平；分别是福建、广东、山东的 74.5%、75.0%、78.9%，相当于三地 2012 年水平（见表 4）。

表 4　湖北与发达省市人均 GDP 比较　　　　　　　　　　　　　　　　单位：元

地域	2011 年	2012 年	2013 年	2014 年	2015 年
天津	85213	93173	100105	105231	107960
北京	81658	87475	94648	99995	106284
上海	82560	85373	90993	97370	103141
江苏	62290	68347	75354	81874	87995

地域	2011 年	2012 年	2013 年	2014 年	2015 年
浙江	59249	63374	68805	73002	77644
福建	47377	52763	58145	63472	67966
广东	50807	54095	58833	63469	67503
山东	47335	51768	56885	60879	64168
湖北	34197	38572	42826	47145	50654

（六）省内区域发展不平衡

2015 年全省 17 个市州中有 6 个市人均 GDP 超过全省平均水平，其中武汉、宜昌、鄂州三地已超过 1 万美元，襄阳、潜江、仙桃即将突破 1 万美元，黄石、荆门、咸宁、十堰、随州、天门处于 8000～5000 美元区间，孝感、荆州、神农架、黄冈近年成功跨越 4000 美元，仅恩施土家族苗族自治州在 4000 美元以下（见表 5）。最高值（武汉）与最低值（恩施土家族苗族自治州）相差 5.2 倍，人均 GDP 地区差异系数为 0.472，见表 5。

表 5　2015 年全省及各市州人均 GDP

地域	人均 GDP/元	人均 GDP/美元	排位
全省	50654	8133	
武汉市	104132	16719	1
黄石市	50053	8036	7
十堰市	38490	6180	10
宜昌市	82360	13223	2
襄阳市	60319	9684	4
鄂州市	68924	11066	3
荆门市	47999	7706	8
孝感市	29924	4804	13
荆州市	27781	4460	14
黄冈市	25319	4065	16
咸宁市	41234	6620	9
随州市	35901	5764	11
恩施土家族苗族自治州	20191	3242	17
仙桃市	51496	8268	6
潜江市	58311	9362	5
天门市	34069	5470	12
神农架林区	27298	4383	15

随着武汉经济发展及城市化水平的提高，更多人口将被吸引流入，会拉低人均 GDP 增速；其他市州特别是经济发展靠后的地区，人口增长缓慢，人均 GDP 会保持相对较快增长，人均

GDP 地区差异系数将呈缓慢下降态势。

二、湖北人均 GDP 率先进位面临的形势和挑战

《湖北全面建成小康社会监测统计指标体系》提出，到 2020 年湖北省人均 GDP（按 2010 年不变价）要超过 58000 元。2015 年我省按 2010 年不变价计算人均 GDP 已超过 45000 元，完成目标值 78.6%。如果湖北经济能保持当前增长速度，在未来 4 年将迈入 1 万美元梯队，但面临的形势和挑战将更加严峻。

（一）湖北步入三个新时期

1. 从工业化阶段向后工业化阶段过渡期

经济学家 H.钱纳里提出，当人均 GDP 达到 8760～13104 美元时，经济发展处于发达经济阶段的高级阶段，此时的经济社会发展已处于后工业化阶段的初级时期。诺贝尔经济学奖得主西蒙·库兹涅茨认为，工业化的演进阶段是通过产业结构的变动过程表现出来的，当第二产业比重小于 50%、第三产业比重大于 36% 时，即进入工业化后期。综合以上两种常用观点，以 2015 年我省人均 GDP 为 8133 美元的水平，三次产业比重为 11.2：45.7：43.1，可以认定湖北已属于中等偏上收入，经济社会发展处在从工业化阶段向后工业化阶段过渡时期。

2. 经济发展转入适度增长期

发达国家和地区在人均 GDP 跨越 4000 美元后，相当长时间内经济基本保持在中、高速增长区间，并在 4 年左右时间实现迅速突破；人均 GDP 超过 5000 美元后，经济波动幅度明显减小，经济发展的稳定性明显提高。我国发达省份如江苏、浙江、广东，三省人均 GDP 在 2007 年超过 4000 美元后，GDP 增速探顶回落并趋于平稳；2008 年三省 GDP 增速分别为 12.7%、10.1%、10.4%，分别比最高点的 2007 年下降 2.2 个、4.6 个、4.5 个百分点。2011－2012 年，三省人均 GDP 超过 8000 美元后，GDP 增速均呈平稳放缓态势，2011－2015 年，三省 GDP 年均分别增长 9.6%、8.2%、8.5%。

湖北经济发展轨迹亦有趋同。2010 年，我省人均 GDP 突破 4000 美元，GDP 增速也达到了 14.8% 的最高值。自 2011 年起，GDP 增速呈稳中趋缓的调整态势，2015 年增速回落到 8.9%，5 年年均增长 10.7%。可以预测，如果国际国内宏观经济发展环境没有出现较明显的积极变化，下一阶段我省经济增速将会延续稳中趋缓的走势，经济出现剧烈波动的可能性不大。

3. 产业结构步入优化升级期

西方发达国家在人均 GDP 突破 4000 美元以后，服务业比重逐渐超过 60% 而成为主导产业。经济结构调整也主要体现在以金融、市场中介服务、房地产等为代表的新型服务业和以专利、版权、商标和设计等为内核的创意产业快速发展。同样，江苏、浙江、广东三省在 2007 年人均 GDP 超过 4000 美元后，第二产业比重持续下降，服务业比重提升较快。苏、浙、粤三省服务业比重分别由 2007 年的 37.4%、40.6%、44.3% 上升到 2015 年的 48.6%、49.8%、50.8%，分别提高 11.2 个、9.2 个、6.5 个百分点。

从湖北服务业发展情况看，自 2013 年起服务业结束了连续六年逐步下滑的走势，服务业比重为 40.2%，比上年回升 3.3 个百分点。2015 年，产业结构已调整为 11.2：45.7：43.1，服务业比重比 2010 年提升了 5.1 个百分点。在第三产业内部，2015 年金融业增长 16.6%，营利性服务业增长 13.7%，房地产业（K 门类）增长 8.3%，为经济增长提供了有力支撑。

（二）湖北面临三个新挑战

1. 经济发展面临下行压力的挑战

国际经验表明，人均 GDP 达到 4000 美元后，在短短十年时间里实现人均 GDP 跨越 1 万美元难度极大。如果处理不当，可能出现社会震荡、经济徘徊不前甚至倒退，陷入所谓"中等收入陷阱"。我省人均 GDP 于 2010 年跨越 4000 美元，经济增速也从当年的 14.8% 逐步回调到 2015 年的 8.9%。2015 年，工业受产能过剩、市场竞争加剧、企业生产经营成本上升等因素影响，钢铁、石油加工等传统行业呈下降态势，计算机通信设备制造等行业仍处在培育成长阶段，增长动力短期内还不足以抵消传统产业下降的影响；固定资产投资增幅为 16.2%，比上年回落 4.2 个百分点，2016 年上半年民间投资断崖式下滑，只增长 1.4%；2015 年部分经济先行指标低位运行，全社会用电量、货运周转量分别仅增长 0.5%、1.7%，铁路、公路运输总周转量增速同比分别回落 1.3 个、11.6 个百分点。表明我省发展还面临诸多矛盾叠加、风险隐患增多的严峻挑战，经济运行面临较大下行压力。

2. 转型升级面临艰难突破的挑战

从发达国家发展实践看，一个国家或地区进入到中等收入发展水平后，会走上从资源依赖、投资拉动型的增长模式向创新驱动转变之路。但此时会面临来自下游低收入经济体的低成本和上游高收入经济体的创新与技术变革竞争的"两头受压"局面，转型升级之路会比较艰辛。2015 年，湖北全社会研发投入为 561.74 亿元，占 GDP 比重为 1.9%，比全国平均水平的 2.1% 低 0.2 个百分点，与北京（6.0%）、上海（3.8%）、天津（3.1%）、江苏（2.6%）、广东（2.5%）、浙江（2.4%）、山东（2.3%）等先进省市相比存在较大差距，居中部六省第 2 位，低于安徽 0.06 个百分点，差距比上年扩大了 0.04 个百分点。

3. 经济发展与资源环境矛盾的挑战

"环境库兹涅茨曲线"规律揭示了经济增长与环境保护之间的辩证关系，即随着人均 GDP 的增加，环境污染由低趋高；当经济发展达到某个临界点或称"拐点"以后，环境污染又由高趋低，环境质量逐渐得到改善。一般认为，当一国或地区人均 GDP 达到 1 万美元的时候，就处于"倒 U 形"的拐点。2015 年我省人均 GDP 已经超过 8000 美元，"十三五"期间将会达到 1 万美元水平。也就是说，未来几年我省还处在"环境库兹涅茨曲线"拐点到来之前，经济增长与资源环境间的矛盾将会更加突出，成为全面实现小康社会进程中不得不面对的重大问题。

三、建议

（一）坚持发展为第一要务，增强发展定力

发展是硬道理，是解决问题的关键。湖北人均 GDP 实现超越全国平均水平的目标，是长期以来我省立足发展、做大总量的结果。目前我省经济仍处在相对较快的增长区间，应牢牢抓住经济建设中心不放松，牢固树立五大发展理念，坚定"率先、进位、升级、奠基"发展目标，扎实推进供给侧结构性改革，突出构建现代产业体系。加快创新驱动发展，大力发展实体经济，努力克服各种不稳定不确定因素的影响，及时解决苗头性、倾向性问题，保持经济平稳运行。

（二）培育经济发展新动能，加快转变发展方式

构建适应经济新常态的发展方式，推进落实去产能、去库存、去杠杆、降成本、补短板五大任务。今后将是居民消费需求升级转型时期，从不断提升的居民消费结构出发，及时调整

消费供给产业结构和产品结构，大力支持新产业、新业态、新商业模式发展，抢抓新经济发展机遇。充分发挥湖北生态优势，自觉践行五大发展理念，加快构建绿色产业体系，把绿色产业作为重要支撑，着力培育新的经济增长点。

（三）积极优化产业结构，大力发展第三产业

一方面以需求为导向促进供给侧结构性改革。针对消费热点的变化，实施"互联网+"行动计划和大数据战略，加强旅游产品开发，完善文化体育教育产业，培育养老、健康等新兴消费热点产业。另一方面促进第二、三产业协调发展。把发展附加值高的先进制造业、高新技术产业和现代服务业作为调整结构、优化升级的重要举措，实现"双轮驱动"，进一步增强湖北的竞争力和发展后劲，确保经济持续、快速、健康地发展。

33　湖北秦巴山片区融入"一带一路"倡议的思考

朱　轶　　陈院生　　张满迪

(《湖北统计资料》2016年第65期；本文被2016年10月24日《中国信息报》
转载刊登，省委政研室《调查与研究》第11期全文转载)

　　"一带一路"倡议的提出和实施在国际国内引起高度关注和强烈共鸣，这一宏伟构想有着极其深远的意义，蕴藏了无限的机遇。湖北秦巴山片区是"一带一路"沿线上的重要枢纽，抓住国家这一机遇，实现区域协调发展意义十分深远。本文就我省秦巴山区经济发展融入"一带一路"倡议所面临的机遇、挑战及路径选择进行探讨，以期为秦巴山区经济发展提供参考。

　　湖北秦巴山片区地处鄂、豫、陕、渝四省市交界地带，规划范围涉及10个县（市、区），包括十堰市所属的丹江口市、郧县、郧西县、竹山县、竹溪县、房县、茅箭区、张湾区，襄阳市下属的保康县以及神农架林区，总面积30134平方公里。2015年年末，总人口373.07万。集革命老区、贫困地区、库区于一体，跨省交界广，是"一带一路"沿线上的重要枢纽。

一、湖北秦巴山片区的发展机遇

　　依据《秦巴山片区区域发展与扶贫攻坚规划（2011－2020年）》，湖北精心编制《湖北秦巴山片区区域发展和扶贫攻坚实施规划（2011－2020年）》，"一带一路"的机遇期近在眼前。近年来，片区经济总量不断扩大，发展潜力不断增强，区域优势不断上升，成为承接"一带一路"的湖北中坚力量。2015年，片区实现地区生产总值1422.6亿元，财政总收入159.76亿元，公共财政预算收入达到108.7亿元，城镇化率提高至51.4%。

　　（一）省际交融的关键节点

　　湖北秦巴山片区山大坡陡，河流纵横，落差较大，水流湍急，是陆路交通的重要关口，多种交通方式紧密联系、功能互补。"十二五"以来，以《秦巴山集中连片特困地区交通扶贫规划》为指导，片区交通扶贫项目稳步实施。总投资约527.5亿元的汉十高铁已经正式开工，有望于2018年建成通车，将把十堰直达武汉的时间缩短为110分钟。华中海拔最高的民用支线机场神农架机场于2014年4月28日通过验证试飞飞行，对推动秦巴山片区经济和社会发展具有重要意义。209、316国道穿越全境，福银高速横贯东西，郧十高速、十白高速、十房高速、谷竹高速建成通车，武当山机场顺利建成，初步构筑片区对外立体交通大通道，逐步形成了以十堰为中心，3小时内到达五县一市，4小时通达武汉、西安、郑州的交通经济圈。2015年，秦巴山库区生态环保路全长已达到1390公里，连接郧县、丹江口、竹山、竹溪、神农架等8个县市区，向外与陕西、重庆干线公路相连接，形成了"一主四支"格局。"绿色航运""智慧水运"建设深入推进，通过港航建设，丹江口市、郧阳区、武当山特区三地已凝聚成有机整体，十堰市港口骨架网初步形成，基本实现"一县一港"的目标。

"十三五"期间，秦巴山片区拟投入 300 亿元着力建设境内通道全长 172 公里的十堰至巫溪高速公路，投入 42 亿元兴修郧阳—十堰—武当山快速通道，投资 128 亿元打造汉十高铁小镇，力争到 2020 年基本建成与经济转型发展和生态环境保护相适应，与扶贫攻坚任务相契合的安全、便捷、高效、绿色的综合交通运输体系，全面建成鄂豫陕渝毗邻地区区域性交通运输枢纽。

（二）产业发展的综合基点

综合实力大大提升。片区大力推进实施汉江孤山水电站等一批重大基础设施建设工程、茶叶基地项目等一批生态文化旅游发展工程，安家河生态旅游示范村等乡村旅游项目蓬勃发展。实行一批农田整治、精准扶贫工程、农村环境综合整治项目。武当山、丹江水、汽车城"三张名片"世界闻名，形成了毗邻地区中最大的汽车制造、商业集散、旅游文化中心。2015 年实现招商引资总额 584.97 亿元，外贸出口 69545 万美元。

农林基础设施建设不断加强。片区土地广阔，地形复杂，生物资源南北兼有，动植物资源、矿产资源丰富。片区大力推行茶叶、核桃、山羊、中药材等农产品基地建设，农业产业化步伐不断加快，特色产业持续扩大规模，提质增效。

汽车产业地位突出。片区以汽车产业为支柱，以物流、旅游为突破口，强化多元支撑，加快产业结构调整，推进经济转型升级。依托服务东风，在与东风公司配套协作的基础上，融入全国大市场、参与国际专业化分工合作。东风特汽（十堰）专用车有限公司大力推进产业转型，已累计生产销售各类新能源汽车近万辆，2015 年在纯电动物流车细分市场产销全国第一。2016 年新能源物流车产品从 8 吨物流车到 0.5 吨物流车全系列共有 50 多个品种。

文化旅游发展渐入佳境。片区独特的自然环境、人文历史，造就了极其丰富、珍贵的自然和人文景观。神农架自然保护区作为世界自然遗产、世界地质公园，还是中国首个联合国人和生物圈保护区，已加入联合国教科文组织世界生物圈保护区网，并入选世界银行全球环境基金（GEF）资助的中国自然保护区管理项目示范保护区。另一世界自然遗产——武当山古建筑群绵延 140 里，是当今世界最大的宗教建筑群，拥有世界最大自然奇观"72 峰朝大顶"、世界最大的人文奇观"天造玄武"。郧县猿人遗址轰动世界古人类考古学界，郧县青龙山恐龙蛋化石群让海外报刊惊叹"全球最完整、规模超西峡"，亚洲第一大人工湖——丹江口水库被誉为"亚洲天池"，水质透明，水面宽阔，风平浪静，具有较高的旅游效益。2015 年旅游总收入达346.01 亿元。

（三）"一带一路"的绿色亮点

绿色发展情系丝绸之路。片区积极开展丹江口库区生态保护综合改革试点，扎实有效地加快汉江生态经济带建设，从政策上寻求支持，在科学保护环境上取得突破。片区加强生态建设，发挥神农架、武当山等名牌效应，大力发展生态文化旅游等第三产业，促进区域绿色发展、绿色繁荣。通过建设完善的配套基础设施、宜居宜业的城市平台，增强城市吸引力、凝聚人气商气、促进产业发展。在十堰市各县市，依托绿水青山先天的生态优势，绿色产业异军突起。湖北龙王垭茶业有限公司从过去生产单一的绿茶到开发乌龙茶、红茶、黑茶等，实现多品种发展，年生产茶叶 150 万公斤，产值超过 3 亿元。竹溪人福药业有限责任公司、梅子贡茶业集团等一批依托当地丰富的绿色生态自然资源发展起来的龙头企业也陆续成长。

二、"一带一路"视角下湖北秦巴山片区发展面临的挑战

（一）"积淀"之薄

地处秦巴山区，经济发展不足。从空间布局上看，湖北秦巴山片区深藏秦岭、巴山之中，与毗邻的大型经济圈和城市群环山分居，受中原城市群、成渝经济圈，特别是长江经济带中点武汉城市圈和陆上丝绸之路起点关中城市群的辐射偏低，经济发展内生动力不足，缺乏很好的区域合作和四邻协调机制来融入对接"一带一路"倡议。片区城乡二元结构突出，县域经济处于长时间低位运行的状态。2015 年，片区生产总值仅占全省的 4.8%，第一、二、三产业增加值仅占全省的 5.4%、5.1% 和 4.3%；固定资产投资占全省比重低，仅为 5.1%；地方公共财政预算收入块头小，占全省比重仅为 3.6%；农民人均可支配收入低，比全省平均水平低 3934 元。县域人均 GDP 为 3.84 万元，比全省平均水平低 1.22 万元；县域经济考核最高位次为省内第 55 位，且排名总体靠后。

（二）"融入"之忧

基础建设薄弱，交通制约明显。近年来，随着湖北秦巴山片区扶贫攻坚的深入推进，各级政府对片区基础设施投入的力度持续加大。但是，片区融入"一带一路"倡议仍面临着较明显的交通制约。片区现有交通网络主要由福银和十天高速公路、襄渝铁路、武当山机场、汉江和堵河水运、国省道和 1 万多公里农村公路网组成；商品外运通道主要是福银、十天高速公路和襄渝铁路，运力严重不足，水运方面吨位小且河段淤积处较多；路网等级偏低，片区四级以下低等级公路占通车公路总里程 70% 以上。交通不便致使片区工农产品无法实现外运，成为制约地区融入对接"一带一路"倡议的瓶颈。

（三）"引进"之困

产业升级缓慢，外向型经济水平较低。一是产业升级缓慢，产业综合竞争力不强。2015 年，湖北秦巴山片区三次产业结构为 12.6∶48.5∶38.9，全省三次产业结构为 11.2∶45.7∶43.1，片区第三产业发展不足，第一产业比重过高，农民人均纯收入明显低于全省平均水平，表明片区农业产业化水平较低，产业结构仍处于较低水平。二是科技支撑体系较弱。2015 年，片区规模以上企业实现高新技术产业增加值 168.6 亿元，占地区生产总值的 11.9%，低于全省平均水平 5.2 个百分点。规模以上工业企业 R&D 经费内部支出合计为 13.1 亿元，占规模以上工业增加值的比重为 2.4%，低于全省平均水平 1.1 个百分点。三是经济外向水平不高。从片区的开放发展看，存在区域发展不均衡的问题。进出口额和实际利用外资较高的区域集中在十堰城区，其他县（市）相对较弱，片区外贸出口和利用外资块头小。2015 年，片区出口占全省比重仅为 2.4%，实际利用外资额度低，占全省比重为 2.9%。片区经济外向度较低，外贸进出口占GDP 比重仅为 0.51%，低于全省比重 1.0 个百分点。

三、秦巴山片区融入"一带一路"建设的路径选择

（一）做好三个对接，激活发展潜能

一是思想对接。坚持以解放思想为先导，抢抓历史机遇，片区城市要在"一带一路"大背景下进一步明确发展思路，抢抓长江中游城市群一体化建设和汉江生态经济带开放开发的契

机，加快推进与"一带一路"的对接发展，形成对接发展合力。二是规划对接。利用十堰作为丝绸之路的东大门这一区位交通和资源优势，东向联动对接海上丝绸之路，西向拓展连接成渝经济区，实现与"渝新欧"的对接，在空间上形成大开放格局，互联互通，借加强区域协作之机融入丝绸之路经济带，整合"两圈二带"（武汉城市圈"两型"社会建设、鄂西生态文化旅游圈、湖北长江经济带、汉江生态经济带）的辐射效应，把以十堰为发展中心的片区打造成为长江经济带与"一带一路"联动的重要枢纽，构建"一带一路"国际大通道。三是交通对接。片区要坚定走出开放之路，打下积极外联的框架，加快基础设施建设，尤其是要搭建交通对接发展平台，对外强化武西复合交通廊道，对内建设聚心高速公路网络，构筑全面开放、高效快捷的干线公路网络，拓展与"一带一路"城市沟通的联动枢纽，加快由封闭山区走向全面开放的步伐，使十堰成为鄂西北地区交通网络上的重要枢纽，确保片区搭乘上"一带一路"宏观规划的快车道，激活和释放片区的发展潜能。

（二）做强三大产业，提升发展量级

一是错位发展汽车及零部件制造业。全力支持十堰作为"国家商用车零部件高新技术产业化基地"的发展，壮大龙头企业，服务东风公司扩能升级，提升技术创新水平，结合供给侧改革的要求，支持片区汽配企业差异化发展，推进产品向整车、总成、终端产品和社会性产品转变，延伸产业链条，推进创新型产业集群建设，推动制造业升级步伐，形成出口竞争增长点，打造国际商用车之都。二是绿色发展提升农业附加值。依托片区特色自然资源，坚持走出生态、高效、绿色发展的路子，重点发展茶叶、中药材、核桃、山羊等"四个百亿元"目标的特色农业产业，集合绿色经济、农业经济、服务经济等多元业态，延长农产品产业链，推动"互联网+生态农业"，真正实现"将绿水青山变为金山银山"，促进生态农业可持续发展和农民增收，尽早实现贫困人口脱贫。三是大力发展文化旅游业。秦巴山片区自然和人文景观独特而珍贵，应借助"互联网+生态旅游"建设，以保护自然生态和发展文化旅游为主线，充分发挥武当山、神农架等旅游品牌的国际效应，打造国际知名、国内一流的绿色生态文化旅游区。

（三）实施创新驱动，助力片区发展

积极助推十堰、襄阳争创国家创新型城市，启动国家科技成果转化服务（十堰）示范基地建设，发挥十堰高新区创业服务中心作为国家级高新技术创业服务中心的科技孵化能力，支持高等院校、科研院所与秦巴山片区企业协同创新，开展校企共建、技术中心等创新平台建设，立足片区实际，引进高新技术成果，培育创新型企业，加快关键领域核心技术的突破，推广科技示范，形成发展新优势。加大创新投入，发挥资本市场对创新型企业发展的引导、示范和带动作用，为自主创新保驾护航。

34　沿海自贸区发展对湖北的启示

朱　倩　陈院生

(《湖北统计资料》2016 年第 75 期；本文被省政府办公厅《鄂政阅》2016 年第 32 期刊发，获时任代省长王晓东批示)

中国沿海（上海、广东、天津、福建）四大自贸区为全面深化改革和扩大开放探索了新途径、积累了新经验。其中上海自贸区面向全球，侧重金融中心；广东自贸区面向港澳，服务贸易自由化；天津自贸区面向东北亚，侧重国际创新资源与制造业深度融合；福建自贸区面向台湾，侧重两岸经贸合作。2016 年 9 月，湖北自贸试验区获批，涵盖武汉、襄阳、宜昌三个片区，将落实中央关于中部地区有序承接产业转移、建设一批战略性新兴产业和高新技术产业基地的要求，发挥在实施中部崛起战略和推进长江经济带建设中的示范作用。本文通过总结分析沿海自贸区的可贵经验，为助推湖北更好地结合实际融合发展建言献策。

一、四大自贸区的经验

（一）三大改革自主创新

事前降低门槛，事中提高效率，事后加强监管。沿海自贸区通过改革与创新，与国际投资规则发展新动向、新趋势接轨，建立起国际化、便利化、法治化的营商环境和公平、统一、高效的市场环境，做"制度创新的高地"。

1. 放权

大力推进"放管服"。自贸区转变政府职能，提高经济领域治理能力和水平。上海海关共取消、下放、让渡、放开数十项前道审批事权或限制，从账册备案到核销企业操作环节减少幅度明显，并公布自贸试验区海关执法权力和责任"两张清单"，为市场松绑，不断实践"小政府"和服务型政府，扩大开放领域，实现服务贸易自由化。福建省赋予自贸区各片区管理机构18 项企业投资项目核准事项审批权。广东在省级层面成立中国（广东）自由贸易试验区工作领导小组，三大片区享省一级管理权限，除了法律法规规定保留在省级不能下放的，其他一律下放到三大片区。

2. 宽进

（1）创新自主智能通关模式，通关手段改向便利化。广东、天津、福建等三个自贸区已陆续制定符合各区特色的通关创新政策和贸易便利化措施，例如建设智检口岸、实施智能通关、推出加工贸易"自主核销"、原产地证书管理创新等举措，达到通关效率提高 50% 以上的效果。上海海关在比对了全球 17 个高水平自由贸易协定中 60 条涉及贸易便利化的核心措施后，将其中 55 条付诸实施。截至 2016 年 9 月底，上海海关实施的 31 项创新制度，积极借鉴了美国、新加坡、中国香港、韩国、日本等国家和地区的先进做法，都全面对标国际通行规则。

（2）实施更加便利的检验检疫制度。四大自贸区签署《关于建立中国自贸区检验检疫制度创新合作联动机制备忘录》，建立起合作联动机制。上海市出入境检验检疫局构建了"十检十放"分类监管新模式，建立起信用等级从劣到优、监管力度从严到松、放行速度由慢到快的全方位、多层次、分梯度的监管模式。

（3）实现备案管理制度。四大自贸区均试行由国家口岸办牵头推出的国际贸易"单一窗口"，企业准入由"多个部门多头受理"改为"一个部门、一个窗口集中受理"，处理过程公开透明，减少了审理者的自由裁量权。上海自贸区实施"先照后证"，将审批备案改为行业协会注册，最大限度地放权于市场。

3．严管

一是健全制度，事后监管。自贸区由注重事前审批转为注重事中事后监管。上海自贸区加强对市场主体"宽进"以后的过程监督和后续管理的安全审查制度、反垄断审查制度。开通上海市公共信用信息服务平台，并建立企业年度报告公示和经营异常名录制度。创新"一线放开、二线安全高效管住、区内自由"监管制度。海关推出"先进区、后报关""批次进出、集中申报"的监管服务创新举措。天津自贸区从顶层设计和系统集成的角度编制了制度创新风险防控措施清单，详细梳理出48项风险事项、71个风险点，提出120条风险防控措施，风险防控能力不断提高。

二是协同治理，联合监管。健全信息共享和综合执法制度。上海信息共享和服务平台已汇集口岸和金融部门近700万条信息数据，企业信息、银行信息、工商信息、海关信息已经联通。建立各部门联动执法、协调合作机制。海关、海事、上海国检局等单位之间已达到信息互换、执法互动、监管互认，达到"大通关"模式。建立社会力量参与市场监督制度。上海海关构建了企业自律、社会协管的治理模式。自成立以来，共引导815家企业开展了自律工作，主动补税1.31亿元。

（二）三大探索大胆尝试

1．设立负面清单

设立负面清单管理制度，运用政府"有形之手"管好市场"无形之手"。上海自贸区率先在外商投资的准入领域实行负面清单制度。2014年7月，上海推出第二份负面清单，将外商投资准入特别管理措施由2013版的190条减少到139条。2015年，上海、广东、天津、福建四个自贸区使用同一张负面清单，减至50个条目，122个项目。负面清单之外领域外商投资无须审批，只需备案，"法无禁止皆可为"，与国际规则体系相衔接。

2．变革金融机制

一是推进金融服务业开放。2015年12月11日，广东、福建、天津自贸区均改革促进投融资贸易便利及资本项目可兑换，解决了企业的境内外资金瓶颈问题。上海相继建立面向国际的金融交易平台、大宗商品跨境金融服务平台。四大自贸区内，国有五大银行及浦发、中信等多家股份制银行都已筹建基于跨境融资业务的综合金融创新平台，通过"一站式"服务增加跨境贷款投放量。

二是探索新型融资方式。上海自贸区、厦门自贸区创新融资租赁业务，推进租赁资产证券化、租赁资产转移等试点。福建发展股权投资，天津自贸区通过推动金融服务业对符合条件的民营资本开放，支持设立中外合资银行等举措，增强金融服务能力。

三是完善金融风险防范机制。上海自贸区构建起跨部门的跨境资金监测与应急协调机制，形成信息共享的金融综合监管模式。"一行三会"驻沪机构和上海市政府建立监管协调机制和跨境资金流动监测机制，中国人民银行上海总部和试验区管委会建立"反洗钱、反恐融资、反逃税"监管机制，协调监管跨境资金。

3. 创立法治体制

创新法治化保障制度，确保自贸区在投资、贸易、金融、管理等领域的成果合法化。上海自贸区立法引领改革的局面基本形成，同时司法保障和争议解决机制基本建立，自贸区法庭、知识产权法庭等相继成立，自贸区仲裁院投入运行，多元化的争议解决机制已经在自贸试验区初步形成。天津市通过《中国（天津）自由贸易试验区条例》，为自贸试验区建设提供法制保障。福建自贸区厦门片区先后成立厦门国际商事仲裁院、国际商事纠纷解决中心以及涉自贸区案件审判庭、自贸区法庭、检察室等一批司法服务机构。广东自贸区制定了《域外法查明办法（试行）》《涉合作区与自贸区案件审判指引》等，与国际通行规则进一步融合、接轨。

二、自贸区的显著成就

（一）开放程度提高

国内企业国际化增强，自贸区成为"走出去"的重要平台。截至 2016 年 8 月底，上海自贸区保税区域累计办结境外投资备案 1083 个，中方累计投资额 414.8 亿美元，占全市 40%以上。仅 2016 年上半年，福建省备案对外投资项目 321 个，同比增长 154%；中方协议投资额 69.7 亿美元，同比增长 105.9%。

（二）营商环境改善

口岸通关效率提升，便捷化、便利化显现。截至 2016 年 9 月，上海自贸区海关共取消、下放、让渡、放开 22 项前道审批事权或限制，使得企业注册登记时间从 40 个工作日缩短到了 3 个工作日。2016 年上海口岸进出口海关通关时间分别比上年减少 3.68 小时和 2.17 小时，一线进出境平均通关时间分别较区外缩短 78.5%和 31.7%。上海自贸试验区通关作业无纸化率，从挂牌初期的 8.4%提升至 89%以上，货物整体通关时间从原先的 2～3 天缩短至 6～8 小时，跨境电商海关环节的通关时间已从以前的 24 小时提速至"秒放"。

（三）市场活力增强

内外资企业纷至沓来，投资自贸区热情高涨。上海自贸区运行三年来，累计新设企业接近 4 万家，其中外资企业占比达 20%。上海自贸区内现有海关注册企业 2.4 万家，其中自贸区成立后新增的为 1.4 万家。2016 年 1 至 6 月，上海自贸试验区新设企业 7268 户，其中外资企业 1330 户，上半年上海全市近一半的外资企业都落户在自贸试验区，新设外资企业数的占比也从三年前的 5%上升到接近 20%。

2015 年 1 月至 2016 年 6 月，天津自贸区新增市场主体 20391 户，其中新增外商投资企业 1112 户，占同期全市新增外商投资企业户数的 59%。

截至 2016 年 9 月，已有超过 140 家世界 500 强企业到广东自贸区前海片区投资。截至 2016 年 7 月底，横琴新区实有市场主体 22413 户，比上一年年底增长 42.55%。

截至 2016 年 8 月，福建自贸区共新增内、外资企业 1279 户，注册资本 488.82 亿元，分别同比增长 25.27%、116.50%。新设外商投资企业 149 家，同比增长 58.51%，合同外资 8.36 亿美元，同比增长 136.71%。

（四）经济水平提升

经济总量快速攀升，主要经济指标增速惊人。上海自贸区占上海市总面积的 1/50，2015 年地区生产总值占上海市生产总值的 1/4；自贸区占浦东新区面积的 1/10，2015 年经济发展总量是浦东总量的 3/4。三年来，上海自贸区保税区内企业经营总收入年均增长 8.5%，新增世界 500 强项目 78 个，央企项目 65 个。2016 年 1—8 月，上海自贸区进出口 7546 亿元，占同期上海市外贸总值的 42%。

2016 年 4 月，广东自贸区自挂牌以来，新增企业超过 5.6 万家，地区生产总值超过 2000 亿元，增速超 40%，三大片区共吸引合同外资 1865 亿元，占广东全省同期总额的 51%。

2016 年 1—6 月，天津自贸区东疆保税港区固定资产投资总额、社会消费品零售总额、实际利用外资金额、一般公共财政预算收入分别增长 9.9%、53.9%、40.2%、61.4%；中心商务区固定资产投资总额、社会消费品零售总额、实际利用外资金额、一般公共财政预算收入分别增长 13.7%、40.3%、16.9%、42.5%。

（五）金融创新加快

金融交易前所未有活跃，跨境业务兴旺。截至 2016 年 6 月底，广东自贸区前海片区金融类企业 4.52 万家，占入区企业总数的 50.59%，仅 2016 年上半年，前海金融企业完成税收 60.62 亿元，比去年同期增长 174.78%，占前海区块总税收的比例达 58.73%。截至 2016 年 8 月底，共计 48.5 亿元自贸区跨境同业存单成功发行，参与发行和认购的机构包括大型银行、中小股份制银行、民营银行、外资银行、境外机构等多种类型。

三、推进湖北自贸区建设的几点建议

（一）促体制机制改革，拓展经济发展新路径

习近平总书记强调，自由贸易试验区建设的核心任务是制度创新。近年来，湖北省按照中央的统一部署，全力深化改革攻坚，不断进行制度创新，取得了阶段成果，但现有改革成效与供给侧结构性改革的现实需要，与基层、企业和群众的期盼，与自贸区建设的具体要求还有不小差距。湖北要坚持以自由贸易试验区建设为突破口，完善基本制度体系，为湖北经济的跨越发展提供最有力的制度保障。

一是加大简政放权力度。借鉴四大自贸区经验，把"放管服"改革不断推向深入，为全省经济社会发展提供强劲动力。继续取消、下放、调整一批行政审批事项，为市场主体松绑减负。强化事中、事后监管，不断提升监管能力，鼓励市场主体和广大民众参与监管，增加监管力量，形成行业自律、社会监督、行政监管、公众参与的综合监督体系。

二是创新贸易制度改革。学习借鉴上海自贸区海关 31 项创新制度和"十检十放"分类监管新模式的成功经验，在湖北进行复制推广，大力推行"一线彻底放开、二线高效管住、区内自由流动"的管理模式，不断探索简化货物贸易手续的体制机制。认真实施外商投资"负面清单"的管理模式。深化投资管理体制改革，在负面清单以外的投资领域，做到与内资、外资一视同仁。打造投资综合服务平台，支持企业以多种形式开展境外投资活动。建立适应自贸区特点的信用制度和规范，加强监督管理，营造良好的投资环境。

三是完善金融体制机制建设。金融是现代经济的核心，湖北自贸区发展最关键的就是金融实力。目前来看，湖北省金融实力还略显不足，就金融总部数量来说，2015 年年末总部在

武汉的金融机构只有 23 家，远低于广州、深圳、上海等沿海地区。如果没有强大的金融支撑，自贸区就无法正常运转，因此湖北自贸区要在金融机制体制建设上下功夫，不断推进科技金融改革创新。全面实施《武汉城市圈科技金融改革创新专项方案》，统筹协调科技金融资源，搭建科技金融合作平台，以促进技术、人才和资本三个核心要素有效融合为重点，开展金融创新和服务，为科技型企业提供全生命周期的金融服务。加快金融组织体系建设，吸引全国性和外资金融机构到湖北设立区域总部或分支机构。加强区域金融中心建设，吸引各类金融要素聚集，逐步健全多层次金融机构和金融市场体系，打破制约湖北自贸区金融发展的制度瓶颈。

（二）破对外开放难题，打造内陆开放新高地

2015 年湖北省外贸进出口总额 2838.8 亿元，仅为上海的 10.1%，江苏的 8.4%，浙江的 13.2%。与内陆城市比较，2015 年重庆市外贸进出口总额为 4643.7 亿元，四川省为 3197.7 亿元，河南省为 4600.2 亿元，均高于湖北。在对外开放方面，湖北不仅远落后于沿海省份，甚至跟内陆的重庆、四川、河南也有一定距离。另外，湖北省在利用外资水平上也存在明显短板，2015 年湖北省实际利用外商直接投资 89.48 亿美元，居中部六省第 5 位，仅高于山西省。提升开放水平成为我们当前亟待解决的难题。

一抓，抢抓湖北自贸区机遇，借鉴沿海自贸区经验，整合武汉、襄阳、宜昌等地资源，充分发挥武汉东湖综合保税区和武汉新港空港综合保税区功能，提高黄石棋盘洲保税物流中心运营绩效，加快宜昌、襄阳保税物流中心（B 型）建设，推动荆州保税物流中心申报建设，积极建设湖北自贸区，打造对外开放新平台。二接，对接国家"一带一路"、长江经济带、长江中游城市群等倡议战略，立足发挥武汉的辐射带动作用，突出沿江开放，通过"汉新欧"、江海直达、泸汉台等近洋航线，把武汉与 21 世纪海上丝绸之路紧密地结合起来，引导我省钢铁、汽车零部件、有色金属、建材、电力、化工、轻纺等具有优势的产业向"一带一路"沿线国家和地区有序转移，带动出口。三合，加强国际交流合作，加快推进武汉中法生态示范城的建设，加强与俄罗斯伏尔加河沿岸联邦区、美国密西西比河流域的合作，推动与英国、韩国在智慧城市、文化体育等领域的合作。

（三）补科技创新短板，积聚经济转型新动能

一直以来，湖北省高校和科研院所数量居全国前列，但与发达省市相比，科技创新能力略显不足。2015 年，湖北省专利申请量 74240 件，居全国 11 位，仅为第 1 位（江苏省）的 17.3%。湖北省有效专利达 24998 件，远低于上海的 69982 件。在科技投入发面，2015 年湖北 R&D 经费支出占 GDP 比重为 1.9%，低于全国平均水平（2.10%），政府对科研活动的资金支持力度不够。2015 年湖北省高新技术企业总数为 3300 家，虽居中部地区第 1 位，但仍与上海的 6071 家、浙江的 7905 家差距甚远。

科技创新是推动经济转型升级的根本动力，湖北要以建设自贸区为契机，不断激发全社会创新活力和创造潜能，全面建设科技创新型省份。一是充分调动企业创新积极性。深化科技体制改革，强化企业在技术创新中的主体地位，引导各类创新要素向企业聚集，同时加强专业人才队伍建设，建立完善激励机制，充分发挥企业技术人才的创新活力，逐步形成以企业为主体、市场为导向、产学研紧密结合的技术创新体系。二是全力打造创新服务平台。推广创业咖啡、创客空间、创新工厂等新型孵化模式，利用市场化机制，采取创投引导、跟投、补助等方式，支持众创空间，加快建立线上与线下相结合、孵化与投资相结合的创新创业服务体系。推进科技管理领域的简政放权，不断创新和优化科技型中小企业营商环境，整合各类创新资源，服务科技企业发展壮大。三是不断加快科技成果转化。搭建不同层次科技成果转化平台，建设完善技术转移中介网络，培育社会化、市场化、专业化的科技中介服务机构。推进以企业为主体的科技成果转化和技术转移，支持非商业化科技成果通过转让实现技术转移和转化，鼓励企业建立技术中心，支持企业联合高等学校、科研院所组建产业技术研究院等新型产学研合作组织。

（四）找人才资源差距，探索人才培养新思路

武汉的大学毕业生人数多年来保持全国第一，武汉也成为高素质人力资源最丰富的城市，但只有不到半数的毕业生选择留汉，大部分人才流向了北京、上海、广州、深圳等一线城市，武汉对高素质人才的吸引力有所不足，人才资源与发达地区相比劣势明显。为了更好地建设湖北自贸区，助推湖北经济发展，探索新型人才培养机制成了湖北当前工作的重中之重。

一要"留"，湖北每年的大学毕业生人数均排在全国前列，但自己培养的学生留不住，为他人作嫁衣，是湖北人才培养中面临的最大问题。围绕湖北自贸区"建设一批战略性新兴产业和高新技术产业基地"的定位，聚焦信息技术、生命健康、智能制造三大战略性新兴产业，利用自贸区这个平台既"引进来"又"走出去"，更多地引进全球资源做大做强优势产业，为大学毕业生提供更多的就业机会；鼓励企业不断地调整管理模式，加强对人才的培训，提供广阔的发展平台和晋升空间；鼓励大学生创业，出台相应的优惠政策，为大学生创业提供便利。

二要"引"，加强人才资源的研究和规划，科学研判人才发展现状、特点和趋势，了解人才需求方向，根据自贸试验区总体发展战略，有针对性地引进和培养高层次人才；制定切实可行的海外高端人才引进政策，降低永久居留证申办条件，简化申办程序，为海外人才出入境提供便利；针对国内人才引进，要充分发挥户籍政策的激励和导向作用，优化人才户籍直接引进政策，出台大学生留汉就业创业的落户优惠政策，为各类人才引进集聚提供便利化服务；加强人才进入后住房医疗教育配套设施建设，优化人才生活保障，在住房、医疗、教育等方面为其积极创造条件。

三要"用"，科学合理地使用人才，促进人才和岗位相适应，使各类人才脱颖而出，充分施展才能；完善人才与资本的转换互动机制，以资本换人才，以人才带资本，让人才在使用中变成强大的发展资源；完善人才价值实现机制，探索知识入股、技术持股等新的人才激励机制，让人才的价值与企业的价值同步发展、同步实现。

35 转型需求渐迫切，改旧育新促发展

——湖北经济发展动能转换问题研究

舒 猛 王静敏 刘 妍 马文娟 黄 晖

（《湖北统计资料》2016 年第 80 期；本文被国家统计局内网采用，被省政府《政府调研》2016 年第 12 期全文转载）

进入新常态以来，湖北经济增速出现了明显回落，逐渐从两位数的高速增长回落到个位数的中高速增长。究其原因主要是支撑经济发展的动能发生了根本性变化。旧的增长动力逐步减弱，新的增长动力还未壮大，传统的发展路径变得越来越不可持续。针对这一问题，本文试图通过对湖北经济增长动能的演变和现状深入分析，找出其中的规律和问题，并在此基础上进一步通过国际比较，借助当代马克思主义政治经济学的钥匙，为湖北加快动力转换，提升经济发展质效，保持中高速增长找到可行性路径，进行一些有益的探索。

一、湖北经济增长动能的基本情况

促进经济增长的因素众多，但基本上可以分为供给要素和需求要素以及作用于供求方面的要素。

（一）从需求看，投资是湖北经济增长的最重要动力

从需求角度看，投资、消费和出口是拉动经济增长的三驾马车。进入 21 世纪以来，湖北的固定资产投资保持了较快增长，2001－2015 年年均增长 22.3%，远快于消费和出口的增长。因此，三大需求占湖北 GDP 比重总体呈现投资上升、消费下降，净出口始终在低水平徘徊的发展态势。2015 年与 2005 年相比，投资占比由 45.1%上升到 55.8%，消费占比由 55.9%下降到 44.1%，净出口占比保持在－1.0%～2%之间，如图 1 所示。

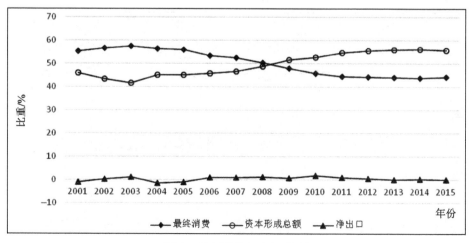

图 1　三大需求占 GDP 比重

　　与之相对应，投资逐渐成为拉动湖北经济增长的主要因素。2008 年湖北资本形成总额对经济增长的贡献率提升至 64.4%，2009－2015 年也一直保持在 60% 以上的较高水平。消费需求虽然也是拉动经济增长的主体，但作用呈下降趋势。湖北最终消费对经济增长的贡献率自 2008 年下降至 35.5% 后，一直在 40% 以下的低位徘徊，2015 年虽有所上升，但也只有 42%。而净出口在经济发展过程中不仅没有起到拉动作用，反而对经济增长进行负向拉动。2011－2015 年，我省净出口对经济增长的年平均贡献率为－2.5%，如图 2 所示。可见在经济起飞阶段，较快的投资扩张对湖北经济保持快速增长起到了重要的支撑作用。

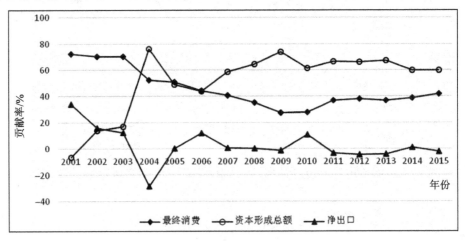

图 2　三大需求对 GDP 增长贡献率

（二）从产业看，工业是促进湖北经济增长的重要动力

　　进入 21 世纪以来，湖北第一产业发展保持相对稳定，2001－2015 年平均增速为 4.6%。第一产业占 GDP 比重逐年下降，从 2000 年的 18.7% 下降至 2015 年的 11.2%。第二产业则增长较快，平均增速为 13.7%，第二产业占 GDP 的比重逐步上升，由 2000 年的 40.5% 上升至 2012 年的 50.3%，虽然近年有所回落，但 2015 年仍达 45.7%，稳居三大产业之首；第三产业发展逐步加快，平均增速为 11.7%，其占比总体保持了上升态势，2015 年第三产业占比达 43.1%，比 2000 年提升 2.3 个百分点，如图 3 所示。

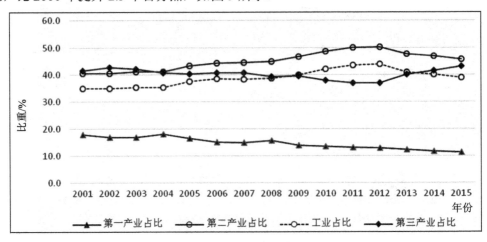

图 3　三次产业占 GDP 比重

从对经济增长的贡献率来看，第二、三产业对湖北经济增长的拉动作用远大于第一产业，且在相当长一段时间第二产业的拉动作用强于第三产业。虽然近年第三产业快速发展对经济增长的贡献稳步提升，但第二产业仍是拉动经济增长的主要动力。而在第二产业中，工业又起到了最主要作用，其增加值占 GDP 比重总体稳定，一直在保持在 35.0%～43.8% 之间，如图 4 所示。

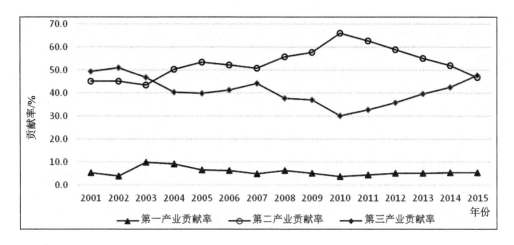

图 4　三次产业的贡献率

（三）从生产要素看，经济增长主要依靠资本投入

经济增长是生产要素投入产出的结果，生产要素包括劳动力、资本、土地和技术进步等。技术进步等无形要素对经济增长的贡献通常用全要素生产率（TFP）反映。2001－2015 年，资本年均增长为 14.4%，高于湖北地区生产总值年均增长 11.6%，更远高于全要素生产率增长率和劳动增长率。全要素生产率增长率的变化与经济运行趋势基本一致。从 2001 年起稳步攀升，至 2007 年达到最高值（6.1%），GDP 增长也达到历史高位（14.6%）。自 2008 年以后开始出现下滑趋势，2012－2015 年都维持在 2% 以下水平，与经济进入新常态后增速换挡一致。劳动增长率则一直未超过 1%。以上数据见表 1。

表 1　2001－2015 年湖北经济增长与 TFP、资本、劳动的关系　　　　　单位：%

年份	GDP 增长	TFP 增长	资本增长	劳动增长	TFP 贡献率	资本贡献率	劳动贡献率
2001 年	8.9	2.1	12.0	0.8	23.7	72.1	4.2
2002 年	9.2	2.8	11.2	0.9	30.3	65.1	4.5
2003 年	9.7	3.7	10.4	0.9	38.3	57.4	4.3
2004 年	11.2	5.1	10.7	0.9	45.2	51.1	3.7
2005 年	12.1	4.9	12.6	0.9	40.8	55.7	3.5
2006 年	13.2	5.2	14.3	0.8	39.2	58.0	2.8
2007 年	14.6	6.1	15.2	0.7	42.1	55.7	2.2
2008 年	13.4	5.0	15.2	0.6	37.2	60.7	2.1
2009 年	13.5	4.7	16.0	0.5	34.9	63.4	1.7

年份	GDP 增长	TFP 增长	资本增长	劳动增长	TFP 贡献率	资本贡献率	劳动贡献率
2010 年	14.8	5.4	17.2	0.5	36.3	62.2	1.6
2011 年	13.8	4.0	17.8	0.7	28.6	69.0	2.4
2012 年	11.3	1.8	17.3	0.6	15.6	81.9	2.5
2013 年	10.1	1.3	16.1	0.3	13.3	85.3	1.4
2014 年	9.7	1.6	15.2	0.0	16.2	83.8	0.0
2015 年	8.9	1.6	14.1	−0.5	17.8	84.8	−2.6
2001−2015 年	11.6	3.6	14.4	0.6	31.2	66.4	2.4

从对经济的贡献率来看，2001−2015 年，资本对经济增长的贡献率为 66.4%，高于全要素生产率对经济增长的贡献率 31.2% 和劳动投入对经济增长的贡献率 2.4%。且 15 年间资本投入对湖北经济增长的贡献率始终在一半以上，2012−2015 年更是保持在 80% 以上。可见资本投入是湖北经济增长的主要动力。2002−2011 年全要素生产率对经济增长的贡献率一直维持在 28% 以上，表明技术进步是湖北经济增长的重要动力，但 2012 年以来有所下降。劳动力的投入对经济增长的贡献最小，且呈下降态势。

二、加快动能转换是湖北经济保持平稳健康发展的必然选择

（一）从国际经验来看，加快增长动力转换是"跨越中等收入陷阱"的必经之路

当前湖北人均 GDP 已经超过 8000 美元，按照世界银行的标准，正处在由中上等收入水平向高收入水平迈进的关键阶段。从国际经验来看，英美用了大约 13 年，日本和韩国大约用了 10 年时间，实现从中上等收入国家向高收入国家的跨越。持续推进产业结构优化升级，不断增加内需特别是消费的拉动作用，积极培育人力资源、建立创新优势、实现增长动力转换是其成功实现跨越的主要原因。而反观拉美一些国家则过度依靠资源优势，在产业转型、动力转换上推进缓慢，最终落入了中等收入陷阱。

（二）从湖北情况来看，加快增长动力转换是实现跨越发展的必然要求

进入新常态后湖北经济增长的传统动力明显减弱。从投资看，其增长速度已从 2010 年的 31.6% 回落到 2015 年的 16.2%，2016 年前三个季度进一步下降到 13.4%。目前湖北投资主要由四部分组成，基础设施投资大概占整个投资的 25%～30%，房地产投资占 15% 左右，制造业投资占 35%～40%，其他投资占 20% 左右。基础设施投资作为稳增长的工具，近几年一直保持较快增长。尽管我省基础设施仍显不足，但无论从基础设施投资占投资的比重、基础设施投资的效率，还是地方政府负债和投资能力，已经没有大规模扩张的空间和条件。而房地产目前三四线城市去库存任务依然较重，房地产投资增量已经有限。同时，目前湖北传统重化工业和部分装备工业产能过剩情况依然比较严重，在过剩产能基本没有出清之前，制造业投资增速仍会持续下降。因此未来一段时间湖北投资将依然处于一个筑底区间。

从工业看，湖北过去一段时间工业经济保持高速增长主要依靠传统产业的规模效应。而进入新常态后，量的扩张对工业经济的拉动作用日趋减弱。湖北规模以上工业增加值增速逐渐

由 2010 年的 23.6%回落到 2015 年的 8.6%。目前湖北产业结构不优，层次不高，已经成为制约工业经济快速增长的主要瓶颈。2015 年湖北重化工业占全部规模以上工业的比重达 38.1%。全省 17 大千亿元行业中，建材、纺织、钢铁、有色金属等行业份额依然较大，而这些产业都已过高速扩张期，甚至出现了较大的产能过剩，据专项调查显示，2015 年湖北工业产能利用率仅为 79%。而总占比近 85%的千亿元行业对工业收入增长的贡献率仅 57.5%，见表 2。

表 2　2015 年千亿元行业

行业	主营业务收入/亿元	占比/%	贡献率/%
合计	36525.47	84.6	57.5
汽车制造	5594.32	13.0	16.0
农副食品加工	4513.03	10.5	12.0
化工	4033.29	9.3	11.2
建材	2944.03	6.8	7.3
纺织	2153.37	5.0	1.9
钢铁	2046.69	4.7	−41.0
电子行业	1962.16	4.5	18.9
电气制造	1700.57	3.9	2.3
酒饮料茶	1634.74	3.8	11.1
电力	1546.58	3.6	−1.9
有色金属	1502.29	3.5	−1.3
金属制品	1331.21	3.1	−2.6
通用设备	1208.35	2.8	−0.1
食品制造	1153.13	2.7	11.6
橡胶和塑料制品	1113.81	2.6	2.4
医药	1067.38	2.5	6.6
专用设备	1020.52	2.4	3.3

从要素看，支撑经济增长的传统要素也在逐步减弱。一是劳动供给减少。2015 年全省常住人口中，15～64 岁人口比重比 2010 年下降 3.07 个百分点，65 岁及以上人口比重则比 2010 年上升 1.95 个百分点。劳动力人口逐渐下降，抚养比不断上升，人口红利逐渐减弱。同时，农业部门的劳动生产率与第二、三产业的差距不断缩小，依靠农村剩余劳动力转移提升全要素生产率的空间趋于缩小。二是储蓄率回落。随着人口老龄化进程加快，人口抚养比回升，居民储蓄率随之下降，投资和资本积累对经济增长的贡献率减弱。三是对外开放外溢效应减弱。金融危机爆发以来，世界经济增长潜力明显下降，各种形式的贸易保护主义重新抬头，全球新一轮科技革命仍处于酝酿期，依靠技术引进提高全要素生产率的难度明显加大。四是湖北进入第三产业比重上升时期。服务业的资本边际产出率和劳动生产率总体上低于制造业，服务业比重上升的同时，经济增速也会放缓。五是改善生态环境需要占用大量劳动、资本、技术，增加生产成本，造成经济增长减速。

通过分析可以看到，湖北传统增长动力持续减弱已成为不可逆转的事实。加快培育新兴动力，实现增长动能的有效转换，已是湖北经济保持平稳健康发展必然而迫切的要求。

（三）从自身基础来看，加快增长动力转换湖北拥有有利条件和重大机遇

在经历了多年高速增长后，湖北经济发展基础、增长韧性得到大幅提升，加之国家实施的有效战略和调控带来的重大机遇，都为培育新兴动力提供了有利条件。一是经济实力大幅增强。2015年湖北GDP总量逼近3万亿元，达到29550.19亿元。在全国位次五年内上升了3位，跃升至第8位，稳居第一梯队。人均GDP突破8000美元，财政总收入突破4000亿元，其中一般预算收入超过3000亿元，分别站上新台阶。二是产业基础更加牢固。目前湖北三次产业齐头并进，新老行业多点支撑的良好局面正逐步形成。截至2015年，湖北粮食生产已取得12连增；淡水产品产量居全国第1位，畜牧养殖中名、优、特品种比重大幅提高。工业改变了过去"一车独大，一钢独强"的格局。全省规模以上工业企业达到16413家，千亿元产业由2010年的6个增加到17个。服务业发展不断提速，对经济增长的贡献不断增强。三是新兴动能厚积薄发。高新技术产业快速发展。"十二五"期间，湖北完成高技术产业投资4176.98亿元，年均增长39%。受此带动，2015年全省高新技术产业完成增加值突破5000亿元，达到5028.94亿元，占GDP比重达17.0%，比2010年提升6.3个百分点。新兴业态呈现爆炸式增长。2015年全省实现实物商品网上零售额614.6亿元，比上年增长44.6%，增速快于同期社会消费品零售总额32.3个百分点。双创活力加速释放。2015年全省共签订技术合同22787项，技术合同成交金额830.07亿元，合同金额比2010年增长813%。全省拥有各类市场主体412.78万个，注册资金达45629.56亿元，分别是2010年的1.19倍和1.83倍。四是国家战略多重利好。在国家新一轮的发展中，初步形成了带动全国、连接世界的"一带一路"新区域发展倡议并进行了丝绸之路经济带对接长江经济带的规划。湖北作为长江黄金水道的重要节点，业已形成"建成支点、走在前列"的一元多层次战略体系。这一战略体系包括多个国家级、省级区域战略规划，将从多个层面极大地激发出新的发展机会，汇聚为湖北新的发展动力。同时当前国家大力推进简政放权、市场准入、财税、金融、国企等重点领域和关键环节改革，也将为我省经济注入新的活力和创造力。

综上三大方面所述，湖北经济发展既有加快动力转换的迫切需要，也具备了实现动力转换的有利条件。

三、当代马克思主义政治经济学为湖北加快发展动能转换提供了重要启示

当前湖北经济上升动力和下行压力交织，如何保证经济平稳健康发展，实现新旧动能有效接续转换，是摆在我们面前的最紧迫任务和最大考验。而十八大以来，以习近平同志为核心的党中央站在历史的高度，在充分把握时代脉搏的基础上，将马克思主义政治经济学和当代中国发展实践相结合所形成的一系列当代马克思主义政治经济学理论成果，正是解决这一难题的最有效的钥匙。

一是向创新要动力。习近平总书记指出，当今世界，经济社会发展越来越依赖于理论、制度、科技、文化等领域的创新，国际竞争新优势也越来越体现在创新能力上。要把发展基点放在创新上，紧紧围绕经济竞争力的核心关键、社会发展的瓶颈制约，全面提高自主创新能力。

这些论述科学地指明了当代经济发展的根本动力来源。

二是向制度要红利。习近平总书记强调，要坚持社会主义市场经济改革方向，坚持辩证法、两点论，继续在社会主义基本制度与市场经济的结合上下功夫，把两方面优势都发挥好，努力形成市场作用和政府作用有机统一、相互补充、相互协调、相互促进的格局。近年来，经济全球化的积极作用和负面影响、"新自由主义"的破产，都证明"两只手"同时发力才是推动经济发展的科学机制。

三是向供给侧结构性改革要动力。习近平总书记指出当前和今后一个时期，我国经济发展面临的主要问题矛盾在供给侧。增强供给结构对需求变化的适应性和灵活性，促使供给与需求在更高水平上均衡，才能解决有效供给能力不足带来的大量"需求外溢"，才能满足广大人民日益增长、不断升级和个性化的物质文化和生态环境需求，并有效创造新的消费需求，促进经济社会持续健康发展。大力推进供给侧结构性改革的战略，给步入新常态的中国经济开出了标本兼治的对症药方。

四是向区域协调发展要动力。习近平总书记指出要推进经济发展向更高层次迈进，就需要着力解决发展不平衡的问题，推动协调发展，特别是区域协调发展，为经济结构整体优化和提升奠定基础。

五是向更高水平的对外开放要动力。习近平总书记反复强调要统筹国内国际两个大局，利用好国际国内两个市场、两种资源，发展更高层次的开放型经济，积极参与全球经济治理，促进国际经济秩序朝着平等公正、合作共赢的方向发展。这为我们新形势下应对经济全球化、参与全球经济治理指明了方向。

四、对湖北加快发展动能转换，保持经济平稳健康发展的几点建议

（一）加快培育创新的核心驱动力

创新是引领发展的第一动力。但 2015 年全要素生产率对湖北经济增长的贡献率仅为17.8%，低于江苏等发达省份。为此我们必须加快培育创新这一核心驱动力。一是要强化创新人才支撑。虽然我省是科教大省，但人才红利在本省的释放效应依然较差。虽然出了雷军、周鸿祎这样的新经济领军人才，但湖北的互联网产业没有走进全国的前列。为此我们必须改革人才培养、引进、使用等机制，充分调动和激发人才的创造热情和潜力。坚持以市场机制集聚人才，以优越待遇激励人才，以新型载体培育人才，以优质服务留住人才，以开放视野广纳人才。二是要切实加大创新投入。无论是技术创新还是人才培养，都需要大量的资金要素投入。但目前湖北在创新方面的投入还远远不够。2015 年湖北 R&D 经费内部支出占 GDP 的比重仅为1.9%，仍未达到具有创新能力的标准。因此政府要切实加大创新和科教领域的投入，同时要加快金融、财税、激励机制等方面的创新，引导更多社会资源进入创新领域。三是要切实增强创新实力。要加强产业谋划，围绕重点产业布局一批新项目、攻克一批新技术、建设一批新平台、发展一批新业态、推广一批新模式，加快建设国家自主创新示范区。同时要着力强化企业的创新主体地位，提升企业创新能力，增强企业创新意愿，推动湖北制造向湖北创造转变、湖北产品向湖北品牌转变。四是要切实优化创新环境。要用好市场机制，注重改进政府管理和服务方式，强化服务功能。要强化对知识产权的保护，维护好市场公平。同时要大力弘扬创新精

神和工匠精神，加强全民科学普及和创新教育。建立健全鼓励创新、宽容失败的容错纠错机制，努力营造敢为人先、宽容失败的社会氛围。

（二）全力推进供给侧结构性改革

推进供给侧结构性改革既能为新兴动力成长腾出空间，也能让传统动力得到优化提升。为此要按照中央要求部署，扎实做好"三去一降一补"工作。一是要加强对情况的监测掌握。只有摸清情况，了解进度，才能做到对症下药，制定出实事求是、切实可行的对策。二是要切实让改革措施落到实处，取得实效。要通过去产能工作，积极稳妥地调整过剩产能，优化要素资源组合，有效改造提升我省传统优势产业素质。通过去库存工作，将房地产消化库存与提高户籍人口城镇化率的新型城镇化进程紧密结合起来，实现健康可持续发展。通过去杠杆工作，处理好与过剩产能调整等相关的债务问题，化解金融风险。通过降成本工作，努力改善企业转型调整的环境，促进转型调整顺利进行。通过补短板工作，加强基础设施、公共服务设施建设；加强基本社会保障体系建设，筑牢基本民生保障的底线；加快服务业，特别是现代服务业和生产性服务业发展，缩小与先进地区的差距。

（三）积极挖掘内需潜在驱动力

当前湖北投资和消费增速虽然有所放缓，但仍有不小的潜力可供挖掘释放。2015年湖北城镇化率为56.85%，与发达国家和地区仍有较大差距。新型城镇化特别是人的城镇化发展空间依然巨大。同时网络消费，教育、卫生、文化、休闲等新型消费增长势头强劲。升级类消费依然看好可期。为此要积极挖掘释放湖北内需的潜在驱动力。一是要继续发挥好投资稳增长的关键作用。特别是抢抓"一带一路"倡议、"长江经济带"等重大战略和国家稳增长政策带来的机遇，积极争资、引资、用资，推进一批打基础管长远的重大项目，加快打造长江中游产业链高地和经济枢纽。二是要进一步激活民间投资。改革开放以来的成功实践告诉我们，民营经济是经济发展中最有活力的成分，民间投资也是最贴近市场、最有效率的投资。当前我省民间投资活力明显不足，今年前三个季度民间投资增长1.3%，低于全国民间投资平均增速1.1个百分点，低于全省固定资产投资增速12.1个百分点。为此各级政府要更加重视民营经济的培育和民间投资的释放。加快出台促进民间投资健康发展的政策措施。以放管服为重点，加快改革，优化环境，破除制约民间投资增长制度的限制，打破弹簧门、玻璃门，积极开拓探索PPP等渠道，动员民间资本参与基础设施项目，让民间资本进得来，留得住，有发展。三是要做实"一元多层次"战略。发挥好"一主两副"带动作用，补齐中等城市发展不足短板，加快推进新型城镇化建设，形成多点支撑、多极带动、各具特色、竞相发展的区域经济新格局。四是要切实培育消费能力，优化消费环境。坚持推进分配制度改革，切实提升居民收入。加快出台新的消费促进政策，培育壮大农村消费市场。大力构建诚信、优质的消费环境，完善监管体系和相关法律法规。

（四）加速释放改革开放新红利

改革开放是决定当代中国命运的关键一招。时至今日其仍是推动湖北经济发展的总动力、源动力。一是要进一步解放思想。唯GDP不可取，弃GDP更不可取。全省上下一定要充分认识到发展仍是湖北的第一要务。发展是解决一切问题的基础和关键。二是要进一步推动政府简政放权。坚持市场在资源配置中的决定性作用，进一步理清市场和政府的关系，破除体制机制障碍，通过"简政放权、放管结合、优化服务"来放宽市场准入，激发市场活力，激活"双创"动力，释放更多制度红利。三是要借助湖北自贸试验区获批契机，进一步提升我省开放型经济水平和竞争力，最大限度地发挥国际、国内两个市场，两种资源的效能。对于"引进来"，要运用好我省是长江中游唯一自贸区的政策优势，在吸引外资和承接东部沿海产业转移中占得先机；对于"走出去"，要充分借助自贸区在贸易、金融等方面的便利，帮助我省企业更好地在海外生根发芽、开花结果。四是要进一步以开放促改革。通过加快与国际规则的接轨，向国际学习借鉴先进经验，进一步推动我们自身政府职能的转变和管理方式的创新。

36　供给侧改革助推湖北省能源绿色转型

——湖北能源供给侧结构性改革情况分析

李　川

（《湖北统计资料》2016 年第 84 期；本文被国家统计局内网转发，被省委《调查与研究》作为 2017 年第 1 期封面文章刊登）

在经济新常态下，能源领域面临深度的结构性调整和新旧动力转换，加快能源转型升级，必须大力推进供给侧结构性改革。当前，湖北供给侧结构性改革正在全面推进，能源领域供给侧改革成效逐步显现，能源转型加速，发展更趋绿色，但也还存在部分重点耗能企业能源利用效率偏低、可再生能源发展面临瓶颈制约、能源供应对外依存度高等问题。本文对相关情况进行了分析，并提出对策建议供参考。

一、我省能源供给侧结构性改革成效显现

今年以来，我省能源领域加快推进供给侧结构性改革，能源生产结构进一步优化，能源去产能、去杠杆、降成本、补短板等重点工作全面推进。

（一）煤炭去产能成效明显，能源生产结构更趋绿色

煤炭行业加大了去产能力度。截至 9 月底，全省已累计关闭退出 128 处煤矿，化解过剩产能 811 万吨，规模以上煤炭企业已由去年同期的 94 家减少为现在的 62 家，原煤产量同比下降 23.9%，煤炭行业化解过剩产能任务提前完成。随着能源行业去产能的深入，我省能源生产结构进一步优化。前三个季度，我省一次能源生产总量中，化石能源生产量占比较 2015 年下降 6 个百分点，能源生产结构更趋绿色。

（二）企业去杠杆特征显现，能源行业发展更为稳健

随着相关政策的落实，能源生产企业去杠杆特征逐步显现。截至 9 月底，全省规模以上能源生产企业资产同比增长 13.1%，增速较去年同期提高 14 个百分点，明显高于企业负债的扩张速度（增长 5.1%）。同时，规模以上能源生产企业的资产负债率为 48.5%，比去年同期下降 3.7 个百分点。能源生产企业的债务清偿风险有所降低。

（三）能源价格改革稳步推进，企业用能成本有效降低

在供给侧结构性改革中，降低企业用能成本是"降成本"改革的重点任务之一。当前，我省电价改革等能源改革加快推进，有效降低了企业用能成本。我省 3 次调整大工业电价（电度电价合计下降 3.3 分），大工业电价由全国第 8 位降到第 15 位，年减轻企业用电负担 13.7 亿元左右。4 次调整一般工商业电价（电度电价合计下降 0.11 元），一般工商业电价由全国第 1 位降到第 10 位，年减轻企业用电负担 27.4 亿元左右。我省还出台政策，对符合条件的互联网企

业进行电费补贴，相关企业一年可省电费约 3 亿元。同时，我省积极推进天然气价格改革，开展用气大户直供交易试点，减少中间交易环节成本。

（四）能源补短板加快推进，绿色能源供应能力增强

新能源的有效开发利用是能源领域的一块短板。近年来，我省采取措施积极推动新能源发展，新能源利用呈快速增长态势。前三个季度，全省新增规模以上工业新能源发电企业 12 家。规模以上新能源发电量达 47.0 亿千瓦时，同比增长 23.0%，增速比去年同期提升 13.3 个百分点。其中，风力发电量、太阳能发电量同比分别增长 52.0%、624.4%。同时，我省还积极从省外调入新能源电量，前三个季度，我省从新疆、甘肃等地调入新能源电量 17.8 亿千瓦时，同比增长 82%。通过扩大新能源生产规模，增加省外调度，我省绿色能源供应能力进一步增强。

二、存在的问题

（一）部分重点耗能企业能源利用效率偏低

供给侧结构性改革要着力提高全要素生产率，能源作为企业重要的生产要素，其利用效率直接关系到企业的生产效率和运营成本。当前，我省部分重点耗能企业，能源利用效率偏低，成为制约企业发展的一大"短板"。高耗能行业企业投入产出水平偏低。前三个季度，我省六大高耗能行业能耗占全省规模以上工业能耗的比重达 83.5%，较上年同期增加 0.2 个百分点，而其工业增加值占比仅为 26.8%。六大高耗能行业单位增加值能耗是规模以上工业平均水平的 3.0 倍，是高技术产业的 12.4 倍。部分重点耗能企业单位产品能耗偏高。我省一些重点耗能企业工艺水平仍然落后，单位产品能耗偏高。前三个季度，我省纳入国家统计监测的 26 项重点耗能产品能耗指标中，有 17 项产品单位综合能耗高于全国平均水平。其中，吨纱（线）混合数、机制纸及纸板、万米布混合数、联碱法纯碱双吨产品、吨钢、吨水泥熟料综合能耗分别高于全国平均水平 49.2%、9.3%、8.8%、4.2%、3.7%、2.3%。

（二）可再生能源发展面临瓶颈制约

近年来，我省可再生能源利用取得长足进步，但要进一步发展还面临诸多瓶颈制约。水电资源进一步开发潜力有限。我省相对集中的可再生能源主要是分布在长江流域的水电资源，但开发程度全国第 1 位，进一步开发的潜力有限。风能、太阳能等非水力可再生能源总体规模偏小。近年来我省风能、太阳能增长速度较快，但总体块头偏小。1－10 月，我省非水力可再生能源发电量占总发电量的比例仅为 2.6%，占可再生能源发电量的比例仅为 4.3%。省内风能、太阳能等能源富集且便于大规模开发的地方不多，同时可再生能源发展与电网建设还不协调，弃光、弃风时有发生，这些都对我省可再生能源进一步发展带来制约。

（三）能源供应对外依存度偏高

湖北能源资源储量不大，煤炭、石油、天然气的开采量均不到全国的 1%。长期以来，我省经济发展和生活所需要的能源多依赖省外购进，对外依存度较高。2015 年，我省能源供给对外依存度达 68.0%，其中，原煤 87.8%、原油 94.7%、天然气 96.6%。在当前能源市场供需环境较为宽松的情况下，我省能源自给能力低的矛盾缓和，但一旦市场发生变化，能源供应瓶颈问题可能再次凸显，所以拓宽能源供应渠道仍需未雨绸缪。

三、对策建议

（一）着力做好"加法"，加快补短板促升级

做好"加法"就是要针对我省能源领域存在的突出问题，加快补短板，促进转型升级。一是加快重点耗能企业转型升级。持续强力推进重点领域节能减排，通过加大节能减排监管考核力度以及节能环保创新项目支持力度，促进重点耗能企业、高耗能行业通过技术升级、管理升级、产业升级切实提高效率，加快转向绿色低碳发展轨道。二是继续加大可再生能源发展力度。用足用好国家扶持政策，结合我省实际，积极探索可再生能源产业有效发展模式。进一步推动城市分布式能源试点示范项目建设。充分利用我省农村地区生物质能、水能、太阳能等资源优势，积极推动农村可再生能源分布式利用。三是加强能源基础设施建设。加快煤、电、油、气等一系列重大通道项目和储备、物流、调控基地建设，加强能源对外合作战略基地建设，进一步深化与能源富集地区的广泛合作，支持有条件的企业走出去，建立健全长效合作机制，形成一批长期安全、可靠、稳定的省外重大能源供应基地，提高我省能源的供应保障能力。

（二）继续做好"减法"，深化去产能去杠杆

做好"减法"，就是要深化能源企业去产能去杠杆。一是进一步加大去产能力度。目前煤炭市场情况有所好转，个别煤矿企业有动摇关闭的想法。要防止反弹，继续坚定不移地去产能，进一步推进落后产能、安全生产条件不达标的煤矿关闭退出。二是遵循法治化和市场化原则，进一步推进企业去杠杆。积极引导企业推进债务融资工具创新，通过改变融资结构等方式来进一步降低杠杆率和融资成本。

（三）注重做好"乘法"，主动谋创新转动力

做好"乘法"，就是要切实发挥创新驱动的乘数效应，加快能源领域的技术创新，抢抓机遇，着力推进互联网+智慧能源发展。一是推进能源互联网试点示范工作。积极争取国家相关政策，先行先试，加快建成一批试点示范项目。二是加强能源互联网技术研发与应用。充分发挥科教资源优势，引导省内科研院所，针对能源互联网重大关键技术与核心装备领域开展攻关，力争在能源互联网技术研发与应用领域占得先机。三是加快能源互联网产业发展。在能源互联网研发设计、装备制造等行业领域，培育一批有竞争力的新兴市场主体，同时催生一批能源金融、第三方综合能源服务等新兴业态，打造我省经济发展新的增长极。

（四）探索做好"除法"，积极降成本促改革

做好"除法"，就是要破除深层次体制机制障碍，深入推进能源领域改革。根据国家政策，结合湖北实际，进一步推进能源体制机制改革，特别是电力市场化改革、石油天然气体制改革，进一步降低能源价格，充分释放能源价格改革红利，助力企业降本增效。

37 紧握梦想构建精准扶贫长效机制

柯 超

[《湖北统计资料》2016 年第 77 期；本文形成专报信息《精准扶贫中容易滋生一些问题须警惕》(《湖北快报》第 674 期) 报送国办，被时任代省长王晓东和省委常委任振鹤批示]

近年来，我省扶贫开发取得显著成效，贫困地区面貌发生显著变化，但扶贫开发依然面临艰巨繁重的任务，已经进入啃硬骨头、攻坚拔寨的冲刺期。如何兑现率先在中部地区全面建成小康社会的承诺，实现这一宏大而艰巨的"湖北梦"，需要全省上下不懈努力，积极构建我省精准扶贫的长效机制。

一、敢于筑梦：基于我省精准扶贫的机遇

（一）区位优势

1. 自然资源得天独厚

我省贫困区域主要集中在秦巴山片区、幕阜山片区、武陵山片区、大别山片区。四大片区生物资源众多，矿产资源丰富，水电资源蕴藏量大，片区历史悠久，自然风光秀丽，文化底蕴深厚，风景名胜众多，旅游资源富集，是长江流域和中部地区的重要生态功能区。

2. 交通区位四通发达

四大片区虽同处大山深处，但得益于湖北省承东启西、接南纳北的区位优势，京九、京广、汉十、襄渝等铁路穿境而过，京珠、沪蓉、宜黄、武十等高速公路纵横交错，把四大片区与富庶的江汉平原串联起来，有效打通了连片特困山区交通的"主动脉"。随着我省"七纵五横三环"骨架网的快速搭建，县域高速网络基本实现全覆盖。

3. 区域协作根深蒂固

长江经济带和长江中游城市群战略的实施，省委"两圈两带"战略的推进，将加快沿线城市产业分工合作、交通互联互通、公共服务合作，为加快片区经济社会发展创造了良好的外部环境。

（二）发展优势

1. 基础建设克难攻坚

一是交通建设立体推进。2015 年，四大片区完成交通建设投资 347 亿元，实现了 100% 的行政村通沥青（水泥）路，100% 的行政村通客车，交通条件得到了极大改善。二是水利建设稳步推进。2015 年，四大片区到位中央和省级水利投资 32.54 亿元，解决了 143.49 万农村居民饮水安全。三是能源建设扎实推进。四大片区 2015 年完成电网建设投资近 50 亿元，基本解决了无电人口用电问题。四是信息建设快速推进。2015 年未通宽带行政村由去年 1578 个减少至 440 多个，基本实现了全省信息基础设施建设"中部领先、全国靠前"的目标。

2. 民生建设大为改观

一是加大公共服务投入。2015 年，四大片区共投入公共服务资金 158.55 亿元，基本实现卫生室和合格村医全覆盖；落实四大片区教育保障经费 15.97 亿元，兑现学生助学资金 15 亿元；落实民政资金 3.2 亿元，支持四大片区养老服务机构、社区日间照料中心、儿童福利机构和 81 个农村福利院建设；投入文化专项资金 3.89 亿元，支持四大片区公共文化服务设施建设。二是推进社会保障规范化。片区新农合参合率、城乡居民社会养老保险综合参保率不断提高。三是大力促进就业。支持四大片区新增就业 18.69 万人，就业困难人员再就业 3.16 万人，组织劳动力转移就业 15.4 万人，组织农村劳动力就业培训和创业培训 6.93 万人。

3. 产业发展多点支撑

一是大力发展特色农业。2015 年四大片区安排扶贫小额贷款风险补偿金 6.4 亿元，调剂各类中央及省级农业专项资金 10.5 亿元和国土整治资金 22 亿元。二是推动产业转型升级。2015 年省级财政安排四大片区县域经济发展调度资金 97.24 亿元，拨付片区中小实体经济发展资金 20.57 亿元，助推片区产业转型升级，将优势资源变成资本。三是提升旅游产业带动力。四大片区积极创新"旅游+扶贫"模式。2015 年启动实施了乡村旅游扶贫试点工作，完成了 10 个贫困村旅游扶贫规划编制。

4. 生态发展持续发力

一是"山更绿"。2015 年，四个片区共投入中央和省级林业建设资金 25.2 亿元，比上年增长 22.2%，四大片区森林覆盖率达到 59.3%。二是"水更清"。为确保"一江清水永续北送"，先后启动项目 251 个，投资 33.05 亿元，项目完工率达到 87%；争取 1.26 亿元中央资金，支持片区有关县市开展水污染防治和湖泊生态环境保护。三是"村更美"。争取中央和省环保专项资金 5.6 亿元，重点支持四大片区开展农村环境综合整治工作，确保生态得到保护、农民得到收益、文化得到传承。四是"天更蓝"。推广采用可再生性新兴能源与智能电网、节能储能、碳捕获、新材料等低碳技术，大力促进以矿业资源精深开发为主的循环经济发展。五是"土更净"。2015 年四大片区万元地区生产总值能耗 1.43 吨标准煤，比上年下降 3.3%，万元工业增加值用水量 72.4 立方米，同比下降 3%。

（三）政策优势

1. 发展战略的多重叠加

国家、省委新一轮"精准扶贫"战略的实施，对片区的扶持力度将明显加大；促进中部地区崛起、推进产业梯度转移等战略的实施，四大片区形成多元发展战略交汇驱动合力；长江经济带、长江中游城市群战略的实施，将优化片区基础设施建设，促进产业转型发展，加深区域贸易合作；"一带一路"倡议的实施，为四大片区，特别是鄂西地区"走出去"搭建起战略桥梁；"两圈两带""一红一绿"试验区等省级战略的扎实推进，将促进片区补齐短板，推进内联外融，增强发展活力。

2. 扶持政策的精准发力

2015 年，《省委省政府关于全力推进精准扶贫精准脱贫的决定》把扶贫开发作为重大政治问题、重大发展问题、重大民生问题，将实施精准扶贫、精准脱贫作为湖北工作大局和中心任务，摆在经济社会发展的重要位置强力推进。《湖北省农村扶贫条例》《湖北省促进革命老区发展条例》的全面贯彻实施，为依法扶贫、依法保障贫困人口权益提供了法律保障。

二、善于修梦：警惕我省精准扶贫的问题

（一）警惕设置不切合实际的脱贫目标

中央设置的 2020 年解决农村贫困人口的脱贫任务是建设小康社会的主要组成部分。我省一些地区相继提出了提前脱贫的要求，并作为指标层层下达。这在客观上虽然是希望通过超前目标强化责任，但是即使按照当前我省农村居民收入的标准，很多贫困地区真正提前脱贫存在难度，完成中央提出的"两不愁，三保障"的目标则挑战更大。因此，轻率喊出"提前脱贫"的口号一方面不现实，另一方面也容易引发基层形成"扶贫大跃进"，一旦无法实现目标，会影响党和政府扶贫政策的严肃性，影响党和政府的声誉。

（二）警惕扶贫"最后一公里"短板

为了强化扶贫政策的落实，全省和各地充分利用已有的行政资源，通过挂钩帮扶等做法落实各种扶贫措施。但是，帮扶单位不同，效果不一样。贫困村希望公平享有帮扶单位带来的资金，有资金影响力的单位可能会挤出一些资金，但是很多单位则没有资金。同时，也有一些单位以完成政治任务为导向，从投入的资金看，对扶贫效果并无很好的规划。扶贫工作是一项十分复杂的专业性工作，特别是深入农村从事扶贫开发需要长期的、专业化的组织和人员。实践证明，单靠政府的行政资源很难解决"最后一公里"短板问题。

（三）警惕盲目建设造成公共资源浪费

当前我省的农村贫困表现为深度性贫困和转型性贫困。对于深度性贫困而言，只需要将基础设施、产业、社会保障和基层组织等统筹为一个整体，在这些地区减贫的回报率很高。但是对于转型性贫困而言，由于劳动力大量流出，出现很多以留守人口、老人为主的"空心"贫困村。这些地区在 20 世纪 90 年代和十年前建设的扶贫设施，如养殖设施、沼气、种植大棚等，有些出现废弃。而在扶贫目标的约束下，部分地区又开始了大规模的重复建设。除非当地能发展出比在外面工作带来更高收入、市场需求好、可以吸收大规模劳动力的产业，否则，村里都是留守老人、儿童和病残家庭，没有承载开发的主体，减贫有限。

（四）警惕无视特色和市场需求的结构

开发式扶贫的核心是产业的发展。农村的产业主要是农业，现在农产品的供给已经日新月异，大规模的生产往往造成产品过剩。因此，产业扶贫的关键是发展特色产业和同类产业不同结构的产品。只有发展"一村一品"这样的产业，特别是有科技含量的产业，才能补充市场不足，创造新的市场需求。

（五）警惕复杂而不准确的数据

精准扶贫以来，各种有关贫困的数据统计越来越多。但是，由于数据收集是一件非常专业化和成本高的工作，乡镇人力有限，不可能做系统科学的数据调查工作，每次统计的数据也有可能不一样，基于这样的数据做出的脱贫规划往往脱离实际，流于形式。而且很多数据对于扶贫并没有太大意义，但是基层几乎完全被这些数据所困扰，工作负担很大。同时，各种精准扶贫的考评也越来越倚重这些统计数据，行政干预和人为因素是保证数据客观性和真实性面临的较大挑战，不能让考核的压力压垮精准扶贫的基石。

三、全力圆梦：构建我省精准扶贫的长效机制

（一）树理念：精准扶贫是一场持久战和攻坚战

1. 要有打持久战的耐性

全省各级领导和部门要正确理解中央扶贫方针政策，克服急躁心理，尊重客观规律，着眼长远发展，既积极作为，又量力而行，扑下身子真抓实干，循序渐进地推进扶贫工作。同时，要树立正确的政绩观，不贪一时之功，不图一时之名，坚决杜绝"面子工程"和"政绩工程"，使各项工作都能经得起实践检验、经得起群众检验、经得起历史检验。

2. 要有打攻坚战的毅力

我省精准扶贫工作面临四大难题。一是扶贫任务重。我省贫困发生率14.7%，四大片区贫困发生率为26.3%。二是脱贫难度大。我省贫困呈多维性特征，贫困人口受教育程度低，贫困人口老龄化问题突出，贫困户致贫原因复杂多样；贫困人口大多居住在自然条件恶劣的深山区、石山区、库区、疫区。三是发展差距不断扩大。四大片区的地区生产总值、财政收入占全省的比重不高，农民人均可支配收入与全省平均水平绝对差距仍在拉大。四是全面建成小康社会难度大。一些贫困地区农民人均收入、城乡居民收入比、恩格尔系数、基尼系数等指标等离全面建成小康社会还有较大差距。

（二）明目标：精准扶贫目标必须具有现实性和阶段性

1. 要有切合实际的现实性

无论是产业扶贫、就业扶贫，还是公益扶贫，都要以科学的目标为导向来切实开展行动，并以实际脱贫成效及其可持续性作为检查的标准。要根据各地全局部署，制订好扶贫计划，把扶贫工作责任抓在手上，吃透扶贫政策，把扶贫工作目标落在实处。不提不切实际的指标，坚决防止弄虚作假，搞"数字脱贫"。

2. 要有循序渐进的阶段性

要深入实施精准扶贫、精准脱贫，解决好"扶持谁"的问题，全面准确把握贫困状况，把扶贫对象摸明白，把家底盘清楚，研究完善各类扶贫行动计划，明确"时间表"和"路线图"，让干部心中有数，让老百姓心中有数，确保实现贫困人口全面脱贫的目标。

（三）强措施：精准扶贫措施必须坚持前瞻性和创新性

1. 精准扶贫的模式创新

一是"就业创业+扶贫"增进造血功能。采取"政策+特色"方式助推创业扶贫，对积极吸纳农村贫困人口创业的创业孵化基地和创业园区给予优先政策扶持，鼓励在农村贫困人口集中的乡镇创建创业型乡镇并给予一定奖励补助，对农村贫困人口新开办小微企业优先享受一次性创业补贴、创业岗位开发补贴等。

二是"社会保障+扶贫"托底民生需求。实施全民参保登记计划，落实政府为缴费困难群众代缴养老保险费的政策，对重度残疾农村贫困人口，由政府全额代缴最低标准的养老保险费。完善居民基本医疗保险和大病保险制度。

三是"人才扶智+扶贫"强化智力支撑。该模式可以充分发挥我省高校资源优势，扩大高校毕业生"三支一扶"规模，增设农技推广、基层文化站和信息通信电缆建设，带动农村电商产业快速发展。

四是"联村包户+扶贫"搭建服务桥梁。该模式重视党委政府的扶贫责任落实，真正做到了规划制定科学、资源整合有力、项目实施规范、驻村帮扶实在，特别是村户并扶、以村带户、直扶到户、村户共享的做法，不失为精准扶贫的一种成功执行模式。

2. 精准扶贫信息化创新

一是激活贫困群众"网创"欲求。政府可以充分利用媒体和各类培训、会议、活动宣讲网上创业知识，介绍区域内外互联网创业成功脱贫典型等手段，激活贫困群众触网的主动性和网创欲求，有效营造"互联网+精准扶贫"的有利环境。

二是搭建贫困群众"网创"平台。要采取政府主导、企业参与、民间融资的方式，大力改善交通及基础网络设施，统筹支持物流、快递公司分支机构或服务站点入驻乡镇、中心村，广泛推行无线网络覆盖城乡公共场所。

三是谋划引导贫困群众"网创"。要根据贫困家庭分布现状，在光纤网络入户、电子商务农村服务站点建设时，尽可能地向贫困家庭所在地辐射；要将救助性活动与开发式扶贫相结合，推行"扶持+孵化+服务"，对贫困家庭电商创业进行全方位、多角度扶持。

3. 精准扶贫资金创新

一是积极运用政府和社会资本合作（PPP）模式，投入贫困地区的基础设施建设。与经济发达地区相比，贫困地区的交通、供水等基础设施仍然是制约经济发展的主要因素。为此，我们可以积极运用 PPP 模式，吸引社会资本和银行贷款，投入贫困地区的基础设施建设。

二是《中国证监会关于发挥资本市场作用服务国家脱贫攻坚战略的意见》（以下简称《意见》）将对全国 592 个贫困县企业 IPO、新三板挂牌、债券发行、并购重组等开辟绿色通道，支持贫困地区企业利用多层次资本市场融资。我省此次有 25 个县纳入《意见》中的贫困县名单。相关部门和地区应积极制定政策引导金融资本的流入，助推我省精准扶贫。

38　大别山试验区经济社会发展情况分析

叶培刚　饶超

(《湖北统计资料》2016年增刊第16期；本文获时任省委常委傅德辉签批)

2012年，湖北省委、省政府为推动湖北大别山革命老区区域发展，决定在初期启动8个县市的基础上扩大试验区范围，将黄冈市所属其余5个县市区，随州市的广水，武汉市的黄陂、新洲，孝感市的安陆、双峰山旅游度假区纳入试验区范围。至此，湖北大别山试验区共涉及4个市18个县市区。2015年是"十二五"收官之年，也是试验区实现大变化的验收年，报告以统计数据为依据，客观分析大别山试验区经济社会发展情况，并针对当前存在的主要问题提出建议，供领导参考。

一、"十二五"时期大别山试验区发展成效

（一）经济总量持续增加，产业结构逐步优化

2015年试验区18个县市区累计完成地区生产总值3361.94亿元，是"十一五"末（2010年）的1.97倍，按可比价计算5年间平均增幅为11.6%；人均GDP突破30000元大关，达到31430元，是2010年的1.91倍，按可比价计算5年间平均增幅为11.0%。试验区三次产业均得到了长足发展，结构逐步优化升级，2015年第一产业增加值达到724.19亿元，是2010年的1.71倍；第二产业增加值达到1470.95亿元，是2010年的2.12倍；第三产业增加值达到1166.80亿元，是2010年的1.97倍；三次产业结构由2010年的24.8∶40.5∶34.7调整为2015年的21.5∶43.8∶34.7，第一产业占比明显下降，第二产业的主导地位更加凸显。以上数据见表1。

表1　湖北大别山试验区地区生产总值完成情况

年份	地区生产总值/亿元	第一产业		第二产业		第三产业		人均GDP/元
		增加值/亿元	占比/%	增加值/亿元	占比/%	增加值/亿元	占比/%	
2010	1709.27	423.32	24.8	692.56	40.5	593.39	34.7	16419
2011	2100.77	496.93	23.7	899.48	42.8	704.36	33.5	20036
2012	2459.96	586.69	23.8	1072.00	43.6	801.27	32.6	23389
2013	2799.78	669.91	23.9	1207.67	43.2	922.20	32.9	26525
2014	3104.80	704.01	22.6	1367.88	44.1	1032.91	33.3	29303
2015	3361.94	724.19	21.5	1470.95	43.8	1166.80	34.7	31430

注：双峰山旅游度假区统计纳入孝感市本级核算，缺乏单独数据，故以上数据未包含双峰山旅游度假区，下同。

（二）财政收入稳步增长，三大需求继续扩张

2015年试验区地方公共财政预算收入达到232.54亿元，是2010年的2.98倍，年均增长

24.4%；其中税收收入由 2010 年的 41.71 亿元提高到 2015 年的 157.01 亿元，年均增长 27.3%；税收收入占地方公共财政预算收入的比重 5 年间提高了 14 个百分点。经济的持续增长得益于需求的有效扩张，2015 年固定资产投资额达到 3282.66 亿元，是 2010 年的 3.29 倍，年均增长 26.9%；2015 年社会消费品零售总额达到 1591.68 亿元，是 2010 年的 2.08 倍，年均增长 15.8%；2015 年大别山试验区出口总额达到 12.68 亿美元，是 2010 年的 3.19 倍，年均增长 26.1%。以上数据见表 2。

表 2   湖北大别山试验区财政收入和三大需求变化情况

指　标	绝对值/亿元						十二五年均增长/%
	2010 年	2011 年	2012 年	2013 年	2014 年	2015 年	
地方公共财政预算收入	77.97	114.68	141.97	173.94	204.74	232.54	24.4
税收收入	41.71	76.03	96.37	120.88	138.67	157.01	27.3
固定资产投资总额	997.57	1270.65	2134.10	2686.24	3204.95	3282.66	26.9
社会消费品零售总额	765.72	904.60	1055.09	1186.96	1349.18	1591.68	15.8
出口总额/亿美元	3.98	5.66	7.00	8.68	10.11	12.68	26.1

（三）民生工程加快推进，社会事业不断发展

试验区 2015 年人均教育支出达到 1269 元；高中阶段教育毛入学率达到 93.2%。人均医疗卫生与计划生育支出达到 808 元；医院总数达到 114 家，其中综合性医院 61 家；乡镇卫生院 234 家，村卫生室 6212 家；医院及其他卫生机构床位数达到 53155 张，执业（助理）医师 20278 人，注册护士 21070 人。人均社会保障及就业支出达到 1102 元；试验区城乡低保对象已实现应保尽保，新型农村合作医疗基本实现全覆盖，并不断提升保障标准。如黄冈市城市低保标准统一调整为 420 元/月，农村低保标准统一调整为 3420 元/年，医疗救助比例已逐步提高到 60%，农村五保供养标准统一调整为 6800 元/年。由于试验区经济社会的持续健康发展，2015 年城镇化率达到 44.31%，比省《规划》高 4.31 个百分点。

（四）基础设施发展迅速，生活质量明显提高

据初步统计，试验区公路里程数达到 48066 千米，比 2010 年增长 23.7%，其中等级公路超过 40000 千米；民用汽车拥有量达到近 40 万辆，其中私人汽车达到 24 万辆；移动电话用户超过 600 万户，互联网宽带接入户近 120 万户。农村生产生活条件也得到了明显改善，试验区首批县市，乡村办水电站数达到 100 个，装机容量 3.71 万千瓦；农田有效灌溉面积 178.34 千公顷，机电排灌面积达到 69.48 千公顷；98%的行政村通了沥青水泥硬化路，实现了村村通汽车；解决饮水困难农户的比例为 79.4%，自来水受益村数达到 2555 个，占总村数的 72.8%；并基本实现了村村通电话。

二、试验区当前存在的主要问题

（一）发展速度低于预期，产业结构有待优化

五年来，试验区地区生产总值的增速虽然较快，按可比价计算试验区地区生产总值增幅

为 11.6%，但仍没有达到省《规划》中要求的年均增长 13.0%的目标；另外社会消费品零售总额的年均增幅低于目标 2.2 个百分点。从三次产业结构来看，"十二五"期间，试验区三次产业结构得到了一定优化，调整为 21.5∶43.8∶34.7，但与整个大别山革命老区 2014 年三次产业结构 17∶48∶35 相比，第一产业高 4.5 个百分点，第二产业低 4.2 个百分点。再看国家《大别山革命老区振兴发展规划》要求，到 2020 年整个大别山革命老区三次产业结构计划达到 12∶48∶40，我省试验区三次产业结构优化升级任务十分艰巨，"十三五"期间要在稳步发展第一产业的同时，跨越式发展第二、三产业。

（二）居民收入水平不高，扶贫攻坚任务艰巨

从 2015 年统计数据看（见表 3），试验区范围内黄冈市、孝昌县和大悟县 3 个地区农村常住居民人均可支配收入分别为 10252 元、8540 元和 8742 元，低于全省平均水平 1592 元、3304 元和 3102 元；黄冈市、孝昌县、大悟县、安陆市、广水市、新洲区和黄陂区（整个区域）城镇常住居民人均可支配收入分别低于全省平均水平 4431 元、4484 元、4248 元、1687 元、4470 元、2253 元和 489 元，导致以上问题的根本原因是发展不够。据初步统计，试验区截至 2015 年年底还有贫困人口 106.69 万人，其中黄冈市 80.91 万人、孝昌县 5.20 万人、大悟县 4.27 万人、安陆市 2.15 万人、广水市 7.10 万人、新洲区 3.74 万人、黄陂区 3.32 万人，且大部分集中在深山石山区、产业贫乏区和边远库区，基础差、致富难、易返贫，都是"难啃的硬骨头"。

表 3 湖北大别山试验区常住居民人均可支配收入变化情况

地 区	城镇常住居民人均可支配收入/元			农村常住居民人均可支配收入/元		
	2013 年	2015 年	年均增长/%	2013 年	2015 年	年均增长/%
大别山平均	19394	23344	9.71	9193	11310	10.92
黄冈市	18851	22620	9.54	8385	10252	10.57
孝昌县	18898	22567	9.28	7092	8540	9.73
大悟县	19100	22803	9.26	7261	8742	9.73
安陆市	20953	25364	10.02	10405	12796	10.89
广水市	18965	22581	9.12	10470	12877	10.90
新洲区	20364	24798	10.35	12764	15894	11.59
黄陂区	21754	26562	10.50	13055	16228	11.49

注：国家统计局 2013 年实施一体化住户调查改革，2013 年以前公布的城乡居民收入与 2013 年以后的数不可比，这里未公布。

（三）资源潜力挖掘不够，旅游产业发展欠佳

近几年试验区在发掘红色旅游资源、打造红色旅游基地、建设生态旅游试验区、打造人文文化旅游等方面取得了显著成效，但是由于受旅游基础设施、景区建设整体质量、市场营销力度等限制，导致游客数量、旅游收入均不高。2015 年试验区国内旅游收入仅 245.81 亿元，仅占全省国内旅游总收入的 5.8%。分析其原因，主要有旅游业的基础设施不足、旅游产品提供不够，各地各自为政，旅游宣传相对滞后等。以黄冈市为例，黄冈是红色文化、生态旅游资源及历史文化旅游资源丰富的聚集区。红色旅游点和生态旅游景点有麻城龟峰山、英山吴家山、浠水三角山、蕲春云丹山、红安天台山、团风大崎山、黄梅龙感湖湿地、罗田天堂寨等；历史文化旅游景点有黄州苏东坡文化遗址、红安七里坪历史文化名镇、黄梅禅宗旅游地、蕲春李时珍纪念馆等。但黄冈市2015年度国内旅游收入仅为121.6亿元，仅占全省国内旅游总收入的2.9%，与其良好旅游资源禀赋不相匹配。

三、针对以上问题提出如下建议

（一）突出区域资源优势，推进产业发展升级

一是加大招商引资力度。要抢抓长江经济带建设、中部地区振兴崛起、长江中游城市群建设等国家战略机遇，继续加大招商引资力度，重点引进一批带动能力强的农产品加工龙头企业，推动试验区从农产品生产区向农产品加工区转变，带动区域经济发展。二是重点发展绿色工业。要利用油料、茶叶、水产、中药材、经济林木等资源丰富的优势，推进特色农、林、牧产品加工业发展。三是着力发展生态农业。大别山地区蕴藏着丰富的生物资源，蚕桑、茶叶、食用菌、中药材等广泛分布且品质优良，可充分利用大别山得天独厚的自然条件，加大绿色、有机农产品基地建设，合理优化产业结构布局，打造一批特色农业经济区域和特色产业品牌，建设大型农产品市场，加快农产品流通，使大别山地区成为全国特色农产品集散地。四是大力发展林业产业。大别山地区森林覆盖率高，林业资源丰富，可大力推广林药、林果、林茶等生态经济治理模式，坚持保护和利用并重，大力发展生态经济兼用林和高效经济林，推进生物质能源林、林浆纸原料林、速生丰产用材林和高效经济林基地建设。五是加快发展生态能源产业。大别山地区降水丰富，区域内河流、水库众多，可合理开发利用水资源，大力发展小水电产业及光伏发电产业。六是实施人才工程战略。试验区是全省人才的重要输出地，也是人力资源较为丰富的地区，要大力推进大众创业、万众创新，吸引鼓励外出人才回家创业，促进第二、三产业跨越式发展。

（二）提高居民生活水平，按期完成脱贫任务

一是优先发展旅游产业，带动城乡居民就业。旅游产业是"红色大别山"发展的重要着力点，也是劳动密集型产业，试验区各级党委政府要鼓励、帮助、支持有条件的地方优先发展旅游产业，从而带动城乡居民就业和增收。二是加强信息化建设，提高产品附加值。要充分利用好"互联网+"这一信息平台，及时调整农业种养结构，做好与龙头企业和种养大户的联系沟通工作，提高产品附加值，带动农民增收。三是建立倒逼机制，营造实干氛围。按照"精准扶贫、不落一人"的要求，强化结果导向，对脱贫情况实施动态监控，按脱贫任务节点实时公布完成情况，形成"比、学、赶、帮、超"的良好工作氛围。四是扎实做好"五个一批"工程，圆满完成目标任务。要及时将动态管理的贫困人员按五种类型分门别类，针对不同类型采取有力措施，尤其是对于有劳动能力和发展意愿的贫困人员，要根据贫困人员自身条件帮助选准生产项目，同时要帮助落实生产资金，派专业技术干部指导生产经营；对有富余劳动力的贫困家庭要开展实用技术培训，着力提高农民工的素质和就业能力，引导农村劳动力有序转移，从根本上解决贫困农民的增收问题。

（三）利用地理人文优势，推进旅游产业发展

一是做强"红色"旅游。作为革命老区，分布众多的革命历史遗址是大别山试验区最大的特色和亮点，也最具发展潜力，试验区要跨行政区域编制大别山红色旅游发展详细规划，统

筹安排大别山红色旅游项目建设，进一步加强革命遗址、名人故里的文物保护和文史资料整理开发工作，培育新的景观载体，丰富旅游产品内涵，把大别山打造成全国著名的红色旅游品牌。二是做强"绿色"旅游。试验区拥有大别山良好的原生态资源和多彩的历史文化、民俗文化资源，试验区各县市区要加强联动开发，发展山水观光游、人情风俗游、历史文化游等旅游产品。三是打造大别山旅游经济圈。大别山试验区4市18县市区要共同开放旅游市场，统筹设计大别山精品旅游线路，统一编制大别山区域旅游交通规划，形成大别山旅游交通网络，构筑以原生态和红色旅游为品牌的大别山旅游经济圈。

39　对推进湖北供给侧结构性改革的几点思考

付春晖　朱倩　陈院生

[《湖北统计资料》2016 年增刊第 4 期；本文被省政府《决策调研》（2016 年第 3 期）全文转载]

实现湖北"十三五"时期开好局、起好步，关键在于推进供给侧结构性改革，着力解决供需深层次矛盾，使供给结构更好地适应需求结构升级，促进湖北经济行稳致远。

一、供给侧结构性改革是突破湖北发展难题的当务之急

当前我省经济发展中结构矛盾依然突出，也处于无法绕开的结构性改革关口，能否突破结构之困，能否实现经济持续健康发展，供给侧结构性改革是关键的一招。

（一）供给侧结构性改革是遏制经济下行的治本之策

"十二五"以来，全国经济增速逐年下滑，持续时间之长是改革开放以来前所未有的。湖北同样如此，GDP 增幅从 2011 年的 13.8%回落到 2014 年的 9.7%，2015 年增速继续回落至 8.9%，比上年下降了 0.8 个百分点。经济增速持续下行，其背后是我国经济发展的内外部环境发生了重大变化。从外部看，世界经济走向低迷，发达国家复苏缓慢，外需乏力；从内部看，有效供给不能适应需求总量和结构变化，内外矛盾双向夹击，经济不可能通过短期刺激实现 V 形反转，根本解决之道在于结构性改革。

（二）供给侧结构性改革是实现转型升级的突破口和着力点

当前湖北供给结构不适应需求结构变化，无效供给过剩而有效供给不足，结构性矛盾突出，主要表现为"四低"：一是产能利用水平低。2015 年四季度专项调查结果显示，2015 年产能利用率仅 79%。二是中高端产业比重低。2014 年高新技术产业占全省 GDP 比重仅 16.3%，战略性新兴产业占比为 15.7%。三是市场占有率低。近年来我省工业品市场占有率维持在 3.3%左右，传统产业产销率不断下降。四是服务业占比低。2015 年我省服务业占比低于全国平均水平 7.4 个百分点，生产性服务业占比仅为 41.0%。产品和服务供给不能满足消费需求是我省产业转型升级的重大障碍，须用新供给创造新需求，倒逼产业转型升级。

（三）供给侧结构性改革是提升经济发展质量和效益的根本途径

从现阶段我省经济发展态势看，由于需求收缩与产能过剩矛盾突出，企业成本上升、库存上升、亏损面扩大、利润增幅下降，大量企业经营困难。在这种情况下，通过去产能、去库存、去杠杆、降成本、补短板等供给侧结构性改革措施，全面提升要素生产力，提高经济增长质量和效益。

二、湖北供给侧结构性改革的主要着力点

"供给侧改革"主要着力点有两个方面：一是增加有效供给；二是提供优质服务。2016 年

中央提出要抓好"去产能、去库存、去杠杆、降成本、补短板"五大任务，从湖北发展实际看，最重要的是补短板、降成本、扩消费。

（一）破难题，补短板

（1）破市场竞争力弱难题，补品牌质量短板。湖北是全国老工业基地和工业大省，但市场占有率不高，品牌竞争力不强。近年来我省中低端产品过剩、产销下降，而高端产品造不出、造不好。近年来我省消费市场上低端产品产销率、市场占有率不断下降，而处于消费热点的高端产品依赖进口或省外供应。随着我省居民消费水平提高、消费结构升级，预计2015年湖北口岸出境旅客流量突破200万人次，较上年增长20%，大量内需外流。如何以更优质的产品、更便利的服务引领和创造消费需求，扩大湖北产品的市场占有率，是提高湖北供给品质的大课题。

（2）破发展动力不足难题，补产业升级短板。当前我省正处于新旧动力转换的交替期。一是传统产业拉力减弱。由于传统行业产能过剩，需求不足，增速放缓，亟待提质增效、转型升级。2015年全省钢铁下降0.3%、电力增长0.3%、石油加工增长2.6%。二是新兴产业支撑不够。2015年尽管全省高新技术产业、战略性新兴产业和电子商务增速迅猛，但总量偏小、比重偏低，仍然不足以弥补传统产业的回落，亟须大力加快发展。而北京、上海、浙江、广东等地通过加快本土创新组织的培育，积极发展新产业、新业态、新商业模式，用新兴产业填补去产能的空白。重庆、江苏等地推动传统产业绿色化、智能化、服务化改造，加快制造业和生产性服务业的深度融合，开发新产品、拉长产业链、提升附加值，推动产业向中高端迈进。面对增长动能不足，湖北须加快产业升级步伐，增强发展后劲。

（3）破支撑弱难题，补基础设施短板。随着城镇化、新农村建设的快速推进，我省城乡发展和管理中的薄弱环节也逐渐暴露出来。市政地下管网建设薄弱、污水和生活垃圾处理能力不足、公共交通系统建设滞后，而农村道路、水利、能源建设仍然欠缺，加强基础设施建设迫在眉睫。改善城乡环境是发展的起步，要抢抓国家政策落地的机遇，积极对接国家重大项目。要针对我省在公共服务和基础设施领域投资明显不足的问题，有针对性地扩大投资，发挥政府资金对社会资本的带动作用和放大投资的乘数效应，加快补短板项目建设。

（4）破贫困难题，补小康短板。对照小康监测进程看，我省仍存在一些完成难度大、实现程度低的指标，如R&D经费支出占GDP比重、文化产业增加值占GDP比重、居民收入水平、民生支出比重等。解决590万农村贫困人口脱贫致富是湖北"十三五"时期全面建成小康社会最紧迫的任务，特别是武陵山区、秦巴山区、大别山区、幕阜山区等四大集中连片特困地区扶贫攻坚任务更重、难度更大。一方面要加快发展，补齐小康短板。另一方面必须突破难点，做到扶贫精准到户、到项目、到资金、到产业，创新扶贫投入机制，强化资源整合，形成强大合力，打赢脱贫攻坚战。

（二）降成本，增效益

近年来我省企业运营成本不断上升，2015年全省规模以上工业企业主营业务成本增长4.8%，主营业务成本占营业收入比重达到85.5%，比上年高出0.7个百分点。2015年，规模以上企业销售费用、管理费用和财务费用三项费用合计3411.8亿元，比2014年增长4.0%，占主营业务收入比重达8.0%。2015年规模以上工业企业利润仅增长2.1%，增速较上年全年、2015年上半年分别放缓3.8个、10.2个百分点。规模以上国有及国有控股企业成本费用利润率仅为6.9%，较上年有所下降。企业生产经营成本居高不下，严重挤占了企业的盈利空间，2015年规模以上工业亏损企业亏损总额增长 58.5%，较上年上升 44.9 个百分点，大量企业经营困难，制约了企业持续健康发展。

在企业成本中，工资成本是刚性约束，据湖北调查总队调查，48 家企业中，2015 年前三个季度员工工资同比增长的有 26 家，持平的有 22 家。增长的 26 家中，11 家增幅在 10% 以内，15 家增幅在 10%～20%。制度性交易成本、税费是外部成本，也是重点，事实上政府降低企业成本、为企业减负的政策力度一直在加大，2013 年以来仅中央层面已累计取消、停征、减免了 427 项行政事业性收费和政府性基金，每年减负 1000 亿元，多年来湖北省政府在减负、减少行政审批上走在全国前列。解决融资难、降低社保费是难点，需从制度上寻求良策。可以说，降成本是提高企业盈利能力的关键，而企业盈利能力提高则是推动供给侧改革的核心要求。

（三）去产能，促转型

目前湖北重点行业过剩产能占全国比重不大，问题在于湖北仍有不少的落后产能和僵尸企业，主要集中在钢铁、建材、有色金属、化工、纺织、造纸等行业。这些落后产能和僵尸企业不仅占用大量资源，吞噬社会收益，而且增加金融风险。通过盘活过剩产能沉淀的劳动力、资本、土地等生产要素，让生产要素从低效率领域转移到高效率领域，从已经过剩的产业转移到有市场需求的产业，促进要素有序合理地流动，进而实现资源优化再配置。

（四）强要素，植优势

供给侧改革的核心是解放和发展生产力，提高全要素生产率。"十二五"以来，我省经济总量和人均 GDP 都跨入新的高度，在新起点上依靠要素投入增加推动经济高速增长难上加难，必须遵循五大发展理念，厚植创新的发展势能和动力，推动实现发展的新跃升，避免落入"中等收入陷阱"的危险。一是如何把湖北创新优势发挥出来。在研发投入总量上，2015 年我省 R&D 研发投入占 GDP 比重达到 1.9%，仍低于全国及发达省份水平。但研发主体主要是科研机构和大专院校，而企业从事研发的比例却很低。据统计，2014 年我省开展研发活动的企业数占规模以上工业的比重仅为 12.2%，其比例远低于发达地区平均水平。而且目前我省的研发成果省内转化率较低，大量科研成果被沿海省份转化。二是如何把人力资源优势发挥出来。我省是人力资源大省，也是人才大省，通过提高劳动力素质，能在一定程度上抵消人口红利减少对经济增长的负面效应，提高自主创新潜力，进而大幅提高劳动生产率。

（五）消障碍，扩消费

扩需求是推进供给侧改革的有效手段，关键是消除影响扩大消费的一些障碍。一是社会保障体系不够完善，影响消费预期；二是市场秩序不够规范，消费环境不佳；三是刺激消费政策有效性不足，如休假制度不够优化，农民工市民化进程缓慢，新能源汽车税收优惠政策、消费信贷政策等有待进一步完善。

三、推进供给侧结构性改革的主要措施

解决我省供给侧存在的问题，应从政策、制度着手，供需两端发力，有效应对，综合施策。

（一）强化政策引导，提升服务水平

一是摸清情况。弄清楚我省房地产库存的地区分布，了解落后产能分布的行业和具体企业，做到胸中有数，有的放矢。

二是制定政策。分类指导，搞清楚怎么办，用什么政策措施来办，政策措施要符合实际、有效有用、有操作性。

三是落实责任。制定供给侧结构性改革目标责任制，强化主体责任，明确相关部门职责，层层传导压力。

（二）加快产业升级，提升供给品质

目前，供给结构和需求结构矛盾突出，要适应发展阶段和要素禀赋的变化，必须优化供给结构，形成供给新动力。

一是补高端产业短板，加快"四个培育"。即培育新产业，重点是以智能制造为主的先进制造业、战略性新兴产业和以生产性服务业为主的现代服务业。制造业是提升有效供给的基础，面对国内外产业升级的挤压，湖北要实施《中国制造2025湖北行动纲要》，占据产业竞争制高点。通过5～10年的努力，建立一个以第一、二、三产业为基础，以高端制造业、战略性新兴产业、文化创意产业为引领，既与世界接轨又有湖北特色的现代产业体系；培育新业态，积极推进"互联网+"行动，以互联网融合创新为突破口，积极发展电子商务、互联网金融、3D打印、大数据等一大批新业态；培育新商业模式，借鉴互联网的众创、众包、众扶、众筹，推广创客空间、创业咖啡、创新工场等新型孵化模式，为双创提供支撑平台；培育新品牌，深入实施质量强省战略和工业质量品牌提升行动，促进产品升级换代，大力提高品牌附加值，提升湖北制造的品质高度，着力打造品牌大省、品牌强省。

二是推进产业转型，实施"三个行动"。传统产业改造升级行动，要加大技术改造投资力度，推动传统产业绿色化、智能化、服务化改造，促进形成绿色生产方式，推动产业向中高端迈进。服务业提速升级行动，加快发展文化、金融、旅游、现代物流、研发设计、商务咨询、软件信息、电子商务、融资租赁、健康服务等现代服务业，推动生产性服务业专业化和高端化、生活型服务业精细化和品质化。过剩产能化解行动，针对产能过剩、落后的低端产业，按照国家统一部署，积极运用市场机制、经济手段、法治办法实行关停并转或剥离重组，坚决淘汰落后产能。抓紧对"僵尸企业"进行排查摸底，制定实施处置方案。

（三）扶持实体经济，提升发展活力

一是降成本出实招。打出"组合拳"，从降低电力价格入手，研究制定降低企业财务成本、企业税费负担、制度性交易成本、物流成本、社会保险费、电力价格等六类成本的具体办法。深化"万名干部进万企，创优服务促发展"活动，千方百计地帮助企业解决融资、用工、用地等难题。二是简政放权。围绕培育市场主体，深化行政审批制度改革，提高政府效能，加快包括权力清单、责任清单、中介服务清单、负面清单和收费清单"五个清单"的"清单化"改革，营造发展环境。三是推进重点领域改革，消除制度瓶颈。推进财税体制改革、价格体制机制改革、医疗卫生和教育文化等事业改革，加快国企国资改革，加强国有企业分类监管，创新政府、国资、国企与社会资本合作的方式，为企业、人才、社会资本发挥作用提供一个更加宽松、更加市场化的发展环境。

（四）扩大有效需求，提升增长动力

需求是供给的先导，以扩大有效需求对接供给，助推供给结构适应需求变化。

一是适度提高居民收入，增强消费预期。加快收入分配改革、社会保障改革和精准扶贫工作力度，适时出台相关政策，促进居民收入与GDP同步增长，增强消费预期。二是积极出台刺激消费计划，促进消费升级。推动汽车消费和住房消费，出台新能源汽车税收优惠政策和

房贷优惠政策；加快发展新兴消费品，鼓励支持重点行业、重点企业发展智能消费、无店铺消费、定制消费等新型消费模式，进一步挖掘和扩大信息产品、智能手机、智能电视、孕婴产品、家居产品等特色和热点；激发服务消费和旅游消费，进一步规范市场秩序，保护消费者合法权益。三是扩大有效投资，带动有效供给。启动一批城市基础设施建设投资项目、战略性新兴产业项目和民生发展、公共服务项目，发挥政府资金对社会资本的带动作用和放大投资的乘数效应。

（五）厚植创新优势，提升要素效率

创新是结构性改革的核心，湖北要加快全国创新中心建设，不断凸显创新驱动的倍增效应。要从三个方面充分释放科技创新潜力：一是把人才作为经济增长的关键要素，要出台一系列措施，引进高端人才，留住创新创业人才，培育高素质人力资本。二是把技术产业创新作为重要载体。全面实施创新驱动战略，加快武汉东湖国家自主创新示范区、武汉全面深化改革创新试验区建设步伐，增强创新能力建设。要争取建设1～2家国家实验室，建设一批技术创新平台，全面落实湖北"科技创新十条"，加快建立企业主体、市场导向、产学研结合的技术创新体系，打造一批具有国际竞争力的创新领军企业。要借鉴互联网的众创、众包、众扶、众筹，为双创提供支撑平台。三是把资本作为创新的基础支撑，加快发展大产业、大金融、大基金，大力发展科技金融，强化资本市场对技术创新的支持。

（六）加快开放步伐，提升发展平台

积极抢抓湖北融入国家"一带一路"倡议、长江经济带战略的重大发展机遇，立足自身区位、交通等综合优势，构建起更高水平的对外开放格局。借鉴上海、天津、广州等自贸区经验，积极申报武汉国家自贸区。着力推动"大通道、大平台、大通关"建设，拓展铁路、航空等国际货物运输班列、国际航线。积极引入国内外重大赛事、品牌展会、国际峰会、高端论坛等具有全球影响的大型活动，积极推动跨境电子商务发展。

40 警惕我省精准扶贫容易滋生的问题

柯 超

（《湖北统计资料》2016 年 11 月 9 日；本文获时任代省长王晓东签批）

近年来，我省扶贫开发取得显著成效，贫困地区面貌发生显著变化，但贫困的发生和缓解也有自身的规律，消除我省贫困是一项长期的工作，我省精准扶贫依然面临艰巨繁重的任务，已经进入啃硬骨头、攻坚拔寨的冲刺期。全省各地精准扶贫的实践一方面反映了各地响应中央战略的积极性，出现了很多的创新，但也容易滋生出一些问题，需要我们清醒认识和高度注意。

（一）警惕"冒失激进"：避免设置不切合实际的脱贫目标

中央设置的 2020 年解决农村贫困人口的脱贫任务是建设小康社会的主要组成部分。我省一些地区相继提出了提前脱贫的要求，并作为指标层层下达。这在客观上虽然是希望通过超前目标强化责任，但是即使按照当前我省农村居民收入的标准，很多贫困地区真正提前脱贫存在难度，完成中央提出的"两不愁，三保障"的目标则挑战更大。因此，轻率喊出"提前脱贫"的口号一方面不现实，另一方面也容易引发基层形成"扶贫大跃进"，一旦无法实现目标，会影响党和政府扶贫政策的严肃性，影响党和政府的声誉。

（二）警惕"简单粗暴"：补齐扶贫"最后一公里"短板

为了强化扶贫政策的落实，全省和各地充分利用了已有的行政资源，通过挂钩帮扶等做法落实各种扶贫措施。但是，帮扶单位不同，效果不一样。贫困村希望公平享有帮扶单位带来的资金，有资金影响力的单位可能会挤出一些资金，但是很多单位则没有资金。同时，也有一些单位以完成政治任务为导向，从投入的资金看，对扶贫效果并无很好的规划。扶贫工作是一项十分复杂的专业性的工作，特别是深入农村从事扶贫开发需要长期的专业化的组织和人员。实践证明，单靠政府的行政资源很难解决"最后一公里"短板问题。

（三）警惕"来回重复"：防止盲目建设造成公共资源浪费

当前我省的农村贫困表现为深度性贫困和转型性贫困。对于深度性贫困而言，只需要将基础设施、产业、社会保障和基层组织等统筹为一个整体，在这些地区减贫的回报率很高。但是对于转型性贫困而言，由于劳动力大量流出，出现很多以留守人口、老人为主的"空心"贫困村。这些地区在 20 世纪 90 年代和十前年建设的扶贫设施，如养殖设施、沼气、种植大棚等有些出现废弃。而在扶贫目标的约束下，部分地区又开始了大规模的重复建设。除非当地的发展能比在外面工作带来更高的收入、市场需求好、可以吸收大规模劳动力的产业，否则，村里都是留守老人、儿童和病残家庭，没有承载开发的主体，减贫有限。

（四）警惕"一刀切"：杜绝无视特色和市场需求结构

开发式扶贫的核心是产业的发展。农村的产业主要是农业，现在农产品的供给已经日新月异，大规模的生产往往造成产品过剩。因此，产业扶贫的关键是发展特色产业和同类产业不同结构的产品。只有发展"一村一品"这样的产业，特别是有科技含量的产业，才能补充市场不足，创造新的市场需求。

（五）警惕"弄虚作假"：消除复杂而不准确的数据

精准扶贫以来，各种有关贫困的数据统计越来越多。但是，由于数据收集是一件非常专业化和成本高的工作，乡镇人力有限，不可能做系统科学的数据调查工作，每次统计的数据也有可能不一样，基于这样的数据做出的脱贫规划往往脱离实际，流于形式。而且很多数据对于扶贫并没有太大意义，但是基层几乎完全被这些数据所困扰，工作负担很大。同时，各种精准扶贫的考评也越来越倚重这些统计数据，行政干预和人为因素是保证数据客观性和真实性面临的较大挑战，不能让考核的压力压垮精准扶贫的基石。

41 转型升级谋发展，"三新"经济扛大旗

——葛店开发区"三新"经济发展调研报告

舒 猛 郭 州

（《湖北统计资料》2016 年第 32 期；本文被国家统计局内网转发，被省委《调查与研究》作为 2017 年第 1 期封面文章刊登）

当前我国经济发展已进入速度换挡、结构优化和动能转换的关键时期，经济发展动力更多地转向供给侧质量的不断提升。因此加快培育壮大新动力，替换旧动力，抵消下行力，实现经济发展的成功转型升级，变得更加迫切和重要。作为我省兴建的第一个省级开发区，鄂州市葛店开发区近年来充分发挥地缘优势，积极抢抓战略机遇，坚持以打造"药谷之城"和"电商之都"为双轮驱动，成功走出了一条依靠"三新"（新产业、新业态、新商业模式）经济转型发展的新路子。在当前经济下行压力较大、结构调整任务较重的情况下，给我省其他县（市、区）发展"三新"经济、加快动力转换、成功转型升级带来了一些思路和启示。

一、先发后进的再次起飞

鄂州市葛店开发区于 1990 年设立，是我省第一家省级开发区，位于武汉市东郊，北临长江，南枕武九铁路，离东湖高新区不到 30 千米，区域位置优越。尽管占尽发展先机，但在过去很长一段时间里，葛店开发区给人印象最深的却是"醒得早，起得晚"。虽然在设立初期发展颇具气势，开发区工业总产值从一穷二白到 1996 年突破 5 亿元，但随着各地开发区如雨后春笋般地迅猛发展，葛店开发区逐渐由于产业不成体系、产业结构低端、产城脱节、发展观念滞后等问题，眼睁睁地被一个个"小兄弟"超越。到 2012 年，葛店开发区生产总值仅为 101.64 亿元，在全省 12 个国家级经济开发区中排倒数第 2 位，单位面积产值倒数第 4 位。

面对全新的形势，特别是新常态以后增速换挡、动力转换的局面，葛店开发区主动转换思路，抢抓机遇，通过大力培育发展"三新"经济，较好地推进了动力转换，终于在引领新常态、推进转型升级上抢得先机。

一是总量上台阶。2013 年至 2015 年 3 年间，葛店开发区生产总值年均增长 11.4%，分别快于全省和鄂州市 1.8 个和 1.6 个百分点，规模工业增加值年均增长 15.7%，分别快于全省和鄂州市 5.3 个和 5.1 个百分点。2015 年全区生产总值突破 150 亿元，达到 151.96 亿元，比 2012 年增长 50%以上。完成地方财政一般预算收入，达到 8.83 亿元，比 2012 年翻了一番。

二是产业得升级。2013 年以来，葛店开发区在升级传统医药行业的基础上，又瞄准了电商这一新兴领域作为突破口，围绕两大方向拓展产业链条，积极培育经济转型发展的新兴动力。2013 年至 2015 年，全区签订投资协议 70 个，累计投资额达 374 亿元，年均增速达到 15%，为葛店经济发展、产业转型升级打下了坚实的基础。目前葛店开发区已初步形成以化学药生产为基础，以中药和天然药物开发和生产为特色，以新剂型、生物技术药物研发为战略方向的完

整产业格局。2015年全区医药产业实现产值106亿元，比2012年增长32.5%，实现税收约2.85亿元，比2012年增长137.5%。同时，开发区围绕大电商打造的大智慧服务、大物流、大仓储、大市场一整套生态产业圈也已现雏形。2015年全区电商产业实现产值62.83亿元，比2012年增长近20倍，实现税收1.6亿元，比2012年增长近46倍。

三是后势更强劲。从先发到后进，再到今天的华丽转身，葛店开发区发展新经济，培育新动力，走出新道路的决心越来越坚定。按照规划，"十三五"期间葛店开发区将进一步强化区内生物医药、高端制造、电子商务等主导优势产业。特别是抢抓顺丰机场落户鄂州的战略机遇，加快物流、人流、信息流与资金流互动，发展仓储、物流、市场和智慧服务产业集群，将葛店建设成为以高新技术产业和生产性服务业为重点的生态科技创新城。预计到"十三五"末，葛店开发区生产总值将突破270亿元，比2015年增长77.6%。一个插上新经济翅膀的"葛店"即将乘风高飞。

二、成功转型的可贵探索

新常态下，葛店开发区经济能实现快速转型，得益于开发区广大干部群众秉承"以质为帅"的发展理念，积极发挥自身优势，坚持做足特色文章，探索出了一条创新驱动、转型升级的发展新路子。

（一）立足自身优势，以错位谋发展

发展新经济，培育新动力，重在新，贵在特。面对各地竞相发展新经济的热潮，葛店开发区不冲动，不盲从，从自身实际出发，立足优势，打造特色。在充分研究国家产业政策、自身现实基础和潜在优势后，开发区管委会发现葛店最大的优势是区位，最大的劣势也是区位。由于紧邻武汉东湖高新区，葛店开发区受到其溢出效应和虹吸效应的双重作用都是巨大的。虽然早在2001年葛店开发区就被誉为"中国药谷"，并引得一批生物和新医药企业纷纷入驻，但随着2007年武汉风风火火地建立起光谷生物城，葛店就逐渐在"硬碰硬"中处于下风，不但自身吸引力下降，就连之前落户的企业也被"吸"走。认清这一最大实际后，他们积极转变发展思路，合理调整自身定位，从与武汉"硬碰硬"向"接受辐射、产业互动、分工协作、错位发展"转变，依托自身优越的地理位置、便利的交通条件和较低的土地人工成本另辟蹊径，将目光投向低消耗、高产出、绿色环保的物流仓储、电子商务相关领域。这一战略方向的重大转变不仅减少了水平渠道竞争带来的过度竞争和资源浪费，也带来了经济质量和效益的"双提升"，产业转型和发展方式转变的"双突破"。经过几年的持续努力，葛店开发区打造"中部电商基地"的雏形已现，唯品会、亚马逊、苏宁云商等一批国内知名电商企业先后入驻。2015年全区电子商务产业销售总额累计完成62.83亿元，比上年增长74.7%，其中：唯品会华中运营中心累计销售额达到58.18亿元，增长83.4%。2016年预计电商产业销售收入更是将超过100亿元。

（二）立足产业链条，以集群强发展

新兴经济是星星之火，要想燎原，成为推动经济前行的新动力，就必须不断壮大，由点成片，形成集群。葛店开发区自从选择电商行业作为突破口后，就始终围绕做大做强产业链条动脑筋。一是由浅向深拓展产业链条。开发区围绕"大电商"这一主攻方向，将其又细分为大仓储、大物流、大市场和大智慧四大板块，进行全产业链布局。通过几年来坚持紧扣产业链、

行业龙头企业和孵化平台进行招商发展，现在开发区既有唯品会、苏宁易购、亚马逊、易商（家乐福）这样的知名物流企业，也有佛罗伦萨小镇（奥特莱斯）、平湖国际商品贸易城这样的大型商贸企业，更有华中智慧物流城、华威科智慧物联产业园、中智科技、中小企业电商孵化器、电商大学等现代制造和科技服务企业，从"龙头"——电商技术支持区，到"龙身"——仓储物流，到"龙翼"——展示交易，再到"龙尾"——配套加工制造，一条完整的电商产业链已初步形成。2015 年全区泛电商产业上缴的税收已近 3 亿元，带动就业近 3000 人，一跃成为拉动地区经济社会发展的核心产业。二是结点成面优化产业空间布局。过去葛店的规划开发一直不成体系，各类企业混杂排布，功能分区不合理、不科学，这不但制约了城市的发展，也限制了产业链的拓展。从 2013 年起，葛店开发区顶住压力，调整了 30 多个不符合产业规划的项目，快速拉开城市框架，围绕"大电商"的产业链，规划形成了一个面积为 18 平方公里的中国中部电子商务基地。该基地从物流和仓储这两个环节切入，将"大智慧服务"（规划建筑面积 73 万平方米）与"大市场"（规划建筑面积 65 万平方米）、"大仓储"（规划建筑面积 120 万平方米）和"大物流"（规划建筑面积 64 万平方米）相融合，科学规划，有序布局，较好地为产业链向纵深拓展提供了空间，夯实了基础。

（三）立足创新驱动，以平台推发展

在新兴经济的发展上，葛店开发区既注重外部借力，通过招商引资增大体量，优化结构；更注重自身造血，通过搭建平台，激活创新创业内生动力。一是积极打造技术创新平台，促产业升级。近年来开发区围绕医药和电商两大新老核心产业，依托武大、华科大和华师大等高校，先后成立了六大研究院，为区内产业优化升级，提供智力支撑。李时珍药物研究院、华师药物研究院主要聚焦药物的开发。物联网研究院、电商博士后工作站主要聚焦电商发展和智慧物流的研究。省中医院中药研究院、湖北省机器人与智能制造研究院则为今后开发区由医药产业向养老、医疗和康复产业发展延伸提供了技术储备。二是大力打造孵化器、加速器平台，促企业成长。开发区集中力量打造了科技加速器和东湖高新智慧城两大企业孵化平台，为处于快速成长期的中小科技型企业提供科技成果转化和规模化生产所需的发展空间和产业基础配套设施。今年 3 月，开发区还与加速器有限公司共同设立了 5000 万元的产业基金，为加速器内企业提供贴息贷款、产业资金扶持等支持。三是创新打造职教平台，促人才提档。开发区借助紧邻武汉的优势，先后引进长江职业学院、武汉职业技术学院等 9 所高职学校，在此签约新建校区，并积极探索城市产业与职业教育互为依托，互促共进，特别是创新性地推进区内电商企业与学院电子商务、物流管理等专业开展深度合作，产学研用互通互融，一方面促进学校学员提档升级，另一方面深度服务地方经济。在一系列组合拳的作用下，葛店开发区新兴产业得以较快发展，双创活力得到较好释放。2015 年全区高新技术产业增加值达到 71.57 亿元，比 2012 年增长 60.7%，高新技术产业增加值占 GDP 的比重达 47.1%，比 2012 年提升 3.4 个百分点。

（四）立足配套优化，以环境促发展

配套功能的缺失是制约如葛店开发区这样的二三线地区招商引资、留住人才、发展"三新"经济的最大障碍。为了优化发展环境，扫除发展障碍，近年来葛店开发区多措并举加快完善城市配套功能。一是科学规划，拓土开疆。近年来，葛店开发区通过科学规划、细致考证，将城市骨架拓展重构，明确了功能分区，实现了从沿路线形开发向按空间布局和功能区网状开发转变。2015 年开发区城市建成区面积已达 24 平方公里，较 2012 年增加了 20%。二是加大投入，提档配套。开发区进一步加快基础设施建设步伐，加大投资力度。2015 年全区完成基础设施投资 38.65 亿元，比 2012 年增长 129.3%。全区交通条件明显改善。截至 2015 年年底，开发区已建成和在建的区内道路达 68 条，总长度 99 公里，城市骨干路网由"一纵三横"变为"五纵十横"。地下管网日益完备。2015 年完成自来水管网铺设近 105 公里，污水管网铺设 150 公里。完成天然气管网铺设 110 公里，实现工业、居民用气从无到有，从局部到全覆盖。三是美化环境，以绿留人。三年来开发区先后完成了主干道路的绿化亮化工程，新增绿化面积 46.8 万平方米，是 2012 年以前总和的 2 倍。建成了太子花苑公园、秀海湖革命烈士主题公园、站前广场 3 处大型市民游园，提升了城市形象和宜居程度。到 2015 年年底全区常住人口达 8.69 万人，比 2012 年年底增加近 1 万人。

（五）立足简政精政，以服务优发展

发展"三新"经济，需要硬件上配套，更需要软件上升级。为此开发区不断加快简政放权，推进改革创新，力争用软硬件协同优化来进一步提升整体吸引力和竞争力。一是加快推进简政放权。他们以体制创新、制度创新、技术创新为手段，组建行政审批局和综合执法局，在全省率先推行"一枚印章管审批、一顶大盖帽管执法"，通过综合执法和行政审批改革倒逼机关干部依法行政、高效服务。二是积极做好包保服务。他们一方面落实责任，将骨干企业、重点项目包保服务具体化，班子成员和区直各单位与企业结成对子，帮助企业协调解决困难，另一方面完善督办机制，实时了解责任人分解任务的完成进度情况，主动倒逼时限，加速项目问题解决。三是努力营造公平环境。通过整合现有政府食品药品监管平台和工商 12315 平台数据，主动建立健全产品全产业链的质量追溯体系，为企事业单位和公众提供产品质量追溯和专业信息服务，以此强化社会质量意识，营造公平竞争环境。四是双赢解除后顾之忧。开发区按市场化模式组建由各村集体参加的股份制新市民服务公司，把失地农民组织起来，通过培训提高，使其具有一技之长和一定素质后从事物业管理、园林绿化等服务工作。从根本上解决了推进新型城镇化、发展新兴经济过程中"人的城镇化、工业化"问题。新市民公司成立以来，取得了较好的经济效益和社会效益。

三、葛店经验的可鉴启示

葛店开发区通过培育发展"三新"经济，走出了一条创新驱动、转型发展的新路子，也为我省其他类似地区发展"三新"经济探索了经验、提供了借鉴。当前总量不大、质量不高、结构不优、竞争力不强，仍是包括葛店在内的我省广大地区"三新"经济的最大现状，同时产业基础不厚、要素保障不足、设施配套不完善、人才吸引力不强等问题也是摆在我们面前的现实问题。解决好这些问题，进一步加快我省"三新"经济发展既需上级做好顶层设计，更需各地发挥主观能动，因地制宜地做好各项工作。

（一）整体设计，强化统筹引领

当前在经济总体平稳运行的背后，经济增速向下调整压力依然较大，同时我省经济运行中长期积累的结构性矛盾不断显现，以高投入、高污染、高耗能为代表的"旧经济"动能持续减弱。为此必须加快培育壮大以"三新"经济为代表的新动能来替换旧动力。全省上下要形成以新替旧，以新促旧，创新改旧的发展思路，坚持将加快培育发展"三新"经济作为一项重大战略举措来抓。要通过制定系统、科学、可持续的发展规划，建立明确、合理、可操作的工作机制，完善分类统计指标体系和信息发布制度，加强对工作的指导、对职责的明确、对政策的落实、对过程的监测，对成效的考核，集众力、汇众智做大做强一批战略新兴产业，培育打造一批竞争力强的知名品牌，创新形成一批新型商业模式，为湖北经济成功转型升级奠定坚实的基础。

（二）因地制宜，突出特色谋划

当前发展"三新"经济的热潮已在各地全面铺开。但如果各地不能因地制宜做好谋划，一味地进行简单模仿照搬，就难免陷入新一轮的恶性竞争，使得新兴经济存活率降低，或者造成新一轮的产能过剩。为此各地在发展"三新"经济时，一定要立足自身实际，认清优势与劣势，找准切实可行的突破口和路径进行规划实施。比如十堰、襄阳具有较强的汽车工业基础，就可以瞄准与汽车相关的新能源汽车、车联网、智能驾驶等新兴方向进行发展；宜昌是水电之都，可以瞄准新能源、清洁能源、低碳经济等方向进行发展；荆门要打造中国农谷，可以向现代规模农业、农产品加工、生物科技等方面升级；恩施具有优越的自然和人文环境，则可以着力发展现代旅游和休闲度假等产业。同时在规划实施的过程中也要注重监测跟踪发展环境和形势的变化，不断进行修正调整，"药谷"的路走不通，换条"电商"的路也许就成功了。

（三）壮大产业，发挥集群效应

找准了"三新"经济的发展方向和突破口，只是有了一个良好的开端，真正要把"三新"经济做大做强，成为推进经济增长的主导动力，还必须把星星之火连成片，把棵棵树木结成林，把零星的新兴企业发展壮大成完整的产业集群。为此各地发展"三新"经济，在认准方向、有了基础后，还需要继续围绕延伸拓展产业链条来做文章。比如有了机器、电气制造业的基础，可以向高端制造和生产型服务业拓展；有了生物医药行业基础，可以向医疗和康复行业拓展，有了旅游业的基础，可以向文化休闲和养生产业拓展。各地要积极按照现代产业的组织方式（产业链模式）进行谋篇布局，招商引资，特别是围绕现有骨干企业上下游产业链条配套服务需求，不断加大产业招商、载体招商和以商招商工作力度，做到引进一个、带动一批，不断延伸、加粗加长产业链条，形成集群，提质增效。

（四）搭好平台，释放"双创"活力

发展新兴经济不仅需要外引，更需要内生。在引进新产业的同时，更要注重为创新创业搭建好平台，积极培育真正属于自身的创新驱动力。为此，各地可积极依托示范工业园区和科技园区，构筑产学研合作平台、生产力促进中心和技术创新战略联盟，为科技成果转化提供有效载体。同时要建立完善科技企业孵化器、加速器体系，以及创新创业的服务平台，综合利用财政、税收、金融等政策工具，通过项目补助、基金介入、税收减免、人才培训等方式促进初创期的新产业、新企业、新技术快速进入成长期。

（五）软硬兼施，优化发展环境

星火燎原需要好风借力。"三新"经济的发展也需要为其营造好的生态环境。在硬环境建设方面，要积极为"三新"经济发展打造完备的配套载体。大力改善城市生活和自然环境，推动教育、医疗、文化、交通等方面的配套建设，使高端技术人才引得进、留得下、干得出成绩来。在软环境建设方面，各地政府要做好加减法，减少新技术创业进入市场的行政审批手续和各种行政壁垒，增强对新生事物的包容和欢迎态度，不要干预新经济对传统经济所造成的冲击。同时也要做好民生兜底，对受到新兴经济发展冲击的部分人群，要搞好保障和分流，积极帮助他们适应新的形势，尽快转型升级。

42 湖北贫困县精准扶贫精准脱贫情况分析

叶培刚

（《湖北统计资料》2017 年增刊第 2 期；本文获常务副省长黄楚平批示）

自 2015 年 7 月 14 日省委、省政府召开全省扶贫攻坚动员誓师大会以来，各地党委政府认真贯彻落实习近平总书记系列讲话精神，按照省委、省政府提出"精准扶贫，不落一人"，确保 2019 年建档立卡扶贫对象稳定脱贫的目标要求，凝心聚力，攻坚克难，精准扶贫精准脱贫工作首战告捷。据初步统计，全省建档立卡贫困人员中有 330 万人落实了产业扶贫项目，2016 年脱贫 147 万人，易地搬迁 8.39 万户 26.47 万人，保障兜底五保、低保人数 157.65 万人，医疗救助 264.60 万人次。为总结经验，推进工作，调查组赴竹溪、竹山、房县、保康、英山、罗田、大悟和孝昌实地察看走访了部分贫困村、贫困户。文章根据调查情况，认真总结精准扶贫工作成绩，分析当前面临的问题与挑战，并提出相关建议供领导参考。

一、精准扶贫脱贫攻坚成效显著

（一）精准施策，多措并举推进扶贫产业发展

全省各地在产业扶贫方面本着"长短结合，以短养长"的原则，大胆创新农业经营机制，既更好地发挥了政府职能，又使市场在资源配置中起了决定性作用，特色农产业得到快速发展，有效实现了农村居民增收和贫困人员脱贫致富，一种良性互动的运行机制与体制初步形成。

1. 绿色生态产业促进脱贫

贫困县立足资源禀赋，发展特色产业，在挖掘当地资源潜力上下功夫，部分地区形成了"乡有特色产业、村有增收产业、户有致富产业"的格局。

一是以多种奖励措施作指引。保康县按照"精准到户、滴灌到人"的要求，出台 25 项产业到户奖励补助政策，单个产业奖励补助最高达到每亩 4000 元。英山县大力实施中药材产业精准扶贫"311"工程，即扶持 30 家中药材产业市场主体，支持 1 万户贫困户发展中药材产业，预计户均年增收入过 1 万元。二是以精品化乡村旅游促户脱贫。大悟县金岭村利用古民居、山水风光等旅游资源发展乡村旅游，目前已建成了鄂北古民居展示区、农业观光示范园、观星谷汽车露营地等综合性景观区。英山县神峰山庄流转土地 1 万多亩，是集农业生产、生活、住宿餐饮、生态功能于一体的新型生态休闲农业山庄，目前已对接 1000 多户，其中贫困户 204 户。三是以光伏发电增加村集体经济收入。房县化龙堰镇高桥村投资 160 万元，建成占地面积 3000 平方米、装机容量 185kW 的光伏发电站。大悟县新城镇金岭村投资 80 余万元，建成 100kW 的光伏发电站，年发电量 11000 度，并网后，供电公司以 1.10 元/度支付（含政府补贴），预计每年可为村集体带来 12 万元的售电收益，收入的一半作为村级扶贫发展基金，通过一事一议、一户一议方式将扶贫基金分配给贫困户。

2．统筹统支推进项目开发

部分地方按照"多条水管进水、一个池子蓄水、一个龙头放水"的方式统筹整合使用财政专项资金，有针对性地投入到合作社、龙头企业发展产业，加快资源变资金、资金变股金、农民变股民、农村变景区。罗田县对项目资金统一规划、统一整合、统一使用、统一监管、统一考核，每年整合部门资金3亿元。孝昌县按照"统一规划、集中使用、渠道不乱、用途不变、形成合力、各记其功"的原则，围绕规划进行项目资金整合，2016年整合部门资金6.4亿元，并建立村级金融扶贫工作站123个，做到贫困村全覆盖，全年可带动2000农户增收。

3．小额信贷撬动金融资本

各地纷纷以财政资金设立扶贫小额信贷风险基金，与涉农银行、保险公司签订战略合作协议，采取共享扶贫数据平台、预存扶贫贴息资金、"项目+小额贷款""贴息+资金奖励"等方式，解决了以往小额贴息贷款审批程序烦琐、贴息资金到位不及时、贫困户贷款项目缺少保障等问题。竹溪县政府统筹3000万元，担保公司融资1亿元作为扶贫贷款风险基金，银行分别按贫困户1∶5，企业1∶10的比例放大，对贫困户贷款额度不超过10万元，实行3年全额贴息，并出资110万元，为11.1万建档立卡贫困人口购买"扶贫小额保险"。竹山县发放小额贷款6000余万元，惠及贫困户800余户。保康县按照1∶7的比例对贫困户提供"3年以内、免担保、免抵押、全贴息"的扶贫小额贷款，目前已授信金额7.1亿元，实际发放小额贷款8150万元，缓解了企业和农户贷款难、贷款贵的问题。

4．簇新模式助力精准脱贫

各地纷纷出台激励政策，对带动贫困人口就业的农村专业合作社、家庭农场和能人大户等新型农业经营主体给予不同程度奖励，已涌现出"企业+基地+合作社+贫困户""合作社+电商+贫困户""政府+市场主体+银行+保险+贫困户"等多种产业化经营模式。孝昌县沁心园稻虾连作扶贫产业基地占地面积500亩，所在地段港村利用上级铺底资金入股35万元，参与经营分红，村集体每年可增收5～6万元；该基地提供就业岗位50多个，贫困人员可优先安排，每年人均务工收入1万多元；政府出台奖励政策，对发展稻虾连作10亩以上的，每亩补贴1000元，调动了广大农户的积极性。

（二）精准识别，不折不扣落实扶贫各项政策

按照省委、省政府统一部署，省内各贫困县始终将精准识别贫困人口作为脱贫攻坚的基础性工作，严格标准和程序，对贫困人口实行分级管理、动态监测，对照政策要求筛选符合各类条件的贫困户，做到精准帮扶，确保脱贫一户、销号一户。

1．促进易地搬迁群众稳定脱贫

各地对于很难实现就地脱贫的贫困户实施易地搬迁，普遍采取"交钥匙"工程。同时把安置点工程与特色种养殖、农产品加工、旅游服务、电子商务等产业一起规划，一起实施，处理好搬迁安置与后续发展、稳定脱贫的关系，确保搬迁一户、稳定一户、脱贫一户。竹山县喻家塔村在安置点附近流转土地，建设葡萄园350亩，给予贫困户每亩1000元的流转费用，并吸纳贫困户到葡萄园打工，给贫困户提供了稳定的收入来源。2016年，全省上下共对8.39万户、26.47万贫困人口实施了易地搬迁安置。

2．建立健全生态保护补偿机制

各地不断加大贫困地区生态保护修复力度，增加重点生态功能区转移支付，扩大政策实施范围，争取优惠的退耕还林政策，积极鼓励和引导贫困户充分利用退耕还林补助资金发展经

济林产业和林下经济等富民主导产业，着力推进生态文明建设及精准脱贫步伐。英山县依托长江防护林造林补贴，新一轮退耕还林等林业重点工程发展以油茶、香榧、银杏为主的经济林果面积 6000 亩，提质增效 3000 亩。同时设立护林员、防火员等生态公益岗位，优先安排贫困人口就业，支持贫困群众直接参与重大生态工程建设，增加其生态建设管护收入，促进贫困群众增收。2016 年全省共设立 25270 名生态公益岗位，推动贫困人口脱贫致富。

3．大力实施教育扶贫

充分发挥人才、智力、科技和信息优势，提升人力资本素质，提高贫困家庭脱贫能力。各贫困县分别制定了不同的教育奖励补助政策，对不同的教育阶段按不同标准给予补助，做到应补就补、应读就读。大悟县将贫困家庭学生分为 5 个阶段 3 种标准予以补助，并对大学阶段贫困人口提供贴息贷款 8000 元。同时大力实施"雨露计划"，不断加大实用技术和就业、创业技能培训力度，通过培训力争使每一个精准扶贫对象至少掌握一项就业技能，真正实现"培训一人、就业一人、致富一户"的目标。2016 年，全省享受春季学期政策性培训的贫困人员有 2.64 万人。

4．全面落实保障兜底政策

将所有符合条件的贫困家庭纳入兜底范围，严格兑现农村低保、五保供养政策，做到动态管理、应保尽保。2016 年全省共对 132.68 万低保人员、24.97 万五保人员实行保障性政策兜底，同时提高农村特困人员供养水平，改善供养条件。保康县将农村低保标准提高到每年 4140 元，五保标准提高到 5800 元，并按低保标准的 20%增发特殊困难补助金。大悟县提高贫困群众临时救助标准，对因灾致贫对象按县内最低生活保障 6 倍左右标准给予生活救助；加强医疗保险和医疗救助力度，将农村贫困人口全部纳入重特大疾病医疗救助范围，全面解决因病致贫返贫问题。保康县全县所有参加新农合的对象，年自费 1.2 万元以上住院合规费用 100%报销。大悟县实行新农合、意外伤害险、大病保险、大病补充保险、民政医疗救助、医疗救助基金等六项医疗保障，解决因病致贫返贫问题。

二、扶贫开发工作面临的问题与挑战

（一）产业水平较低，带动能力有限

一是产业基础薄弱。贫困人口主要集中在条件艰苦的偏远山区，基础设施建设滞后，产业发展比较单一，经营性收入少；土地肥力低，广种薄收，农业水平和生产技能低下，部分地区依旧无法摆脱靠天吃饭的现状，加之群众思想观念滞后等因素影响，扶贫难度大，脱贫任务艰巨。二是农村居民增收后劲乏力。茶叶、坚果、药材等特色产业在农民增收中占主要地位，但是缺龙头企业、知名品牌，集约经营、业态融合，潜在价值未得到完全开发。三是现代化农业发展缓慢。主要是以小作坊式的工业、小规模建筑业、家庭式的商业与餐饮业为主，竞争力不强；大部分农民专业合作组织成员数量少，业务范围窄，大多数都只停留在信息、技术服务及初级产品包装、销售的层面上；产业集中度不高、精深加工不足、辐射能力不强的问题仍然较为突出。

（二）收入基础不牢，返贫因素依然存在

一方面贫困面大且重。竹溪县有贫困户 36036 户，贫困发生率为 37%；竹山县有贫困户 34803 户，贫困发生率为 24%。孝昌虽然在 2015 年绩效考核中处于 B 类第 4 名，但是因病、

因残、因智贫困户较多，属于民政部门兜底扶助救济对象，多为"输血"脱贫户，返贫可能性很大。另一方面抗风险能力弱。脱贫、返贫、致贫现象交织存在，自然灾害或疾病直接制约贫困户脱贫，导致返贫。英山县因病致贫占 37.68%，创业能力低，主动脱贫难，2016 年因洪涝灾害，英山板栗减产 4/5，平均每户减收大约 3000 元。大悟县出现部分农户饲养的黑山羊染病，只能扑杀、消毒、深埋处理。

（三）外因影响较大，快速脱贫的趋势不稳定

一是极少数贫困户自主致富意识不强。"等靠要"的陈旧思想观念不同程度存在，极少数贫困户不主动、不作为，而是完全依赖政府。调查中发现，有些贫困户将脱贫的重任完全抛给各级干部，不思进取，对待生活本着得过且过的态度，随遇而安，有的误以为扶贫就是送钱。二是社会资金投入不足。在资金的投入中，国家扶贫资金占绝大多数，民间资金占比较少；极少数银行因考虑收益风险，对农村基层产业小项目投资顾虑较多。三是信息更新不及时。由于贫困人口有着不同程度的脆弱性，稍遇"风寒"就有可能出现返贫现象，增加了扶贫工作的不稳定性。大悟县反映部分贫困户信息更新不及时，建档立卡信息系统动态管理开放时间不确定，还不能做到"脱贫即出，返贫即入"。

三、加快推进扶贫开发工作的几点建议

（一）扩大多产业融合发展的广度

一是加快农业供给侧结构性改革。深入学习习近平总书记系列重要讲话精神，贯彻落实中央农村工作会议关于农业供给侧结构性改革相关要求，让农民种养适销对路的产品。二是增强龙头企业的带动作用。利用丰富的自然资源和良好的生态品牌，引进保健食品、生物医药、农特产品深加工等大企业、大集团，着力提升农产品附加值；大力推进农业龙头企业、农民专业合作社、家庭农场、能人大户等新型农村经营主体发展。三是因地制宜发挥地方优势资源扶贫。充分挖掘贫困地区水能、风能、光能等清洁能源优势，打造新能源产业集群；进一步开发地方特色优质产品，延伸产业链条，加快传统产业向"高端、智能、绿色"方向迈进。四是实施连片开发。有条件的地方可优先发展乡村旅游、农家乐旅游、休闲度假旅游、生态旅游、红色旅游等专题旅游项目，结合生态建设、新农村建设、地方文化建设，发挥贫困县（市、区）民族风情、人文历史的优势，推动贫困县第一、二、三产业深度融合。五是深度开发绿色产品。充分利用高山气候、山林等资源，围绕旅游特色产品做文章，鼓励企业、农户发展有机茶、绿色果品、无公害蔬菜、土鸡等绿色产品；严格实行绿色标准化生产，树立绿色品牌，提高本地农副产品的知名度。

（二）提高项目资金统筹统支的精度

一方面明确整合范围。坚持以县为主的整合原则，对纳入整合范围的涉农项目资金，科学化、规范化地整合，核准各类涉农资金的性质、用途及来源渠道，区分有特殊规定必须单列使用的项目与政策灵活性较强、不同资金之间关联度较高的项目，在区分不同类别、进行科学梳理的基础上，明确整合涉及的项目内容、数量及资金额度，对投向相近的进行归整，建立统一项目信息库。另一方面集中财力办大事。以扶贫规划和重大扶贫项目为平台，逐步建立和完善"统筹、规范、集约、高效、安全"的扶贫资金管理机制，加强部门协调配合，进一步加大扶贫资金整合力度，解决扶贫资金多头管理、分散使用和重复建设等问题，提高支农、惠农资

金使用效益。

（三）加大引人、留人、用人的力度

一是政府投资建设农村实用人才培养实训基地。有针对性地组织村干部、农村党员、基层农技人员、农村致富能手"充电"，重点是加强对项目的管理办法、农业农村实用技术等知识的培训，提高农村干部、群众的科技知识水平。二是推进返乡工程吸引能人返乡传带。提高政策优惠吸引力，使返乡投身扶贫大业、传授实用致富技巧的成功人士获得实惠。三是充实精准扶贫的社会力量。大力支持群众自发的创新扶贫方式，在全社会形成一种你帮我赶、抓紧致富的思想观念。四是推行定点传帮带机制。从国家有关部门、科研机构和国有企业中选派专家和农技人员到贫困村，采取项目结合、专家流动传授等方式，实现专家和农技人员定点培养致富能手。五是充分发挥职业院校作用。各地要积极与职业院校对接，开设相关课程，系统化培训懂生产技术、善管理的实用型专业人才。

43　从三张表看我省工业企业运营困扰

宋 雪

[《湖北统计资料》2017年第11期；本文获省委书记蒋超良批示，被省委《内部参阅》（2017年第6期）全文转载]

财务报表信息是企业内部管理的基础，同时也是宏观经济决策的重要依据。本文通过解读工业企业的三张财务报表，分析目前我省工业企业发展面临的获利能力下降、成本负担上升、资金链条脆弱三大困扰，同时提出破解困扰的相关建议。

企业是市场经济的主体，是经济发展的微观基础和根本动力，其经营绩效的发展变化既反映了市场环境的变化，也会对宏观经济运行产生影响。而企业的经营绩效如何，主要通过"财务语言"表达，即资产负债表、利润表和现金流量表，这三张表是一个企业财务管理和动态发展的缩影。

一、企业三张表的解读

资产负债表是反映企业在某一特定日期全部资产、负债和所有者权益情况的会计报表，是企业经营活动的静态体现，根据"资产=负债+所有者权益"来编制。它通过资产的规模、质量和结构来反映企业未来的盈利能力。分析资产负债表时，可以依据报表左边的资产状况，了解企业的资产结构表现出的经营风险；依据右边的负债及所有者权益状况，分析企业的融资结构表现出的财务风险；把左右两边结合起来，可分析资产和负债及所有者权益的对称结构，进而了解财务风险在经营风险的作用下是被加强还是被稀释。

利润表也称损益表，是反映企业一定会计期间生产经营成果的会计报表。它全面揭示了企业在某一特定时期实现的各种收入、发生的各种费用、成本或支出，以及企业实现的利润或发生的亏损情况，根据"收入–费用=利润"的基本关系来编制。在分析损益表时既可以通过关注净利润、主营业务利润及营业利润等利润构成要素的绝对数，对企业的盈利或亏损有一个具体的数字概念，也可以通过计算反映企业盈利能力的系列指标来把握企业获利能力，如：销售净利率、主营业务利润率、净资产收益率。将上述两者结合分析，可以判断出企业的发展潜力。

现金流量表反映一定时期内企业经营活动、投资活动和筹资活动对企业现金流入流出及现金等价物产生的影响。现金流量表揭示企业短期的生存能力，特别是现实的偿付能力，提供了一家企业经营是否健康的证据。

三张表之间是一个有机联系的整体，各报表之间及报表内部各指标之间相互联系、彼此制约。企业的资金运动是沿着"期初相对静止－期中绝对运动－期末新的相对静止"这一运动形式循环往复进行的。期末、期初资产负债表上净资产的差异必然等于利润表的净利润；期末、期初资产负债表上货币资金及现金等价物的差异必然等于现金流量表的现金及现金等价物净额。

二、三张表凸显工业企业三大困扰

通过综合运用三张表，将其动态、静态反映方式相联系，从不同侧面了解我省工业企业的经营状况，发现企业在获利、成本、资金等方面表现出的一些共性问题。

（一）获利能力下降

1. 资本回报率明显降低

我省规模以上工业企业从2011年到2015年资本回报率出现了连续下降，从2011年的18.1%下降到了2015年的13.5%。资本回报率显著下降，主要还是规模以上工业企业净利润的增长远远低于这些公司投入资本的增长。2011—2015年规模以上工业净利润年均增长6.2%，而所有者权益则年均增长14.2%。且企业每年资本溢价率也呈逐年下降趋势，说明当前我省工业企业的资本盈利能力越来越差，这是导致我省工业企业投资意愿大幅下降的根本原因。2016年我省工业投资增长7.4%，较上年回落5.4个百分点，其中，制造业投资增长6.4%，回落5.5个百分点。工业投资占全部投资比重由2015年的42.1%降至39.9%。实体经济的可持续发展能力不足。

2. 盈利空间逐步收窄

2016年我省规模以上工业企业主营业务利润率为5.4%，低于全国0.6个百分点，与部分发达地区差距较大，如天津的7.1%、江苏的6.7%、浙江的6.6%，与中部地区河南省的6.5%也有较大差距。

从规模以上工业企业成本费用利润率看，2000—2010年逐步上升，2010年创8.42%的历史新高；2011—2015年逐步下降，2015年降至6.01%。表明近年来企业投入成本费用所产生的经济效益逐步下滑。

（二）成本负担上升

1. 企业成本相对较高

一是成本高位运行。2016年我省规模以上工业企业每百元主营业务收入中的成本为85.86元，比上年增加0.34元；且自2015年6月以来，主营业务成本增速连续19个月高于主营业务收入增速。二是与全国比，湖北劣势逐步扩大。2016年我省规模以上工业企业每百元主营业务收入中的成本比全国平均水平高0.3元，且自2016年1月以来，全国规模以上工业企业主营业务成本增速连续低于主营业务收入增速，但湖北走势与之相反。三是与发达省市比，湖北存在差距。2016年我省规模以上工业企业每百元主营业务收入中的成本分别比上海、北京、浙江、广东高6.1元、2.6元、1.8元和1.4元；同时，这些发达省市规模以上工业企业每百元主营业务收入中的成本同比均不同程度下降，但湖北走势与之相反。

2. 要素成本上升快

一是人工成本较快增长。2001—2015年湖北城、乡居民人均工资性收入年均分别增长9.3%、13.5%，特别是近两年均超过企业主营业务收入增速。我省目前仍是对劳动力有较大需求的传统产业占主导地位，高技术制造业的增加值占比仅为8.3%，人工费用的持续上涨对我省工业企业影响较大。二是融资成本逐步走高。尤其是金融业对利率的双轨制导致占全省规模以上工业增加值74.9%的民营企业融资成本大幅上涨，2011—2016年我省规模以上民营工业企业财务费用的平均增速达17.0%，高于全省7.3个百分点，高于国有控股企业16.0个百分点。其中利息支出平均增速达13.6%，高于全省利息支出6.7个百分点，高于国有控股企业12.1个百分点。三是物流成本高企。物流成本的变化对我省几大主导行业，如农产品加工业、汽车制造业、化工、建材等影响较大，我省社会物流总费用占 GDP 的比重多年维持在 17% 以上运行，大大高于欧美发达国家 9% 左右的水平，也高于国内发达省份 15% 左右的水平。四是费用成本较高。企业内部挖潜不够、制度性交易成本较高等导致企业的费用成本较高。2016 年全省规模以上工业企业三项费用占主营业务收入的比重为 7.7%，高于全国平均水平 0.1 个百分点，在中部六省中，分别高于江西、河南、安徽 3.1 个、2.6 个、0.8 个百分点。

（三）资金链条脆弱

资金链是企业追求长远发展的最大倚仗，更是企业把握自身命脉的真正要害。从本质上看，资金链是资金由筹集－使用－消耗－控制－回收－分配的循环增值过程。一旦资金链断裂，企业所计划的技术升级、新产品开发、设备改造、追求利润等都会成为纸上谈兵。

1. 资金缺口大

实体经济缺乏资金，这是最近几个季度甚至是最近几年我省工业经济都在面临的大问题。特别在需求下降、出口下滑等不利环境下，积压的存货无法变现，大幅涨价的原材料成为企业发展的瓶颈，加之筹款无门、催款难以应付，企业便会陷入入不敷出、资金链条不畅的局面，企业必然难以良性运转。据企业景气度调查显示，2016 年四季度我省仅 2.9% 的企业感到资金充裕，有 22.5% 的企业感到资金紧张或严重紧张。2016 年全省规模以上工业企业中有 33.6% 的企业流动资产同比下降，其中武汉重冶阳逻重型机械制造有限公司下降 30.4%，美的集团武汉制冷设备有限公司下降 24.6%，长飞光纤光缆股份有限公司下降 10.7%。

2. 资金获取难

融资渠道不畅，企业不可避免地会出现资金吃紧状况。据景气度调查结果显示，2016 年四季度企业融资情况不尽理想，在反映资金紧张的企业中融资难的占 19.9%。银行业为了防范金融风险，加大了监管力度，信贷压缩较大。2016 年全省规模以上工业企业利息支出下降 10.9%，降幅较上年扩大 3.0 个百分点，一方面反映降息取得了一定成效，但另一方面也反映出金融机构融资难度较大，企业自筹资金占比上升。

从企业规模看，中小企业融资难度更大，国有企业因为有政府隐性担保而在融资上受到了各种优待，中小企业（大部分是非国有企业）的融资不仅要承担更高的成本，而且难以申请；高能耗行业、产能过剩行业，因国家加强宏观调控难以从银行贷款；即使是国家扶持行业的企业，如果企业自身的资产负债率偏高，因受企业信誉等级的评估标准的影响，对企业融资也是很不利的。

3. 资金使用效率低

两项资金占用高、资金结算软化、限贷抽贷等加剧了流动资金不足，资金使用效率低下。一是资金回笼慢。2016 年我省规模以上工业企业应收账款为 4234.6 亿元，比上年增长 13.5%，增速高于全国 3.9 个百分点；应收账款占流动资产的比重达 25.4%，应收账款的增速高于流动资产 3.8 个百分点。其中民营企业应收账款净额在各种经济类型中增幅最高，达 14.5%。多数行业应收账款净额上升。在全省 41 个工业行业大类中，有 27 个行业应收账款净额增长，占 65.9%。企业之间相互拖欠贷款，导致企业资金周转不灵。应收账款平均回收期达 30.7 天。二是库存占比高。2016 年我省规模以上工业企业库存占主营业务收入的比例达 3.5%，高于全国平均水平 0.1 个百分点，在中部六省中位居第 2 位，仅次于山西。产成品存货周转天数达 13.4 天。三是亏损企业占用大量资金。2016 年我省规模以上工业企业亏损企业数比上年增长 2.3%，高于全国2.1个百分点。增速在中部六省中最高，其他五个省份的亏损企业数均下降。

4．负债率较高

资产负债率反映了企业的财务杠杆水平和财务风险程度。从债权人角度来看，企业的资产负债率越低越好；从股东角度来看，希望企业的资产负债率保持在合理水平，并且当企业资本回报率高于资本成本率时，希望企业资产负债率处于较高水平；从宏观角度来看，实体经济的债务水平应控制在一个合理的范围。通常而言，实体经济的资产负债率应控制在60%以下，突破60%则预示着实体经济债务风险过高，应进行风险警示。2016年我省规模以上工业企业资产负债率达53.2%，其中国有企业资产负债率则高达62.2%。实体企业在财务状况不佳、企业资产负债率过高时，企业资产风险升高，只要金融市场出现波动，企业的资金链便容易断裂，进而会形成大量的"僵尸企业"和"长尾企业"，微观经济活力消耗殆尽。

三、破解三大困扰的建议

通过解读工业企业三张表，针对我省工业企业在获利、成本、资金三方面的经营困扰，结合企业三张表的相关指标，提出以下破解建议。

一是深化供给改革，提升获利能力。通过进一步"去产能""去库存"，逐步化解工业领域的过剩产能，减少资金无效占用，提升应收账款周转率，降低债务违约风险，促进企业优胜劣汰，有利于工业品价格合理回归，扭转企业整体盈利难的局面。

二是做好成本管理，提升企业活力。分类施策，针对不同地区、不同行业、不同类型的企业制定有针对性、可操作性的具体举措来降低实体经济企业成本，进一步落实清费降税政策，减轻企业负担，改善企业财务状况和偿债能力，降低银行贷款不良率上升的压力，引导资金更好地支持实体经济发展，增强实体企业的活力，提高经济整体效益。

三是改善资产质量，提升避险能力。通过处置"僵尸企业"和不良债务，加快资产重组，提高资产收益率，改善资产质量，避免潜在风险的积累；通过降息、发债、注资等各种途径来改善实体企业的资产负债表，从源头上控制实体企业的杠杆率水平，降低实体企业对债务的过度依赖。制定总体和分行业的债务风险监测预警体系，定期和及时跟踪分析我省实体经济的债务风险。

44　绿水青山就是金山银山　保护生态环境就是保护生产力

——湖北恩施、十堰生态价值评估报告

李克勤　吴忠志　乐友来

（《湖北统计资料》2017 年第 15 期；本文获省委常委梁伟年签批）

加强生态价值评估，具有重要的时代背景和重大的现实意义，是实现"建成支点、走在前列"总目标的重大战略举措，是完成保护长江中下游生态和南水北调中线工程水源区历史重任的重要抓手。省统计局紧紧围绕全省重大战略部署和重点任务，全力提升服务领导决策水平，从 2015 年 7 月开始，历时一年半，与中国环境科学研究院合作，分别对我省有代表性的恩施土家族苗族自治州、十堰市的生态价值进行研究。现将有关情况分析如下。

一、生态价值评估体系与方法

（一）指导思想

以贯彻落实党的十八大以及十八届三中、四中、五中、六中全会关于生态文明建设的要求为引领，在借鉴国内外生态系统服务价值评估、绿色 GDP、生态系统与生物多样性经济学、生态系统生产总值等相关研究成果的基础上，充分考虑恩施、十堰实际，按照先存量、再流量，先实物量、再价值量，先分类、再汇总，先静态、再动态的思路，综合运用统计分析、模型模拟、专家咨询、公众参与等定性和定量方法，评估生态资源、生态产品和生态服务价值，提出生态资源资产管理的政策建议，为全省绿色发展和生态文明建设提供决策依据。

（二）指导原则

1. 借鉴已有经验，探索示范体系

国内外虽然形成了生态价值评估框架，但具体方法尚未获得公认。不同评估体系的构建目的、评估内容、评估方法都存在差别，需要结合已有研究成果，探索构建具有湖北特色的示范性的指标体系。

2. 突出重点方面，体现地方特色

生态系统提供的服务形式多样，类型丰富。由于生态系统的复杂性和地域性，在构建核算指标体系的过程中，突出研究区特点，考虑生态系统提供的重点服务功能。

3. 注重虚实结合，实现全面评估

当前关于生态价值的评估方法仍在探索发展中，部分服务功能尚未有价值核算方法，需要采用定性与定量相结合的方式进行。

4. 依托现有基础，确保真实可靠

生态价值评估需要翔实的数据，要采用遥感调查、统计数据等，结合研究区实地情况设定指标核算参数及模型，确保核算结果的真实性与可靠性。

5．衔接国家要求，提升地方能力

当前我国已开展自然资源资产负债表编制、自然资源资产离任审计、绿色 GDP 核算体系以及构建生态补偿机制等工作。要与国家要求相衔接，确保评估结果有利于研究区生态文明建设。

（三）评估方法

1．建立指标体系

建立科学、合理的核算体系，是进行生态价值核算的基础，关系到生态价值评估的可行性和准确性。本研究综合国内外研究成果，立足恩施、十堰及其生态系统现状特征，构建了生态价值评估指标体系。

生态价值评估指标包括生态资源、生态产品和生态服务 3 个一级指标，15 个二级指标。生态资源指标包括生态用地、林木资源、水资源和物种资源 4 个指标。生态产品指标包括经济产品 1 个二级指标，具体包括农、林、牧、渔产品，是生态系统提供的产品供给服务。生态服务指标包括涵养水源、土壤保持、固氮释氧、净化水质、净化大气、调节气候、洪水调蓄、生物多样性保育、水电航运、休闲游憩等 10 个二级指标。

2．核算方法

生态价值核算公式为

$$生态价值 = 实物量 \times 单位价值量 \times 价格调整系数$$
$$= 生态资源价值 + 生态产品价值 + 生态服务价值$$

（1）生态资源价值核算方法。

$$ERV = \sum_{i=1}^{n} ER_i$$

式中，ERV 为生态资源价值；ER_i 为第 i 类生态资源存量价值。

（2）生态产品价值核算方法。

先核算各类产品的产量，再根据下列公式计算生态产品价值。

$$EPV = \sum_{i=1}^{n} EP_i \times P_i$$

式中，EPV 为生态产品价值；EP_i 为第 i 类生态产品产量；P_i 为第 i 类生态产品的价格。

（3）生态服务价值核算方法。

先核算各项指标的实物量，确定各项价值，再根据下列公式计算生态服务价值。

$$ESV = \sum_{j=1}^{n} ES_j \times P_j$$

式中，ESV 为生态服务价值；ES_j 为第 j 类生态服务实物量；P_j 为第 j 类生态服务价值量。

二、恩施、十堰生态价值的基本特征

（一）从总量看，生态价值均突破 10 万亿元

1．生态价值存量大

2014 年恩施、十堰生态价值分别为 10.74 万亿元和 11.11 万亿元，见表 1。其中生态资源

价值为 9.70 万亿元和 10.11 万亿元；生态产品价值为 1360.38 亿元和 568.29 亿元；生态服务价值为 9039.19 亿元和 9392.21 亿元。与同期 GDP 相比，生态价值优势明显，2014 年恩施、十堰生态价值分别是同期 GDP 的 175.5 倍和 92.5 倍。

表 1　2014 年恩施、十堰生态价值　　　　　　　　　　单位：亿元

项目	恩施	十堰
生态价值	107401.12	111101.95
生态资源价值	97001.55	101141.45
生态产品价值	1360.38	568.29
生态服务价值	9039.19	9392.21

2．生态价值密度高

2014 年恩施、十堰单位面积生态价值为 44750.46 万元/km² 和 46878.46 万元/km²，分别比 2010 年增加 1577.69 万元/km² 和 913.3 万元/km²。

（二）从速度看，生态价值稳中有升

1．生态资产不断增值

2014 年与 2010 年相比，恩施、十堰生态价值分别增加 3784.02 亿元和 2164.53 亿元，增长 3.7%和 2.0%，见表 2。

表 2　2010－2014 年恩施、十堰生态价值增长情况　　　　单位：%

项目	增幅	
	恩施	十堰
生态价值	3.7	2.0
生态资源价值	−0.2	−0.4
生态产品价值	25.0	104.4
生态服务价值	68.9	31.6

2．分类看，呈现"二升一降"特征：生态资源价值下降，生态产品价值与生态服务价值上升

2014 年恩施生态资源价值比 2010 年减少 175.55 亿元，下降 0.2%，主要是由于生态用地减少；生态产品价值比 2010 年增加 272.05 亿元，增长 25.0%，主要是由于农产品价值增加；生态服务价值比 2010 年增加 3687.55 亿元，增长 68.9%，主要是休闲旅游价值增加较快。2014 年十堰生态资源价值比 2010 年减少 378.91 亿元，下降 0.4%，主要是由于耕地、林地面积减少，水资源总量减少；生态产品价值成倍增长，比 2010 年增加 290.28 亿元，增长 1.04 倍；生态服务价值比 2010 年增加 2253.16 亿元，增长 31.6%。

（三）从单位面积价值看，高于国内其他地区

从整体上看，恩施、十堰生态价值的空间密度较高，在区域生态价值中的地位极其重要，在空间维度上属于生态服务价值输出源。

生态效益支撑力强，与国内其他地区相比，属于生态价值高地。由于承德市、湖州市生

态服务价值没有包括气候调节、水电航运价值、休闲游憩和生物多样性保育等，为保持可比性，剔除这四类服务价值后，2014年恩施、十堰单位面积生态服务价值为1064.89万元/km² 和1061.26万元/km²，分别比承德市多670.65万元/km² 和667.02万元/km²，均是其2.7倍。与湖州市相比，2014年恩施、十堰单位面积生态服务价值分别多911.62万元/km² 和907.99万元/km²，均是其6.9倍。分项看，恩施、十堰固氮释氧、洪水调蓄、净化水质单位面积价值更高。2014年恩施、十堰固氮释氧单位面积价值为255.98万元/km² 和230.43万元/km²，是承德市的5.6倍和5.0倍，是湖州市的7.4倍和6.6倍；洪水调蓄单位面积价值为140.9万元/km² 和442.73万元/km²，是承德市的12.6倍和39.6倍，是湖州市的5.3倍和16.6倍；净化水质单位面积价值为267.10万元/km² 和171.86万元/km²，而承德市只有0.02万元/km²，湖州市仅为0.05万元/km²，见表3。

表3　单位面积生态服务价值对比情况　　　　　单位：万元/km²

项目	2013年		2014年	
	承德	湖州	恩施	十堰
合计	394.24	153.27	1064.89	1061.26
涵养水源价值	129.36	85.45	207.06	114.36
土壤保持价值	182.14	4.77	166.51	73.18
固氮释氧价值	45.71	34.68	255.98	230.43
洪水调蓄价值	11.17	26.72	140.9	442.73
净化大气价值	25.84	1.6	27.34	28.71
净化水质价值	0.02	0.05	267.10	171.86

（四）从构成看，生态资源价值占主体，生态服务价值较快提升

1．生态资源价值占比较高，但呈下降趋势

2014年恩施、十堰生态资源价值占生态价值的比重为90.32%和91.03%，分别比2010年下降3.46个和2.16个百分点。其中生态用地价值占88.3%和89.53%，分别下降3.41个和2.06个百分点；水资源价值占1.04%和0.54%，分别下降0.16个和0.21个百分点；林木资源价值均占0.97%，分别上升0.11个和0.12个百分点，见表4。

2．生态产品价值偏低，但呈稳中有升态势

2014年恩施、十堰生态产品价值占生态价值的比重仅为1.27%和0.51%，分别比2010年上升0.22个和0.25个百分点。分项看，农产品和牧产品是主要生态产品。2014年恩施、十堰农产品价值占生态价值的比重为1.08%和0.37%，分别比2010年上升0.15个和0.18个百分点；牧产品价值占0.17%和0.11%，均比2010年上升0.06个百分点，见表4。

3．生态服务价值潜力大，发展势头良好

2014年恩施、十堰生态服务价值占生态价值的比重为8.42%和8.45%，分别比2010年上升3.26个和1.9个百分点。休闲旅游价值突出，2014年恩施、十堰休闲旅游价值占生态价值的比重为5.51%和5.72%，分别比2010年上升3.13个和1.64个百分点。十堰洪水调蓄价值高，2014 年占生态价值的比重为 0.94%，比 2010 年上升 0.19 个百分点，见表 4。

表 4 恩施、十堰生态价值构成

项目	恩施（总量/亿元）		十堰（总量/亿元）		恩施（比重/%）		十堰（比重/%）	
	2010 年	2014 年	2010 年	2014 年	2010 年	2014 年	2010 年	2014 年
生态价值	103617.1	107401.12	108937.42	111101.95	100	100	100	100
1. 生态资源价值	97177.1	97001.55	101520.36	101141.45	93.78	90.32	93.19	91.03
生态用地价值	95029.27	94831.85	99777.93	99465.53	91.71	88.3	91.59	89.53
水资源价值	1245.63	1115.73	812.61	600.23	1.2	1.04	0.75	0.54
林木资源价值	895.21	1046.98	928.14	1074.01	0.86	0.97	0.85	0.97
物种资源价值	6.99	6.99	1.68	1.68	0.01	0.01	0.00	0.00
2. 生态产品价值	1088.33	1360.38	278.01	568.29	1.05	1.27	0.26	0.51
农产品价值	962.66	1158.51	210.15	415.85	0.93	1.08	0.19	0.37
林产品价值	7.88	13.83	6.17	14.32	0.01	0.01	0.01	0.02
牧产品价值	117.08	186.82	53.5	122.23	0.11	0.17	0.05	0.11
渔产品价值	0.71	1.22	8.19	15.89	0.00	0.00	0.01	0.01
3. 生态服务价值	5351.64	9039.19	7139.05	9392.21	5.16	8.42	6.55	8.45
涵养水源价值	451.97	496.94	236.61	271.02	0.44	0.46	0.22	0.24
土壤保持价值	363.17	399.63	151.81	173.44	0.35	0.37	0.14	0.16
固氮释氧价值	558.62	614.34	483.29	546.11	0.54	0.57	0.44	0.49
气候调节价值	133.1	146.14	126.16	143.97	0.13	0.14	0.12	0.13
净化水质价值	581.78	641.04	433.61	407.3	0.56	0.60	0.40	0.37
净化大气价值	66.34	65.61	64.58	68.05	0.06	0.06	0.06	0.06
洪水调蓄价值	332.14	338.17	816.2	1049.26	0.32	0.32	0.75	0.94
水电航运价值	112.48	86.16	131.79	88.27	0.11	0.09	0.12	0.08
休闲旅游价值	2466.67	5917.88	4445.98	6349.79	2.38	5.51	4.08	5.72
生物多样性保育价值	285.37	333.28	249	295	0.28	0.31	0.23	0.27

（五）从空间布局看，恩施异质性明显，十堰相对均衡

恩施生态价值具有较强的空间异质性，总体布局西北高、东南低。2014 年利川市生态价值最高，占全州生态价值的 18.19%，其余依次为恩施市、巴东县、鹤峰县、咸丰县、建始县、宣恩县、来凤县，见表 5，分别占 16.26%、15.04%、11.69%、11.57%、10.98%、10.83%、5.44%。单位生态价值总量差异明显，2014 年咸丰县最高，为 4.9 亿元/km²，其余从高到低依次为巴东县、建始县、恩施市、鹤峰县、来凤县、宣恩县，利川市最低，为 4.2 亿元/km²。

十堰生态价值东部高、西部低，但分布较为均衡。从生态价值总量看，2014 年房县生态价值较高（见表 6），占全市生态价值的 20.72%；张湾区和茅箭区较低，分别为 2.54% 和 2.86%；其余各县、市相差不大，依次为丹江口市、郧阳区、郧西县、竹山县、竹溪县，分别占全市生态价值的 16.0%、14.97%、14.60%、14.56%、13.75%。从单位面积生态价值看，茅箭区最高，2014 年为 5.9 亿元/km²；其次为丹江口市，为 5.7 亿元/km²；竹溪县最低，为 4.3 亿元/km²。

表 5　2014 年恩施县、市生态价值　　　　　　　　　　单位：亿元

项目	恩施市	利川市	建始县	巴东县	宣恩县	咸丰县	来凤县	鹤峰县
涵养水源价值	81.89	94.72	54.46	69.46	56.58	52.42	28.24	59.17
土壤保持价值	65.48	75.6	44.25	56.05	45.53	41.91	22.18	48.63
固氮释氧价值	100.97	117.74	67.54	85.6	69.95	64.49	34.49	73.56
气候调节价值	23.8	27.81	15.99	20.66	16.61	15.33	8.23	17.71
净水水质价值	113.11	125.02	63.21	79.23	79.19	62.86	35.42	83
净化大气价值	10.67	11.19	7.23	9.28	7.68	6.98	3.3	9.28
洪水调蓄价值	26.09	7.77	6.93	233.81	32.79	11.71	10.62	8.45
水电航运价值	16.94	12.07	2.9	37.22	5.29	2.68	3.85	5.21
休闲旅游价值	883.52	303.24	672.91	1883.41	0.01	1758.88	215.34	200.57
生物多样性保育价值	56.33	61.81	37.7	42.03	35.54	37.17	17.01	45.69
生态用地价值	15469.69	18043.39	10426.54	13178.41	10884.44	10005.32	5268.14	11555.92
水资源价值	192.7	218.62	127.16	137.68	131.7	89.2	62.74	155.93
物种资源价值	0.83	0.08	2.31	2.36	0.06	0.29	0.5	0.56
生态产品价值	257.24	275.77	148.52	193.26	156.83	116.63	76.15	135.98
合计	17459.24	19533.73	11795.48	16158.73	11626.84	12430.72	5841.57	12554.81

表 6　2014 年十堰县（市、区）生态价值　　　　　　　单位：亿元

项目	郧西县	丹江口市	竹山县	房县	竹溪县	郧阳区	茅箭区	张湾区
涵养水源价值	53.76	38.22	41.27	30.4	39.24	49.66	8.25	10.22
土壤保持价值	24.11	25	14.87	39.1	21.09	38.73	4.76	5.78
固氮释氧价值	87.15	65.68	79.11	120.21	77.18	84.31	13.89	18.58
气候调节价值	22.96	17.43	21.28	32.18	20.44	22.43	3.23	4.02
净化水质价值	106.11	52.66	57.88	41.87	56.92	68.68	10.1	13.08
净化大气价值	9.44	7.65	10.19	17.01	10.59	9.35	1.76	2.06
洪水调蓄价值	30.24	668.82	197.01	32.13	39.54	7.18	2.02	72.32
休闲旅游价值	928.21	3633.61	184.24	222.84	151.91	169.8	1017.85	41.33
生态用地价值	14788.73	13012.77	15137.7	21814.03	14056.86	16003.82	2060.81	2590.81
水资源价值	19.68	45.09	81.45	121.53	307.99	12.09	6.35	6.05
合计	16219.08	17778.79	16180.49	23019.17	15269.15	16633.53	3178.53	2823.21

三、加快推进我省生态文明建设的政策建议

我省虽然有良好的自然环境，生态价值巨大，但是生态价值实现程度较低，要加强政策引导，研究探索将生态价值转换为经济价值，实现生态和经济双赢的对策与路径。

（一）齐抓共管，建立生态文明建设的新机制

1. 建立分工协作、协调联动的工作机制

生态价值评估涉及统计、国土、环保、林业、水利、农业等部门。应加强部门间的沟通、衔接和配合，改进和完善评估体系。按照生态系统类型，将森林、草地、农田、湿地、水体等评估工作分解到相关部门，落实好责任单位和配合部门。主要责任部门负责制定和完善生态服务价值调查及评估方案，配合部门负责提供开展评估工作所需数据。

2. 建立生态环境准入负面清单

严格项目准入的节能、环保、土地、安全审查，逐步建立生态功能区产业准入负面清单制度。限制进行大规模高强度工业化、城镇化发展，因地制宜发展不影响主体功能定位的适宜产业。

3. 加强重点区域的生态保护和修复

以生态价值减少和生态功能下降较明显区域为重点，加大生态系统修复力度。根据不同地区特点，加强分类生态保护。建立一批国家级、省级、市级自然保护区、生态功能保护区和森林公园、湿地公园等。巩固提升退耕还林成果，加强天然林保护。积极创建国家公园、国家森林公园，实施国家自然保护区工程项目。强化已破坏山体的生态修复，实施"复绿工程"。按照"源头治理、全域保护、综合整治"的思路，统筹治水。

4. 严格生态空间管控

细化完善生态保护空间的格局体系，除国家级、省级自然保护区等法定保护区域应纳入生态红线范围外，也要将州级、县级自然保护区的核心区以及森林公园等生态价值较高的区域纳入生态红线范围。

（二）综合治理，构建生态绩效考核的新体系

1. 建立生态资源统计监测体系

加强生态资源统计和监测，建立完善固定监测样地，推动监测样地的设施建设。合理布局监测样地的空间分布，保证数据监测的连续性和可获性。利用卫星、航拍、无人机等遥感技术手段加强监测能力，扩大资源环境数据源。加大投入，建立集数据监测、收集和统计处理于一体的资源数据统计监测体系。

2. 建立健全生态绩效考核制度体系

一是干部考核、选拔任用制度。将生态价值评估结果与干部选拔、评优评先挂钩，形成领导干部紧抓生态文明建设的导向和活力。二是推行领导干部自然资源资产离任审计，建立生态环境损害责任终身追究制度。三是健全环境损害赔偿制度。

3. 构建生态价值评估信息体系

建立自然资源资产基础台账在内的基础数据信息系统，通过建立规范化、标准化的生态资产信息平台，集成一套规范的生态价值评估模型体系。建立集信息录入与处理、数据更新与存储于一体的生态价值评估信息系统。

（三）分类指导，打造生态奖励补偿的新模式

1. 争取国家生态保护奖励补偿

积极争取国家对生态地区更多的倾斜政策，通过国家主导补偿来完成服务补偿、资源补偿、破坏补偿、发展补偿和保护补偿。积极争取国家进一步加大对重点生态功能区、生态红线区、生态公益林的生态补偿的力度。积极争取国家改革财税政策、投融资政策、生态补偿政策、

少数民族优惠政策、扶贫政策、土地环保政策和产业政策，建立促进生态补偿地区发展的政策保障体系。

2. 探索建立区域共建共享补偿模式

一是流域生态补偿。建立长江、汉水、清江等重要流域的"环境责任协议"制度，采用流域水质水量协议的模式，明确上下游地区在生态补偿机制中的责任、权利和义务，走流域上下游共建共享之路，实现流域上下游之间公平地享有生存权、发展权。二是区域交易制度。在主体功能区的制度框架下，实施区域之间的"碳权"交易制度。三是区域援助制度。建立流域上下游之间的对口帮扶制度，建立生态保护重点地区与受益地区之间的协作与联动机制，受益地区对保护地区经济和社会发展给予支持。四是异地生态补偿。由受益的发达地区出让土地，设立异地开发试验区，构筑"飞地"发展平台。

3. 探索市场化生态价值交易补偿机制

充分运用市场化手段，以政府调控监管为核心，以企业、偿受双方、委托代理公司为三方参与的可持续发展机制。探索建立生态补偿基金，开展多元化的生态补偿融资，统一调配生态补偿资金使用。发展基于碳汇的生态补偿机制，探索清洁发展机制 CDM 项目。

4. 实施项目带动补偿模式

在水资源开发、矿山开发、林地利用等项目上，实行利益方污染赔偿与生态补偿，加大环境与资源费征收力度。重点支持"生态环境保护和治理""城乡环保基础设施和环境监测监控设施建设""生态公益林建设""农村安全饮用水""农民素质培训""农村沼气"等工程建设以及水土保持、自然资源保护、城乡环境综合整治等生态补偿效益明显的工作。实行基本财政保障制度和生态保护财政专项补助政策，着重向重点生态功能区、水系源头地区、自然保护区和对区域、流域生态环境保护作用明显的工程项目倾斜。

45 经济结构与经济发展速度、总量、质量和效率

王 道

（《湖北统计资料》2017年第95期；本文获省长王晓东签批）

十九大报告中指出，我国经济已由高速增长阶段转向高质量发展阶段，正处在转变发展方式、优化经济结构、转换增长动力的攻关期，建设现代化经济体系是跨越关口的迫切要求和我国发展的战略目标。经济结构既是经济发展的外在表现，也是经济发展的内在动力，与经济发展的速度、总量、质效关系密切，并通过影响就业与收入，在一定程度上对民生改善起着重要作用。目前我省经济发展的总量与结构性问题并存，但结构性问题更为突出。重大的结构性问题已经成为制约我省经济向高质量发展阶段转变的深层次的、全局性的瓶颈。

一、优化经济结构有利于提高增长速度

经济结构尤其是产业结构是经济增长的内在支柱。从世界范围来看，经济发达地区第三产业比重较高，而经济欠发达地区则第三产业比重较低。从近年来全国和我省三次产业对经济增长的拉动看，第三产业占比逐步提高，增速是三次产业中最快的，第三产业已成为拉动经济增长的主要力量。2016年我省经济增长8.1%，其中有4.1%的增长来自第三产业。加快经济结构调整，大力发展第三产业，提高第三产业比重，有利于我省经济保持中高速增长。以2016年为例，我省三次产业结构为11.2∶44.9∶43.9，第三产业占比落后全国平均水平7.7个百分点。在第一、二、三产业增速不变的前提下，如果我省三次产业结构达到全国平均水平，2016年经济增速可提高0.2个百分点。此外，从区域结构看，区域均衡发展也是经济稳定增长的重要保证。我省一城独大的形式愈发凸显，而两副发展贡献不足，多极支撑尚未形成，县域经济分化加剧，均为经济增长保持在合理区间带来一定挑战。

二、优化经济结构有利于做大发展"蛋糕"

没有有效的结构支撑，总量增长是难以持续的。从产业结构看，第三产业对总量增加的贡献是最大的，2016年我省第三产业贡献率超过50%，提高第三产业比重有利于增加经济总量。从存量和增量结构看，总量的扩张，一方面要靠现有产业的贡献，另一方面要通过大力鼓励创新、创业来带动新的产业发展，为经济增长提供新的结构性支撑，最终实现经济总量的持续稳定增长。从企业层面看，就是要加快市场主体的培育，当前我省各行业市场主体占中部地区的比重全面下滑。截至2017年11月，全省"四上"调查单位总数在全国的位次由第7位下降至第8位，在中部地区的位次由第2位下降至第3位。全省单位数占中部地区的比重比上年同期占比下降1.2个百分点。若市场主体的培育跟不上，将对经济增长后劲产生较大的负面影响。

三、优化经济结构有利于提升发展质量

从现代生产力的发展来看，反映生产力总量水平的通常是GDP，而反映生产力质量水平的则是经济结构。没有合理的结构匹配，总需求和总供给难以达到均衡，要维持总量稳定的难度就会加大。当前，我国经济出现了低端产品供给过剩，而中高端产品与服务供给不足的结构性失衡问题。我省供给体系面临同样的问题，主要体现在传统制造业比较发达，高端制造业相对薄弱；一般服务业比重较大，现代服务业、生产型服务业发展滞后；金融业发展具有优势，但金融供给结构不优；科教优势潜力巨大，但成果转化率不高；农产品的产量较高，但市场竞争力不强；交通区位优势明显，但发展底盘仍不够强大。这种供给和需求结构的失衡成为目前制约我省经济实现高质量发展的短板。迫切需要通过大力推进供给侧结构性改革推进产品和服务质量升级，以满足人民日益增长的对高质量产品或服务的需求，提升经济增长的质量。

四、优化经济结构有利于加快效率变革

索洛模型指出，生产率的提高能够促进经济的长期增长；库兹涅茨也指出，生产率的大幅提高决定经济总量的高增长率。由此可知，生产要素和资源的大量投入能促进经济增长，结构升级可促进要素和资源更有效、更合理地利用，从而促进劳动生产率提高，进而也促进经济增长。回顾我省经济的发展，主要是依赖大量资源和生产要素投入的投资拉动型经济增长。从投入产出率看，一直以来资本和劳动力对我省经济的贡献率较高，全要素生产率较低。"十二五"以来，随着科技投入的不断增加，我省全要素生产率有所提高，但仍低于全国。2016年达到52.1%，比全国平均水平56.2%低4.1个百分点。随着我省资本投入的边际效益递减和人口老龄化的加快，如果全要素生产率不能得到有效提高，必然会导致我省经济发展的低效。

五、优化经济结构有利于促进民生改善

扩大就业，增加收入是改善民生的关键。从就业结构看，第三产业是吸纳劳动力的主体，2016年我省三次产业就业人口比例为36.8∶23.0∶40.2。从工资结构看，第三产业工资水平高于第一、二产业，2016年城镇在岗职工平均工资最高的两个行业均属于第三产业，平均工资排在前10位的有9个行业来自第三产业。从这个意义上讲，加快发展第三产业是促进就业、实现增收的有效途径。此外，研究表明居民收入与第三产业关联度较高，且农村居民的相关系数大于城镇居民，因此加快发展第三产业，既可以增加城镇居民收入，又可以更好地改善农民收入，缩小城乡差距。而当前，我省第三产业发展仍不充分，一定程度上拖慢了民生改善步伐。

综上分析，当前我省在产业结构、区域结构、供求结构、投入结构等方面还有较大提升空间，优化经济结构是我省经济转向高质量发展的必然选择，也是解决我省经济发展不平衡、不充分的关键所在。因此，在抓工业强基的同时要更加注重发展三产；抓项目支撑的同时要更加注重创新驱动；抓需求引领的同时要更加注重供给升级；抓存量优化的同时要更加注重增量贡献。

46 湖北农业供给侧结构性改革的进展与难题

陶涛 文静

（《湖北统计资料》2017年第36期；本文被省委政研室《调查与研究》2017年第7期"供给侧改革"专栏转载，并作为封面文章推荐）

近年来，湖北深入贯彻落实中央决策部署，以推进农业供给侧结构性改革为主线，紧紧围绕农业增效、农民增收、农村增绿的目标，着力调优结构、提高质效、补齐短板，在构建农业产业体系方面走出了具有湖北特色的现代农业发展之路。当前我省农业发展呈现"产品结构多元、产业功能融合、新型主体快速发展、改革创新活力十足"的良好态势，但发展短板仍较突出，需要从提高供给质量、增强发展动能、加快农民增收等方面下功夫。

一、农业供给侧改革的"湖北实践"

（一）农产品供给由扩大总量向优化结构转变

2016年，我省以"稳粮、优经、扩饲"为思路，进一步调精调优农业结构。一是调优区域结构。我省优化农业区域布局，成立了湖北优质稻产业联盟，47个粮食主产县市被划定为水稻生产优势区；在江汉平原和鄂东南地区推广再生稻模式，总面积达到169万亩，基本实现了"一种两收、节本增效"。不断拓展中高端供给，突出"优质专用"大宗农产品和"特色优势"其他农产品的生产供给；在长江、汉江流域35个油菜主产县市区建立双低优质油菜生产保护区；三峡柑橘带、江汉平原优质油稻、环武汉城郊蔬菜等特色农业产业板块也在逐步形成。二是调优生产结构。我省在努力实现"藏粮于地、藏粮于技"，在稳定提升粮食产能的基础上，大力推进种植业结构性调整，调减棉花面积93.3万亩，增加薯类面积5.3万亩，大力推进马铃薯主食产品开发，试点企业生产马铃薯主食产品40多种。试点发展"粮改饲"，加快优质牧草种植推广，青贮玉米、饲料油菜省级示范面积达1.05万亩，草畜产品产能增加3%以上。三是调优产业结构。我省大力发展稻田综合种养，深入推广"稻虾共作""稻鳅共作"等种养模式，全省稻田综合种养面积已达387万亩，带动农民平均每亩增收3000元，2016年新增稻渔综合种养面积79.89万亩。蔬菜及食用菌产量增长3.9%，园林水果产量增长5.5%，茶叶产量增长10.2%。全省"三品一标"品牌总数4176个，总量规模位列全国前列；农产品总体合格率达98.61%，继续保持全国领先。

（二）农业经营方式由单一农业向三产融合转变

2016年，我省农业供给侧改革着力于"三个推动"，农业农村经济发展经历多年未有的变局，新产业、新业态层出不穷。一是推动农产品加工快速发展。我省以"农头工尾""粮头食尾"为抓手，通过大力推进农产品加工业发展，延伸农业产业链，提升农业价值链。2016年全省规模以上农产品加工企业达到5423家，增加173家，占全省规模以上工业的32.9%。实现农产品加工业主营业务收入达1.4万亿元，比上年增加1000亿元，农产品加工产值与农业产值之比达 2.5：1。其中，主营业务收入过 100 亿元企业 5 家；50 亿～100 亿元企业 13 家；30 亿～50 亿元企业 22 家。涌现了福娃、华山、春晖、彭墩、天峡、华丰等一批"四化同步"样板。二是推动农村旅游快速发展。我省以"旅游农业""文创农业"为途径，从"种吃的"到"种看的"，从"卖产品"到"卖风景"。2016 年乡村旅游接待游客达 1.7 亿人次以上，实现乡村旅游综合收入 1500 亿元以上，年营业收入 10 万元以上的休闲农业点达到 4700 家，综合收入达 265 亿元，分别增长 11.9%、26.2%。三是推动"互联网+农业"快速发展。我省以"互联网+"为契机，促进农村电子商务快速发展。"12316"农业信息综合服务平台和"农村淘宝"进一步完善，信息进村入户试点稳步推进，全省建成 33 个国家和省级电子商务进农村综合示范县，农村网购金额达 70 亿元，农副产品网络销售额达 50 亿元。

（三）农业发展要素由资源投入向改革创新转变

2016 年，我省以现代农业为方向、以市场需求为导向，提高农业供给质量和效率。重点抓好主体、技术、体制机制等发展要素创新。一是培育现代农业发展的主力军。我省大力推进新型职业农民和农村实用人才队伍建设，开展现代青年农场主、农业 CEO、新型农业经营主体带头人的培训，实施新型职业农民培育工程和农村实用人才培养计划，开展农民技术培训班8552 场次，培训人数 175 万人次。二是推动农业技术精深发展。我省以基层农技推广体系项目建设为抓手，进一步深化完善县、乡农技推广体系改革。以 54 项农业主推技术为重点，累计推广新技术、新模式 4130 万亩，举办示范样板 2330 个，实现节本增效 80 亿元。三是推动集体产权制度深化改革。我省以扩展交易平台和制定交易规则为重点，积极推进农村综合产权交易市场建设，累计建成市、县两级农村产权交易市场 54 个，全省耕地流转面积达 1780 万亩，流转比例达 39.5%，提高 3.4 个百分点，办理交易 3.2 万宗，交易额达 48 亿元。农村合作金融创新 12 个试点县全部建立"两权"抵押贷款平台，农地经营权、农房所有权确权率达 100%。

（四）农业生产方式由大开发向大保护转变

2016 年，我省严格贯彻落实长江经济带"坚持生态优先、绿色发展，共抓大保护，不搞大开发"的战略定位。一是依法依规管理，为打造农业"绿富美"保驾护航。我省先后编制了湖北长江经济带生态保护和绿色发展"1+5+N"规划体系，并先后出台了《湖北省水污染防治条例》《湖北省土壤污染防治条例》等地方性法规，为打造农业"绿富美"保驾护航。二是推进清洁生产，为塑造农业"高颜值"节能减排。按照"一控两减三基本"的具体要求，全省大力推进清洁生产。2016 年全省农药使用量下降 2.2%；农用薄膜使用量同比下降 5.7%；沼气、沼渣、沼液综合利用生态循环农业面积达到 1300 万亩，全年建设农村清洁能源入户工程 10.35 万户。三是加强面源污染治理，为打好农业"绿色牌"全面发力。加快提升农作物秸秆、农业薄膜、养殖废弃物资源化综合利用水平，从种、养、水三大源头开展综合连片治理，实施典型流域农业面源污染综合治理试点示范工程，建设江汉平原、丹江口库区等重点区域农业面源污染控制示范区。积极开展地膜综合利用试点示范，探索"5 个 1"的地膜综合利用模式。

二、推进农业供给侧改革面临的难题

（一）最突出的矛盾是供给质量不高

农业供给侧改革的起因在于市场对农产品的需求已从足量转向高质。而我省农产品供给最突出的矛盾是供给质量不高，主要表现在：一是农产品层次低。我省农产品供给中，原料型产品比重偏高，深加工、优质、品牌农产品比重偏低，全省农产品精深加工比重仅约为20%。同时，我省农产品加工企业多而不强。截至2016年年底，我省农产品加工企业年主营业务收入超过30亿元的仅40家，占全省30亿元企业总数的28.3%，低于农产品加工企业占比4.6个百分点。二是市场竞争力不强。湖北特色农产品丰富，是全国最大的双低油菜籽生产基地，生产的菜籽油品质堪比进口橄榄油；也是优质富硒绿茶、食用菌的主要产区，各种名特优农产品数不胜数。但由于我省在培植农业品牌、引导市场需求方面不够重视，缺乏营销宣传意识，导致酒香巷子深，使我省农优特产品始终难以形成有效的市场竞争力。

（二）最大的瓶颈是组织化程度不够

加快土地流转改革、提高农民组织化程度是传统农业转变为现代农业的关键。然而当前我省农业组织化程度不够高：一是土地规模流转水平较低。2016年，我省农村家庭土地流转比重不足40%，这一比例与农业规模经营大省70%～80%的流转率相比明显偏低。二是我省土地流转结构不优。在土地流转中农户"一对一"零散流转占比很大，而农户"多对一"的规模流转占比不高，导致土地流转的效益未能很好地凸显。三是农民组织化程度较低。农业合作社是破解农民组织化问题、解决农业小生产与大市场矛盾的有效途径。但我省农合社却总体发育不良，目前我省有7万多家农合社，虽然数量不少，但多而杂、规模小，农户入社比例不高的问题普遍存在。农民组织化程度低导致农户抵御市场风险能力脆弱，进而使农民增收困难。

（三）最大的难题是发展动能不足

农民是农业供给侧改革的主体，我省农业正面临传统农民逐渐减少，在岗农民相继老去，农技人员青黄不接，新型农民增量不够等发展动能不足的问题。一是"老农人"后继乏人。改革开放以来，湖北大量农村青壮年劳力进城务工，2015年我省农村外出务工人员达1118.63万人，占乡村从业人员的48.6%，留在农村的大都是"386199部队"。而在农村继续耕作的"老农人"年龄也日趋老化，"50岁是壮劳力，60岁是主力，70岁还下地"的情况普遍存在，很多村里已经很难看到年轻人。二是我省"新农人"总量较小。近年来，我省新型职业农民和职业经理人等"新农人"数量虽得到较快增长，但10万余人的"新农人"与超千万的农民总量相比还显得太少。三是农技人员青黄不接，科技下乡受阻。当前，我省基层农技队伍年龄老化、知识退化、作用弱化问题却仍然突出。据统计，截至2015年年底，我省平均每万名农民分配农技人员仅为10.9人；基层农技站40岁以下的专业技术人员基本没有。农业供给侧改革主体断档、缺失成为制约农业农村发展活力的关键。

（四）最大的制约是承载受力不够

农业供给侧改革的重要任务是推行绿色生产方式，把农产品质量提升和生态环境改善统一起来。但是长期以来农业片面地追求产量，致使土地和水质污染严重，导致当前农业生产环境承载力持续下降。一是农业面源污染严重，资源环境负担重。2015年我省粮食产量再创历史新高，达到2703万吨。但这背后却是我省农用化肥施用量比十年前增加16.8%，农用塑料薄膜使用量增加30.5%，农药使用量增加9.5%。化肥、农药、地膜的大量使用，使得肥越用越多、土越伤越深、地越种越差，拼资源拼投入的传统老路难以为继。二是耕地后备资源锐减。我省生态用地减少过快，与上次调查相比我省生态用地减少了51.68%。其中草地从2061万亩剧减至441.3万亩，减少了78.6%；具有生态涵养功能的河流、湖泊、水库、内陆滩涂、沼泽地从1851万亩减少到1449万亩，减少了402万亩。实际可供开发耕地资源只剩150万亩。

三、破解农业供给侧改革难题的对策建议

（一）调结构，着力发展高效品牌农业

一是发展种植高附加值生态产品，提质量、增效益。着力提高土地单位面积效益，重点发展高效种植养殖、循环生态农业等类型，活化农村土地资源。二是发展适度规模经营，降成本、提产量。推动农民走向联合与合作，大力发展农民合作社联合社，引导农村土地经营权有序流转，因地制宜地推广"沙洋经验"，逐步解决承包地细碎化问题。三是大力培育农产品品牌。持续推进"三品一标"认证，整合品牌形象，加大宣传力度，着力培育"湖北粮、荆楚味"等地域品牌，扩大我省农产品品牌美誉度和影响力。

（二）强要素，着力培育农业新动能

一是提升农业综合生产能力。加大科技对农业的支撑作用，巩固基层农技推广体系，健全"人权、财权、物权"管理体制；提高农业机械化水平，因地制宜地发展设施农业。二是着力培育农村人才队伍。一方面，在传统农民中积极培养新型职业农民，建立教育培训、规范管理、政策扶持"三位一体"的新型职业农民培育体系。另一方面，积极引进新农人，鼓励支持企业家、农民工及其后代"返乡归农""科学务农"。三是加大农业投入力度。加大财政投入和资金整合力度，确保农业农村财政投入总量持续增加，比重稳步提升。

（三）促融合，着力推进农业转型升级

一是突出加工引领，延伸链条促融合。加强农产品加工集中区建设，创建一批全国农产品加工示范园区和国家级农业产业化示范基地，促进集群集约发展，通过农产品加工产业链的前伸后延，推动农业产业融合。二是突出农旅并重，拓展功能促融合。开发农业多功能，融入旅游要素。依托"休闲农业"与"乡村旅游"招牌，积极发展休闲农业和乡村旅游。三是突出市场主导，畅通销售促融合。以"互联网+"的思维经营农业，大力发展农村电子商务，着力构建农贸、产加销一体化信息支撑体系。

（四）增绿色，着力推进农业可持续

一是要选择绿色可持续的农业发展方式，保生态、巧循环。因地制宜地推广喷灌、滴灌等节水技术，建设高产高效生态农业基地。二是深入实施农业标准化战略。主要是健全农产品产地环境、生产过程、收储运销全过程的质量标准体系。加快实现国内外标准的统一，用标准、规划引领农产品的优质化。三是推行绿色生产方式。从加强产地环境保护和源头治理入手，深入实施化肥农药零增长行动，开展有机肥替代化肥试点，促进农业节本增效。

（五）富农民，着力延伸农业增收价值链

一是要积极探索农业众筹、农产品个性化定制等新业态，鼓励农村集体经济组织创办乡村旅游合作社，加快建设一批农业文化旅游"三位一体"、生产生活生态同步改善、一产二产三产深度融合的特色村镇，推动农业业态升级，不断创新农民增收载体，提升农产品利润空间，让农民真正实现土地脱贫、土地致富。二是要做好产业精准扶贫，补短板、惠民生。扶持建设一批贫困人口参与度高的农业基地，发展特色多元产业项目，探索"政府+龙头企业+贫困户"的嵌合式扶贫模式，形成产业扶贫长效机制。

47 如何搞准精准扶贫数据

叶培刚 陈院生 程文懿

（《湖北统计资料》2017 年第 37 期；本文获常务副省长黄楚平签批）

当前，我国正处于推进精准扶贫、全面建设小康社会的决胜阶段，扶贫与脱贫数据的真实性事关国计民生和政府公信力。真实反映各地精准脱贫实效、提高经济社会发展质量效益，都需要真实准确的扶贫脱贫基础数据。但在实际工作中仍然存在"被脱贫"和"数字脱贫"现象，面临一定的数据质量风险。近期省统计局调研组就如何搞准精准扶贫数据问题，赴部分县市进行了实地调研。现将有关情况报告如下，供领导参考。

一、扶贫数据不够精准的具体表现

全国建立了统一的扶贫开发信息系统，实施自下而上采集数据的方式，并对每个贫困村、贫困户建档立卡。该系统采集的数据是精准识别、精准脱贫考核的极为重要的基础数据。总体来看，我省各地深入贯彻落实中央脱贫攻坚政策措施，认真做好精准扶贫信息采集、精准识别和脱贫考核验收工作。但同时在数据质量方面也存在一些问题，主要表现在以下方面。

（一）贫困人口识别不够精准

存在贫困户类型认定不合理、致贫原因不准确、建档立卡信息登记情况与实际情况不符。还有的地方识别贫困户的过程中没有做到精准，将非贫困户纳入扶贫体系内建档立卡。据检查发现，建档立卡的贫困户中仍然有极少数不符合贫困条件。比如，有的所谓贫困户，家庭成员中有公职人员、自办有经营实体。还有的家庭成员购买了大农机、汽车或商品房。据第三方评估反馈，精准识别准确率最低的是当阳市，仅为 60%，其次是咸丰县的 66.7%，通城县的 80%。

（二）贫困退出不够规范

有些地方简单以核算农户收入作为唯一退出标准，没有综合考虑"一有、两不愁、三保障"的贫困程度衡量指标。据资料显示，2016 年信息系统在标注的脱贫户中，还有大量人口未解决"两不愁、三保障"的问题。其中：有 23 万人未解决安全饮水问题，4 万人义务教育阶段辍学，26 万人住危房，62 万人家庭有病人但未参加大病保险。经核实，2016 年完成易地扶贫搬迁的 89044 户、257733 人中，除解决住房安全以外，还有 143600 多人未解决"两不愁，三保障"的问题。从第三方评估数据看，咸丰县、鹤峰县贫困人口精准退出率分别为 80% 和 87%。

（三）脱贫家庭的收入和支出测算不够准确

按照文件精神，"两个 70%"是户脱贫、村出列的重要标准之一。而从当前大部分地方对贫困户人均可支配收入的测算来看，口径和方法与统计调查部门的方法不是完全一致，数据可比性存在问题。以鹤峰县太平镇茅坝村抽取的 15 户收支测算表为例，一是表格设计，没有家庭常住人口数和实物性收入指标，经测算，大约造成了 9.4% 的误差。二是指标解释过于简单且含糊不清，难以准确把握指标口径，多填或少填收入的情况比较普遍，经测算，约有 13.3%的贫困户收入数据存在口径不准的问题。三是对贫困户生产的农产品随意估价，且同一产品差异性较大，据抽查大约造成了 9.8%的收入误差。四是支出项漏填漏统，如赡养支出、家人寄给外出从业人员的支出、承包土地经营权租金支出、生产性固定资产折旧等，这些大约造成了5.8%的误差。

（四）信息系统数据质量不高

全国扶贫开发信息系统涉及 5 大板块，123 个指标，包括家庭基本情况，生产生活条件，收入、卫计信息，上年度收入信息，易地扶贫搬迁信息，帮扶责任人结对信息等。但是，从各地调查录入的基本信息中发现差错较多，例如身份证号码不是 18 位，务工时间不符合逻辑或录入不规则，已脱贫的贫困户部分没有解决安全饮水问题，义务教育阶段仍有辍学人数，户主姓名重复等，与实际情况不符。据资料显示，在 16 个市、州中差错率最高的是荆门市，达到81.71%；巴东县在县（市、区）中差错数最多，涉及 36605 人；蕲春县排名第 9 位，19866 人的信息有差错。

（五）动态变更管理不及时

部分地区工作不扎实、不细致，平时没有完全做好动态变更返贫、脱贫信息的各项准备工作。国网信息系统已开网，却不能及时有效地抓住最佳时机，做好扶贫信息的动态变更管理工作。检查中发现，有因灾、因病、因学等偶然因素致贫的贫困人员，以及符合贫困人口识别标准的新增贫困人员，还未能全部纳入扶贫开发信息系统，这些贫困户处于真实的贫困状态，但又未纳入扶贫体系，以致没有享受到扶贫政策。与此同时，达到脱贫标准的贫困户也没有及时调整出列，这些都严重影响了一些地方的贫困识别准确率和退出准确率。

二、产生扶贫数据不够精准的主要原因

（一）认识不高，责任不明

扶贫开发工作是党和国家的一项重要举措，关系到党和国家提出的到 2020 年能否如期实现全面小康社会的大事。而一些地方干部站位不高，错误理解国家扶贫政策，把戴上"贫困帽子"作为争取资金和项目的途径。尤其是在从中央提出"精准扶贫，不落一人"到 2020 年建档立卡人员全部脱贫的目标要求以后，部分地方没有做好充分的思想和组织准备，仓促应战，出现了一些问题。如驻村工作队员住不下来、沉不下去，少数干部两头跑，两不管，短期行为多，长远安排少；有的乡镇扶贫办借调的人员年年换，乡镇扶贫干事一年几变，有的扶贫办干事身兼多职，以致一些地方干部对政策理解不透，办法不多，也不与相关部门沟通交流信息。调查中发现有的县剔除的"硬伤"户占当年现有贫困户的 17.3%，还有的县不合条件的贫困户占当年现有贫困户的比例达到 29.3%。

（二）急于求成，一味冒进

有些地方对脱贫攻坚的艰巨性、复杂性、长期性认识不足，片面追求脱贫速度，急于求成，加码提速，低估"户脱贫""村出列""县摘帽"的难度，同时也低估国家验收的精度，以致一些帮扶干部在"一有、两不愁、三保障"上打折扣、做文章。有的地方采用发补贴、送财物等方式突击式扶贫；少数单位以项目和资金支持替代驻村帮扶工作，注重"输血"，忽略"造血"；民生工程和民心工程不多，对于易地搬迁的贫困户是否稳得住，饮水是否安全，义务教

育、医疗保险、养老保险是否做到全覆盖考虑不多；还有少数地方为应对检查"造盆景""垒大户"，搞面子工程，劳民伤财，影响政府形象。

（三）业务不熟，培训不够

一是地方没有建立起对扶贫工作人员定期培训的长效机制。各扶贫人员来自不同的部门和单位，对数据的收集、评估以及测算方法掌握不够；基层扶贫人员在实际工作中遇到的有关统计数据收集、测算方面的疑惑也无法及时得到解决。二是各级在脱贫验收时，执行人均可支配收入测算方法不够严格，影响数据可比性。三是贫困户不够配合。现在仍然有少数贫困户因"藏富"心理作祟，不愿意实情相告，觉得贫困"光荣"又实惠，也给准确测算收入增添了难度。

（四）部署不周，作风疲沓

工作不扎实、不细致是造成信息系统数据质量不高，返贫、脱贫信息变更不及时的主要原因。一些地方没有将国网（省网）扶贫开发信息系统数据动态管理工作责任层层落实到人，平时缺乏专人对系统平台错误信息进行收集整理，并提前针对错误信息，走村入户全面细致地核实。对于极少数不配合入户调查或者是难以找到的贫困人员缺乏耐心，未能对照精准扶贫户帮扶手册，入户详细查看家庭人员收入、住房、赡养老人、子女教育等情况；对扶贫工作台账、扶贫措施落实、包保干部对口帮扶和回访等情况，未能比对部门数据，提前对填报的纸质表，特别是"五个一批"情况进行审核；由于对贫困户信息修改任务的考虑过于简单，未安排好足够人员，预留足够时间对采集数据信息进行逐户审核。到国家扶贫信息系统开放修改权限时，不能及时对所有建档立卡贫困户的主要指标空项、指标值异常、指标值之间逻辑关系异常、业务逻辑关系异常等问题数据进行快速修改，只能根据反馈回的系统数据质量问题进行临时比对核实、仓促修改，难以保证数据复核完毕后的建档立卡信息的准确率。

三、提高扶贫数据质量的对策建议

党的十八大以来，习近平总书记多次就推进精准扶贫、精准脱贫，确保如期实现脱贫攻坚目标做出重要指示。在中共中央政治局第39次集体学习时强调，要把握好脱贫攻坚正确方向。要防止层层加码，要量力而行、真实可靠、保证质量。要防止形式主义，要扶真贫、真扶贫，扶贫工作必须务实，脱贫过程必须扎实，脱贫结果必须真实，让脱贫成效真正获得群众认可，经得起实践和历史检验。要实施最严格的考核评估，开展督查巡查，对不严不实、弄虚作假的要严肃问责。当前我们要坚决贯彻落实习近平总书记的重要指示精神。从体制机制、制度建设和统计调查监测等多层面采取有力措施，全面提高精准扶贫数据质量。

（一）提高认识，强化扶贫攻坚责任

一是提升站位高度。各级要认真贯彻落实习近平总书记在中央政治局第39次集体学习时，关于脱贫攻坚形势和更好实施精准扶贫的重要讲话精神，切实加强精准扶贫、精准脱贫工作的组织领导，着力解决思想松懈、工作方式不适应、责任落实不到位等问题，增强做好扶贫攻坚的责任感、紧迫感，进一步研究制定脱贫工作考核办法，层层落实责任。二是选优配强扶贫队伍。组成强有力的领导机构和扶贫工作队伍；巩固村党支部、村委会和村民监督委员会在精准扶贫中的主心骨作用。三是压实入户核查责任。建立健全到户到人包保责任制和痕迹化管理制度，努力转变干部工作作风，实地核实扶贫对象信息，对贫困人口逐一摸底调查，详细了解每户贫困户的基本情况；严格落实村民代表评议、公示公告等制度。

（二）狠抓整改，提高扶贫数据质量

一是建立信息共享机制。扶贫部门要主动与人社、房管、车管、教育、公安、编办、工商、人民银行等单位建立联系沟通机制，对建档立卡数据库的贫困人口开展实时数据比对，将在"一票否决"事项内的农户予以剔除。二是完善收支评估机制。全面评估建档立卡贫困户在收入、消费、资产、教育和健康等多个维度的改善状况和脱贫状况；科学测算贫困户人均可支配收入。三是严格执行脱贫标准。对已达到"一有、两不愁、三保障"标准的贫困户，要严格验收程序，做到谁签字谁负责；对新增贫困人口和返贫人口要进行甄别，对过去因各种原因漏报的、家庭确实贫困的农户，按照贫困标准精准识别，及时纳入扶贫系统。四是树立信息预先梳理理念。认真查找、分析建档立卡贫困户信息误差的原因，全面核查、修正、补充和完善，及时清理核对、纠错补漏，力争网上系统信息正确率达到100%。

（三）夯实基础，建立扶贫长效机制

一是防止"急躁拖延"。坚持时间服从质量，既不犯"拖延病"，也不犯"急躁病"，综合考虑各地贫困程度、贫困发生率、自然生态禀赋和新理念引领下的优劣势，按照先易后难、有计划、分梯次、稳步脱贫的原则，按实际制订逐年脱贫的滚动计划。二是科学规划。注重打基础、抓长远，结合贫困区精准扶贫规划与配套政策，科学确定各项脱贫措施。立足贫困地区资源禀赋和产业基础，因地制宜，将扶贫开发与区域规划、城乡发展相结合，促进贫困地区产业互动、区域联动。三是统一标准。将国家、省、市、县、第三方评估考核标准，以及扶贫部门人均可支配收入测算法与统计部门相关制度方法统一起来，提高数据可比性。四是加强培训。深入细致地讲解建档立卡、贫困户核查评估、脱贫计划、扶贫政策等工作制度以及扶贫清单、信息采集表和扶贫手册填写等注意事项；聘请专家讲解居民收支数据的采集与核算方式，明确各指标的来源与内涵；加大案例教学、现场教学、交流研讨等参与式教学的比重，减少基层工作人员的疑问。

（四）强化责任，加强精准扶贫监测

一是健全责任追究。健全领导干部的政绩考核机制和问责制度，健全数据质量的责任制，防止干扰，净化考核验收环境。二是强化监督检查。接受群众监督与社会监督，建立部门自查、定期检查、随机抽查"三查"工作机制，同时还要明确专人，定期对每个脱贫对象进行回访，检查了解家庭变化情况，及时解决问题，巩固脱贫成果。三是加强精准扶贫监测。要建立精准扶贫专项统计调查制度，完善精准扶贫统计调查监测体系，为提高精准扶贫数据质量提供统计保障。

48　湖北降低工业企业生产经营成本政策实施成效调研报告

陈院生　朱　倩　张满迪

（《湖北统计资料》2017 年第 41 期；本文获常务副省长黄楚平签批）

在重点调研降低用电成本的同时，我们还对降低企业税费成本、人工成本、物流成本等也进行了调研。结果显示，虽然降低税费成本、人工成本等政策措施逐步见效，但被调查企业原材料成本、人力成本总体上继续走高，部分降成本措施力度不够，降本增效尚需不断加力。

一、政策落实有力，企业减负取得显著成效

调查发现，大多数企业主动与相关部门对接，认真研究政府出台的降低企业成本、支持实体经济发展的一系列政策措施，结合企业实际，尽可能用足政府在税费减免、社保优惠、降低物流成本等方面的惠企政策，分享政策红利。

（一）税负降低，普惠性优惠政策执行到位

调研发现，大多数规模以上工业高新技术企业反映全面推行"营改增"试点、下调地方教育费附加征收率、提高研发费用加计扣除比例等政策得到了落实，政策效果明显。

一是"营改增"带来税负减免。"营改增"政策扩大了企业进项税抵扣范围，如固定资产厂房建设中涉及增值税、保险行业保费土建工程的抵扣，差旅费中住宿费用的抵扣，电信费用抵扣等，企业获得了较大实惠。2016 年宜昌南玻硅材料有限公司增加可抵扣进项税约 1000 万元，襄阳泽东化工集团有限公司 2016 年度应纳增值税减少 300 余万元。2017 年 1—5 月，宜昌人福药业有限责任公司"营改增"实施后增加了可抵扣的增值税进项额 449 万元。

二是地方教育附加费税率降低减少了企业负担。地方教育附加费税率由 2%调减至 1.5%均已执行到位，企业减负较多。武汉高德红外股份有限公司地方教育附加费节省 11.79 万元，2017 年 1—5 月宜昌人福药业有限责任公司共减少地方教育附加费 84 万元。

三是研发费用加计扣除带来所得税优惠。2015 年，襄阳泽东化工集团有限公司享受研发费加计扣除金额 1120 万元，2016 年为 1057 万元。东阳光公司执行研发加计扣除政策，2016 年度优惠所得税 117 万；执行固定资产加速折旧政策，递延缴纳所得税 459 万。宜昌人福药业有限责任公司属于高新技术企业，享受 15%的所得税优惠税率，研发费用享受 50%加计扣除。

（二）社保费降低，稳岗补贴范围扩大，就业形势稳定

企业反映，降低税费成本、人工成本政策得到落实，不同程度地降低了企业负担，特别是传统型、劳动密集型企业认为降低社保费、发放稳岗补贴等政策带来实惠较多。节省下的资金缓解了企业的资金需求，为企业实施员工转岗和技能提升培训提供了支持。

一是社会保险费率有所降低。企业反映，降低社保费执行效果显著，均已经执行基本养老保险单位缴费比例由 20%降至 19%、失业保险总费率由 2%降至 1%的优惠政策。阶段性降低失业保险缴费比例后，参保人员的各项社会保险待遇不降低，企业成本得到阶段性的下降。

襄阳泽东化工集团有限公司2016年减少公司部分社保费用22.6万元，个人部分9.7万元，共计减少32.3万元。葛洲坝集团机械船舶有限公司职工社保单位缴费比例下降0.8%，个人费率下降0.2%。武汉高德红外股份有限公司目前有员工1300余人，养老保险缴费比例降低1%，一年可为企业节省30万元左右；失业保险总费率每名员工降低0.2%，一年可为企业节省1.56万元。宜昌人福药业有限责任公司平均每月减少社保费用12万元。2017年1—5月，武汉重型机床集团有限公司养老保险金降低61万元，失业保险金降低79万元。

二是稳岗补贴给企业带来直接收益。多数企业反映，近几年均享受到稳岗补贴政策红利。武汉光迅科技股份有限公司2016年共获得补贴金额1196.17万元；东阳光公司职工保险费政策按照有关规定执行，2016年度获得稳岗补贴43.66万元，2017年度获得稳岗补贴44.97万元；宜昌人福药业有限责任公司2016年获得稳岗补贴138万元，占单位缴纳失业保险费的70%。三宁化工股份有限公司社会养老保险费率降低1个百分点，每年节约130万元，每年获得稳岗补贴100多万元。

二、企业面临的成本压力

当前企业面临的成本压力主要集中在原材料成本、人工成本、物流成本上升。

（一）原材料成本上涨过快

在企业成本构成中，大多数企业原材料成本占总成本的比重超过60%，其中兴瑞化工有限公司、骆驼集团襄阳蓄电池有限公司原材料成本比重超过80%。今年以来企业普遍面临原材料成本上升压力。1—5月，全省工业生产者出厂价格上涨5.7%，购进价格上涨9.2%，原材料成本上涨速度快于出厂价格上涨速度，企业生产压力进一步增大。在去产能政策的不断加码下，整个钢材、煤炭市场的供需关系发生变化，钢材、煤炭的价格不断上涨。据葛洲坝集团机械船舶有限公司反映，钢材的价格从去年的2400元/吨上涨到今年的3750元/吨，价格上涨超过1000元/吨。而钢材是该公司的主要原材料，一年需消耗5万吨，钢材价格上涨对该公司影响巨大，2017年1—3月该公司净利润仅为932.75万元，比去年同期下降53.0%。湖北宜化化工股份有限公司主要生产合成氨、尿素以及烧碱，主要原材料为煤炭和工业盐，在今年1—5月平均价格分别上涨到801元/吨、372元/吨，同比上涨54.3%、33.9%。原材料成本上涨的压力并没有转移到最终产品定价当中，导致宜化化工股份有限公司今年1—5月亏损4948.94万元。

（二）人工成本刚性上升

企业普遍反映，降低人工成本政策得到落实，企业社会保险费、养老保险和失业保险缴费比例均下降1%，但多数企业员工年平均工资上涨在10%左右，职工工资上涨成为影响人工成本上升的最主要因素。据统计，今年一季度全省"四上企业"职工平均工资同比增长8.6%，工业企业职工平均工资增长9%。从调查企业看，1—5月有15家企业职工工资平均增长10%以上，高于主营业务收入增长幅度。东风本田汽车有限公司反映，近几年职工平均工资年均增长9%，企业产量扩大带来的收益大多数被劳务费抵消。东风鸿泰控股集团有限公司认为，职工工资年均增长5%～8%已成为常态，用工难、用工贵成为企业成本压力之一。

（三）部分降成本政策力度不够

部分企业反映，省委、省政府出台的政策比较多，但有些优惠政策企业获得感不强。三宁化工股份有限公司、宜化化工股份有限公司反映，2015年以前生产化肥增值税免税，现在增值税是以前的 8 倍，抵扣少。部分涉企行政事业收费负担较重，宜昌人福药业有限责任公司反映，向国家食药监局申请新药注册费标准高，2016 年注册费为 124 万元，2017 年一季度就达到 53.7 万元，企业承担的成本费用高。虽然政府出台了高速公路通行费的优惠减免政策，但不少企业反映物流成本仍在上涨。东风本田汽车有限公司反映，由于交通新标准 GB 1589－2016 的实施，2017 年 1－5 月，该公司物流成本上涨了 45%，且随着新标准的逐步实施，预计物流成本将上涨 200%。物流运输中罚款过多，每台车物流成本达 1500 元。而在降低税费负担方面，政府也出台了很多政策，但从 2016 年 1 月开始对蓄电池征收消费税，导致骆驼集团襄阳蓄电池公司全年消费税达 11203.53 万元，大大加重了企业成本负担，使企业经营遇到很大的困难。

三、企业的期盼与建议

希望进一步减轻税费负担，建议研究降低企业及个人所得税、增值税税率，加大研发费用加计扣除的比例；希望降低运输收费，减少罚款。进一步加大对企业融资支持，对各银行承兑汇票进行规范。

建议在稳定现有政策的基础上，对部分政策项目予以优化。一是进一步清理规范行政事业涉企收费项目和政府性基金。减少收费项目，降低收费标准，及时调整收费清单直至实现零收费，加强收费监督检查。降低城建与教育费附加，将费率由目前的 11% 以上降低到 10% 以内；适时取消残疾人就业保障金和水利建设基金；适当降低工会会费征收比例。二是继续推进"营改增"，简化增值税税率结构。在农产品、天然气等增值税税率从 13% 降至 11% 的同时，对农产品深加工企业购入农产品维持原扣除力度不变，避免因进项抵扣减少而增加税负。三是大幅减少涉企经营服务性收费，减少政府定价的涉企经营性收费。清理取消行政审批中介服务违规收费，严禁通过分解收费项目、扩大收费范围、减少服务内容等变相提高收费标准。放开具备竞争条件的涉企经营服务政府定价，降低部分保留项目的收费标准。四是加强物流薄弱环节和重点领域基础设施建设，推进物流发展新业态，发展"互联网＋"高效物流，降低制造企业物流成本。适当降低高速公路部分货车计重收费标准。对 5～15 吨（含）的合法装载车辆通行费率按小于 5 吨货车标准执行。五是加强收费监督检查。全部公开各类收费清单，加强市场调节类经营服务性收费监管，重点检查进出口、涉农收费等环节收费，杜绝各类乱收费行为。

49 湖北工业企业成本费用情况统计分析

龙江舫 陈 晓

（《湖北统计资料》2017年第54期；本文获常务副省长黄楚平签批）

降成本专项行动开展一年来，湖北工业企业三项费用下降明显，降幅领先全国。但受原材料价格大幅上涨的影响，湖北工业企业主营业务收入中成本占比依然上升，与全国趋势背离。切实降低成本费用，必须由企业端和政府端共同发力，通过结构调整、产品升级、内部挖潜以及政府减税让利等方面综合施策。

一、工业企业成本构成

一般公众认知中的工业企业成本包括制造成本（含原材料、生产工人工资、车间管理费用）、期间费用（含销售费用、管理费用、财务费用）、税收三个部分。从财务管理角度上看，制造成本、期间费用和税收是三项彼此独立的核算科目，统计部门每月定期发布的每百元主营业务收入成本大致上属于制造成本范畴，不包括期间费用和税收。根据工业企业成本费用抽样调查资料粗略测算，2016年我省工业企业成本费用调查样本企业的每百元主营业务收入中的总成本为97.33元，其中制造成本占87.3%，期间费用占8.4%，税收占4.3%。在每百元主营业务收入制造成本中，直接材料成本占76.4%，直接人工成本占7.4%，折旧费成本占5.2%，见表1。

表1 2016年湖北工业成本调查企业的成本构成

项目	金额/元	占比/%	项目	金额/元	占比/%
总成本	97.33		在制造成本中：		
其中：制造成本	84.94	87.3	直接材料	64.93	76.4
期间费用	8.14	8.4	直接人工	6.27	7.4
税收成本	4.24	4.3	折旧费	4.39	5.2

二、一年来湖北工业成本费用变化情况

（一）百元主营业务收入中的制造成本上升

2017年5月，我省规模以上工业企业每百元主营业务收入中的制造成本为85.75元，较去年5月开展降成本专项行动以来上升0.49元，见图1（a）。从行业看，一些中下游行业成本上涨最快。其中，电力行业百元收入成本增加5.32元，电气机械行业百元收入成本增加1.43元。

（二）百元主营业务收入中的费用下降

2017年5月，我省每百元主营业务收入中的三项费用（销售费用、管理费用、财务费用）

为 7.37 元，较上年 5 月开展降成本专项行动以来下降 0.47 元。其中，财务费用下降 0.14 元，见图 1（b）。

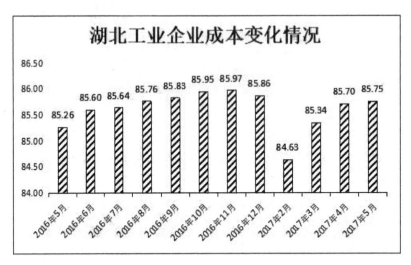

（a）

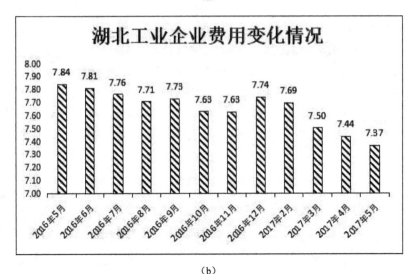

（b）

图 1　湖北工业企业成本和费用变化情况

（三）材料成本持续上升

受原材料价格上涨的影响，制造成本中的材料成本上升较快。今年 1—5 月，我省工业品购进价格指数为 109.2，其中燃料动力类、黑色金属材料类、有色金属材料类、纺织原料类购进价格指数分别达到 121.9、125.3、116.9 和 108.7。初步测算，1—5 月，我省工业企业每百元主营业务收入中材料成本为 65.8 元，同比上涨 0.75 元。

（四）融资成本有所下降

1—5 月，我省规模以上工业企业利息支出总额 133.84 亿元，同比下降 1.7%。每百元主营业务收入中的利息支出为 0.72 元，同比减少 0.12 元。工业企业融资成本下降的原因较多，有利率下降的原因，也受企业融资规模变化的影响。

（五）人工成本持续上涨

根据工业企业成本费用抽样调查结果测算，2016 年我省工业成本调查企业的每百元主营业务收入中的直接人工成本为 6.27 元，比 2015 年上升 0.24 元。今年上半年，虽然养老保险、失业保险缴费比率有所降低，但由于各地上调了缴费基数，最低工资标准也有所上调，工业人均工资仍然上涨 5.4%。

三、湖北工业成本费用与全国对比

与全国相比，我省工业企业主营业务成本上涨幅度偏高，主营业务费用偏低，降幅快于全国平均水平。

（一）主营业务成本上升幅度高于全国，近期差距缩小

我省工业企业百元主营业务收入成本从去年 10 月开始超过全国，如图 2 所示，去年年底我省单位成本比全国高 0.34 元，5 月这一差距缩小到 0.13 元。2017 年 5 月，我省每百元主营业务收入成本为 85.75 元，比 2016 年同期上涨 0.49 元；全国百元主营业务收入成本为 85.62 元，比 2016 年同期下降 0.11 元。我省单位成本低于山西、江西、河南三省，居中部第 4 位，上涨幅度居中部首位。

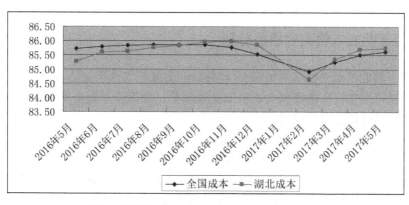

图 2　湖北与全国百元主营业务收入成本对比

（二）三项费用降幅大于全国，中部领先

上年 5 月，我省百元主营业务收入中的三项费用为 7.84 元，比全国平均水平高 0.18 元，近一年的降成本专项行动在降低企业费用方面成效最为明显。今年 5 月，我省工业企业每百元主营业务收入中的费用为 7.37 元，比上年 5 月下降 0.47 元；全国为 7.32 元，比上年 5 月下降 0.34 元（见表 2），我省降幅比全国多 0.13 元，居全国第 16 位，居中部第 2 位。目前，我省百元主营业务收入中的三项费用水平居全国第 21 位，居中部第 4 位。

表 2　2016 年、2017 年 5 月中部六省百元主营业务收入中的三项费用对比

地区	百元主营业务收入中的三项费用		
	2017 年 5 月	2016 年 5 月	增减变化
全国	7.32	7.66	−0.34
安徽	12.44	13.60	−1.16

地区	百元主营业务收入中的三项费用		
	2017 年 5 月	2016 年 5 月	增减变化
山西	6.76	6.96	−0.20
江西	4.57	4.72	−0.15
河南	5.04	5.20	−0.16
湖北	7.37	7.84	−0.47
湖南	8.29	8.48	−0.19

（三）超半数行业成本高于全国，"三高"行业涨幅最大

2017 年 5 月，全省 41 个行业大类中，有 23 个行业每百元主营业务收入中的成本高于全国，占比达 56.1%。主营业务收入成本涨幅最大的行业主要集中在一些耗能高、耗材高、人力消耗高的"三高"行业。高能耗行业中，黑色金属冶炼和压延工业每百元主营业务收入成本比全国多涨 1.99 元。耗材高的行业中，金属制品行业成本比全国多涨 0.53 元，电气机械行业成本比全国多涨 1.09 元。劳动密集行业中，服装业成本比全国多涨 1.04 元，计算机通信电子设备制造业成本比全国多涨 0.61 元。

四、湖北工业成本偏高的原因分析

近一年来，湖北工业企业主营业务成本由低于全国平均水平变为高于全国平均水平，主要是由我省原材料购进价格涨幅偏大、折旧提取加快、物流费用偏高等原因造成的。

（一）原材料价格上涨是关键

在工业企业中，原材料成本是生产成本的主要组成部分。一年多以来，在工业品价格上涨的带动下，我省工业企业经营效益有所改善，利润稳中有升。但企业成本却由于原材料、燃料价格的过快上涨而持续上升。2017 年 5 月，我省工业生产者购进价格指数为 109.2，比全国高 0.2 个百分点；工业生产者出厂价格指数为 105.7，比全国低 1.1 个百分点。据测算，如果剔除价格因素影响，全国 5 月工业企业主营业务收入成本比上年同期只下降了 0.02 元，而我省下降了 0.45 元。一些下游行业受原材料价格上涨影响较大，如电力生产行业每百元主营业务收入成本达到 84.50 元，同比上涨 5.32 元，电气机械和器材制造业上涨 1.43 元。

（二）折旧加快抬升了制造成本

为鼓励企业扩大投资，促进传统产业改造升级，增强经济发展后劲，国家出台了《关于进一步完善固定资产加速折旧企业所得税政策的通知》，允许工业企业缩短折旧年限或采取加速折旧的方法，将新购进的研发和生产经营共用的仪器、设备价值计入成本并在所得税前扣除。据 2016 年工业企业成本费用调查，我省 2016 年工业企业制造成本中，折旧费占比为 5.2%，比全国平均水平高 0.7 个百分点。这一政策执行下来，虽在短期内抬高了湖北工业成本，但从长期来看是有利于湖北产业发展的。

（三）物流费用偏高的影响不容忽视

近一年来，我省货运周转量增长一直快于全国。今年上半年，我省公路货运周转量同比增长 9.9%，比全国增速快 0.5 个百分点。一年来，虽然我省针对公路货物运输实施了一系列

优惠措施，但2016年9月21日开始实施的《关于进一步做好货车非法改装和超限超载治理工作的意见》，对货车改装和超限超载实行严格限制，部分抵消了高速公路收费优惠政策给企业带来的实惠。从近期开展的成本费用调查情况来看，物流成本与上年基本持平。

五、进一步降低工业企业成本的对策建议

工业企业成本构成十分复杂，从当前的情况看，湖北工业成本上升的最重要原因在于受产业结构的影响，我省工业原材料价格涨幅高于全国，产品出厂价格低于全国。因此，降成本首先应从降低材料成本入手，通过结构调整、技术和产品升级、内部挖潜、政府扶持等方面综合施策，企业端和政府端共同发力。具体来看：

（一）综合施策降低材料成本

一是要加快推进产业结构调整，大力发展高技术产业，促进产品升级换代。二是要加快推进"万企万亿技改工程"，通过改进生产技术工艺，减少原材料消耗。三是要积极探索由政府牵头，以行业协会、企业联盟为核心的集中采购、联合采购和第三方采购等模式，通过集中规模化采购来增强议价能力。四是引导企业通过期货市场采购大宗原材料、燃料，规避价格上涨带来的风险。

（二）深入推进"机器换人行动"

由于生活成本的上涨，今后一段时期内平均工资水平刚性上涨的趋势仍将延续。因此，降低人工成本的着力点应从降低社保费率等方面转向"机器换人"方面，鼓励企业加大技改投入，引进自动化生产线，加大工业机器人使用力度，减少用工量。

（三）鼓励企业内部挖潜降本

加强管理、内部挖潜是实体企业降本增效的根本之道。要大力推广现代企业管理制度，鼓励企业创新管理模式和方法，帮助企业进一步细化目标管理，完善薪酬制度，优化工艺流程，不断降耗降本，开源节流，提升效益。

（四）进一步加大政府减税让利力度

一是要深入推进降成本专项行动，完善降成本政策。重点是要进一步降低企业税负，减少政府性收费，扩大直供电范围，降低高等级公路收费标准。二是要狠抓政策落实。各部门要根据降成本专项行动方案规定的优惠政策内容，制订实施细则，简化办事流程，确保符合条件的企业都能享受各项优惠政策。要加大政策执行情况的检查，了解政策执行中出现的问题，及时化解政策执行难的矛盾。三是要加大政策宣传力度。通过媒体宣传、送政策下企业等活动扩大政策的知晓度。

50 2018年1-2月全省经济形势简析

宋雪 王道

（2018年3月发布；本文获省委书记蒋超良签批）

2018年1-2月，全省经济平稳开局，态势较好，但影响经济运行的因素依然复杂，不确定性仍然存在。加之，经济高质量发展要求高，转型升级任务重，全省上下仍需增强忧患意识，坚持问题导向，不懈怠、不松劲。

一、从经济运行的角度看，全省经济开局总体平稳，结构继续改善，消费显旺，工业经济好于同期，好于预期

（一）开局平稳

从主要指标看，1-2月，全省规模以上工业增加值、固定资产投资、社会消费品零售总额分别增长8.0%、10.8%、11.7%，处于合理区间。在全国的位次保持稳定，工业、投资分别居于全国第15位、第12位，与上年同期基本持平。财政总收入、一般公共预算收入、出口分别增长20.1%、18.0%、27.3%，同比分别加快5.4个、5.6个、16.6个百分点。先行指标中工业用电量、货运量分别增长8.7%、10.3%，同比分别加快3.9个、1.6个百分点。5年来，实体经济运行在1-2月首现较好态势。

（二）结构继续改善

从工业看，装备制造业增长9.2%，占比31.6%，同比提高1.4个百分点。高技术制造业增长10.7%，同比加快2.3个百分点。从投资看，民间投资增速回升。全省民间投资增长9.5%，同比加快1.4个百分点。改建和技术改造投资增长63.2%，同比加快25.6个百分点，占全省投资比重为10.2%，同比提高2.6个百分点。其中，工业技改投资增长126.0%，较上年全年提高64.9个百分点。

（三）工业生产好于同期、好于预期

1-2月，全省规模以上工业增加值增速同比加快0.8个百分点，比上年全年加快0.6个百分点，扭转了2013年以来每年1-2月规模以上工业增速低于上年全年的趋势。主要是靠烟草、电力、电子三大行业拉动。三大行业对全省工业的贡献率合计达35.8%。其中烟草行业贡献尤为突出，增加值同比增长29.9%，增速比上年全年加快25.1个百分点，对全省工业增长的贡献率为15.4%。受水电影响，电力行业增长13.5%，增速比上年全年加快8.6个百分点，对全省工业增长的贡献率为13.9%。

二、从国民经济核算的角度看，产业发展出现新情况，三产短板突出，一季度经济增长预期并不乐观

（1）从国民经济核算角度看，一季度第三产业可能成为短板，预警预测情况并不理想。

根据 1－2 月现有基础数据和部分预警数，我们对今年一季度宏观经济走势进行了初步测算和分析。从测算结果看，今年一季度预警数低于上年同期预警数。

（2）尽管第二产业受规模以上工业增速回升的影响，预计增速比上年同期略有提升，但第三产业预计增速出现较大幅度的降低，主要原因是金融业、房地产业、非营利性服务业等重点行业增速下滑明显。一是金融业。1－2 月，人民币存贷款余额增速 11.2%，同比下滑 2.7 个百分点；保费收入受政策性因素影响，增速－8.8%，同比下降 43 个百分点左右；股票交易额增长 9.9%，同比提高 1.1 个百分点。预计一季度金融业增长 5.6%，同比下降 5.3 个百分点。二是房地产业。1－2 月商品房销售面积增长 11.6%，较上年一季度下降 8.5 个百分点，房地产从业人员和劳动报酬增速也出现不同程度的下滑。三是非营利性服务业。1－2 月财政八项支出增长 4.8%，较上年一季度下降 20.7 个百分点。四是其他营利性服务业和交通运输业。从 1－2 月情况看，预计一季度其他营利性服务业和交通运输业增速也可能出现不同程度的下降。

（3）上述分析说明：由于我省第二产业和第三产业占比大，无论哪一方面出现明显短板或弱项都会对经济发展产生负面影响，即使其中占比较小的行业，如果出现大数量级的下滑，也会累积产生"蝴蝶效应"，类似"偏科"影响，所以要形成合力，促进各产业各行业协调发展。不能因为工业有 8% 的增长就对经济增长结果盲目乐观。

三、从上半年和全年发展趋势的角度看，宏观环境可望好于往年，湖北经济发展大有可为，但影响因素依然复杂，诸多不确定性仍然存在，全球化背景下经济形势演变难料，全省上下仍需全力以赴，不可懈怠

（1）从宏观经济环境上看，自 2008 年金融危机以来，世界经济已经历了十年调整期，有望出现更加积极的趋势，世界经济对我国进出口可能带来了向好变化。1－2 月经济外向度较高的东部省份工业增长较快可能是一积极信号。例如，浙江 9.8%（上年同期 7.2%）、江苏 8.3%（上年同期 6.7%）、上海 11.8%（上年同期 3.4%）、广东 7.5%（上年同期 6.6%）。国内经济运行好于预期，各项主要经济指标增长加快。1－2 月，全国规模以上工业增加值、社会消费品零售总额增速同比分别加快 0.9 个、0.2 个百分点。固定资产投资增速比上年全年加快 0.7 个百分点。但由于多种原因，各地区分化加大。例如陕西、上海等 4 个省市的工业为两位数增长，而重庆、山东等 6 个省市的增速低于 5%。贵州、云南等 14 个省市的投资为两位数增长，而宁夏、山西等 6 个省市为负增长。

（2）从我省情况看，影响工业增长的主要因素可能难以持续。全省工业经济增长虽然出现回升，但拉动力最强的烟草、汽车、电力行业后期都存在较大的不确定性。湖北中烟受生产计划影响较大，如果后期生产计划减少，其产值增速可能会出现较大回落。东风本田 SUV 因质量问题召回的影响，目前尚未显现，预计下半年相关影响会逐步显现。电力行业随着气温回升、用电负荷减少、来水影响，无论是发电量还是用电量，上半年都可能出现回落。受这些重点行业企业的影响，全省工业经济后期仍面临较大压力。

（3）从部分指标看，一些问题需要关注。一是产销率下降。1－2 月全省工业品产销率为 97.7%，同比下降 1 个百分点。产销下降有可能带来后期库存增加，拖累工业生产。二是价格回落。1－2 月，全省居民消费价格、工业生产者出厂价格、工业生产者购进价格涨幅同比分别回落 0.3 个、0.9 个、4.3 个百分点。价格回落对有所回暖的供需关系可能产生抑制作用。三是

企业数量减少。1—2月，全省共新增进规企业578家，比上年同期减少186家。目前，全省规模以上工业企业数为15060家，比上年净减少1600家。

根据以上分析，为确保全年经济发展目标的全面实现，必须坚定不移地以习近平新时代中国特色社会主义经济思想为指导，贯彻落实好中央、全省经济工作会议的精神，落实好政府工作报告中的具体措施，紧紧围绕高质量发展要求，以产业发展为重点，在精准扶贫、乡村振兴、长江经济带绿色发展、创新驱动、新产业新动能培育等方面取得突破，形成湖北特色。这是根本之举，治本之策。

对经济运行调度，我们提出如下建议。

一是稳定工业生产。针对烟草、汽车、电力等后期不确定性较大的重点行业，做好监测预警和预判预控，及时发现苗头性问题，增强经济运行调度的预见性和精准性。

二是力补三产短板。三产快则经济发展快，尤其是在三产占比提高的情况下，三产对经济的影响日趋增大。三产一旦成为短板，则对经济的负面影响更为明显。因此要下大力气落实省政府出台的加快服务发展意见。一方面要抓好非营利性服务业、房地产业、金融业等波动较大的行业，另一方面，交通运输、消费等指标要继续保持和扩大相对优势。各行业、各部门、各地区要协调发展，贡献力量。

三是加快项目建设。重点推进工业项目和技改项目建设，大力发展新经济。以传统产业改造升级为抓手，加大重大项目建设，加大技改投入政策扶持力度，加快淘汰落后产能，引导企业加强自主创新，加快改造升级步伐。

四是继续改善营商环境，降低企业成本。进一步拓宽企业降本增效途径，优化制造业发展环境，部门联动、精准发力，着力推动政策、资金向工业实体经济汇集，通过减费降税等措施，切实减轻企业生产、运营各项成本负担；加快推动价格传导，有效释放企业盈利空间。

五是区分情况，分类指导，精准施策。各行业、各部门、各地区情况有别，在发展不充分、不平衡表现上具有其矛盾的特殊性。因此，经济发展和运行调度要在充分掌握实情的前提下，透过现象看本质，针对症结，分门别类，精准定向施策，重点解决不充分、不平衡方面的突出问题。同时，领导机关干部要勇于自我革命，解放思想，更新观念，适应新时代要求，善于发现总结各行业、各部门、各地区好的经验和做法，尊重基层、相信基层、理解基层，尽力减轻基层负担，聚集更多正能量，形成强大发展的合力。

51 湖北 2017 年新增工业企业开办情况调查报告

陶 涛 陈院生

（《湖北统计资料》2018 年第 2 期；本文获常务副省长黄楚平签批）

营商环境是指伴随企业活动整个过程（包括从开办、营运到结束的各环节）的各种周围境况和条件的总和，是一个国家或地区经济软实力的重要体现，也是一个国家或地区提高竞争力的重要方面。实际上营商环境涉及的范围广、内容多，为了解我省营商环境现状，省统计局于 2017 年 12 月在全省范围内重点就 2017 年新增工业企业开办等情况进行了快速调查（问卷回答内容均为企业独立填报）。现将基本情况报告如下。

一、调查目的、调查内容及样本基本情况

（一）调查目的

为深入了解我省营商环境现状，倾听企业的心声，掌握第一手情况，客观反映我省营商环境存在的问题和不足，为省委、省政府大幅提升湖北营商环境，实现湖北经济高质量发展建言献策。

（二）调查内容

本次调查主要了解企业基本情况、企业开办时间、企业开办程序、开办成本，了解企业开办过程中存在的困难和问题及对改善营商环境的意见和建议（具体调查内容见附件）。

（三）调查样本基本情况

调查样本在全省 2017 年新增工业企业中抽取，本次调查回收有效调查样本 167 家。调查结果显示，167 家企业平均注册资本 5355 万元，平均实际投资总额 15997 万元，预计年均主营业务收入 8919 万元。在 167 家企业中，从企业规模上看，大型、中型、小型和微型企业分别占 1.8%、16.8%、75.4% 和 6.0%；从登记注册类型上看，国有企业、股份有限公司、私营企业、外商投资企业和其他类型企业分别占 1.8%、20.4%、63.5%、5.4% 和 9.0%；从建厂方式上看，自建厂房与租赁厂房分别占 72.5% 和 27.5%（见表 1）。

表 1 调查样本基本情况表

分 组	企业数/家	占比/%
1. 调查样本数	167	
2. 企业规模		
大型	3	1.8
中型	28	16.8
小型	126	75.4
微型	10	6.0

分 组	企业数/家	占比/%
3. 登记注册类型		
国有企业	3	1.8
股份有限公司	34	20.4
私营企业	106	63.5
外商投资	9	5.4
其他	15	9.0
4. 建厂方式		
自建厂房	121	72.5
租赁厂房	46	27.5

从样本分布看，167家企业分布在除天门、神农架林区以外的15个市州、直管市（见表2）。

表2　调查样本市州分布情况统计表

分 组	企业数/家
全省	167
武汉市	14
黄石市	14
十堰市	12
宜昌市	7
襄阳市	12
鄂州市	13
荆门市	17
孝感市	6
荆州市	12
黄冈市	14
咸宁市	15
随州市	10
恩施自治州	5
仙桃市	8
潜江市	8

二、工业企业开办情况

（一）企业开办时间

调查显示，167家企业从落地签约到建成投产所耗费的总时间平均约14.4个月。其中，自建厂房的企业平均耗时 17.5 个月，租赁厂房的企业平均耗时 6.5 个月。平均耗时 1 年以内的企业 95 家，占 56.9%，平均耗时 2 年以上的企业 26 家，占 15.6%（见表3）。

表3　开办企业耗时情况表

分　组	耗时/月	企业数/家
1．企业项目从落地签约到建成投产的平均耗时	14.4	167
其中：自建厂房	17.5	121
租赁厂房	6.5	46
2．开办耗时区间分布		
1～3 个月		23
4～6 个月		22
7～12 个月		50
13～18 个月		26
19～24 个月		20
24 个月以上		26

调查所列出的 21 项程序中，平均办理时间在 40 天以上的有 7 项，占 33.3%，耗时最长的是获取土地和办理环评手续，分别达到 112 天和 97 天；平均办理时间在 30 天以内的手续有 9 项，占 42.9%（见表4）。

表4　企业办理单项程序平均耗时情况表

企业开办需办理的程序	平均耗时/天
获取土地	112
办理环评手续	97
从申请产品许可证到获得许可证	73
办理用地手续	54
从申请贷款到贷款发放	49
办理安评手续	48
办理消防手续	46
办理规划手续	38
从申请用电到接入电网	38
财政补贴申报手续	38
办理竣工备案手续	32
从提交用气申请到正式施工	32
办理能评手续	28
办理立项手续	26
办理招投标手续	26
办理施工图审查手续	26

续表

企业开办需办理的程序	平均耗时/天
办理水保手续	22
从提交用水申请到正式施工	21
办理退税手续	16
当年办理纳税	13
从货物申报通关到海关结关放行	9

（二）企业开办程序

据调查，平均一个企业从启动到正式投产需要到政府部门办理的程序为18.4个，共需办理35.8次。其中，办理程序和次数最多的是国土部门和水、电、气管理部门，分别有2.7个和2.5个程序，分别办理6次和4.2次，到银行、住建、规划及税务部门办理的程序都在2个以上，办理次数都在2次以上（见表5）。

表5　开办程序情况表

分　组	需办理的程序/个	需办理的次数/次
1. 新开办的企业从启动到正式运营	18.4	35.8
2. 分部门情况		
国土部门	2.7	6.0
水、电、气管理部门	2.5	4.2
银行	2.3	4.7
住建部门	2.1	7.5
规划部门	2.1	4.5
税务部门	2.1	3.0
安监部门	1.9	3.3
工商部门	1.9	2.7
环保部门	1.8	3.6
消防部门	1.6	3.0
发改部门	1.4	2.2
质检部门	1.4	2.5
公安部门	1.3	2.2
海关部门	1.3	1.8
水务部门	1.1	1.9

（三）企业开办成本

据调查，平均每家企业从开办到投产的实际总费用支出为58.6万元。其中，国土部门和电力部门费用成本相对较高，分别达25.37万元和10.35万元；办理环保、住建部门手续成本费用（包括第三方服务费）相对较高，分别达 4.95 万元和4.09 万元（见表6）。

表 6　开办成本情况表

涉及部门	国家规定的部门收费/元	办理手续发生的其他费用（包含第三方服务费在内的一切支出）/元
国土部门	253705	9621
电力部门	103480	
天然气公司	28080	
自来水公司	12541	
环保部门	9966	49493
规划部门	6580	19443
银行	5632	
消防部门	3567	2714
住建部门	2966	40869
税务部门	930	1470
安监部门	846	24248
质检部门	714	1122
发改部门	182	11574
工商部门	177	89
海关部门	45	32
公安部门	27	61

三、调查样本企业所反映的问题

从企业反映的问题和困难看，主要集中在开办程序、时间、政府服务质量和企业经营要素等方面。

（一）耗时长、程序多、成本高

办理程序繁多，办理时间较长。在 167 家企业中，平均每家企业办理一个程序将近 2 次，在 1 个月内办理完毕的仅有 5 家，仅占 2.9%。特别是自购地建厂房企业，集中反映在办理土地审批、环评、消防手续等方面耗时较长。如有 32 家企业认为到消防办理程序较复杂，35 家企业认为办理消防手续耗时较多。

从办理土地程序看，有 46 家企业认为到国土部门办理程序较复杂，有 39 家企业认为获取土地手续耗时较多。一些企业反映办理土地使用证、规划许可证、工程规划、开工许可证、房产证时间太长，直接影响企业环评、消防、融资等手续的办理。

从办理环评手续看，在 167 家企业中，有 53 家企业认为到环保部门办理程序较复杂，有 67 家企业认为办理环评手续耗时较多。某企业反映，企业环评从中介机构开始做环境影响报告书到最后取得排污许可证要经过 4 轮，过程烦琐复杂。但环保部门三天两头上门查处，手续不全又要处罚或不许开工；一些企业在施工建设中所产生的环保问题没有被及时提醒或被要求停止施工，等到建成以后有关部门再进行处罚，给企业造成不必要的损失，企业不堪折腾，不堪重负。

开办成本较高。在 167 家企业中，多数企业反映包括中介机构在内的第三方收费仍偏高。

（二）政务服务效能有待提升

企业反映，主管部门之间信息共享、相互配合较少，导致企业往往需拿着同一份资料往返多个部门；有的主管部门和第三方权责不清，影响企业申报进度。还反映有的部门服务意识不够强，如有的部门重罚款轻引导，增加企业负重；有的部门对政策宣传不够，对中小微企业的指导不力。

（三）开办环境不完善

一些企业反映，硬件配套滞后，影响项目开工。如有 10 家企业存在废水处理站未建成影响环评验收等；软环境不优，如有的地方保护主义盛行，阻碍企业原材料的购进。

（四）企业发展要素趋紧

突出反映在融资难、招工难。如银行授信低，流动资产贷款额度低，企业刚投产无稳定流动资金，影响企业正常生产。特别是一些租赁厂房的企业，因固定资产较少，融资更加困难，融资门槛高，成本也高。一些企业反映，招工难，人员配置不足。一线生产工人紧缺，且人员不稳定，特别是符合生产要求和技术工种人员奇缺，专业人才引进难、留下难。

四、样本企业对改善营商环境的意见和建议

（一）简化办事流程

一是简化流程。一些企业建议进一步简化政府相关手续流程，缩短周期，加快企业建成投产。实行一套申请材料，多部门共同审批模式。二是强化信息化应用，构建云审批服务平台，加强资料共享和协同应用，扩大网上业务办理范围，逐步实现全程电子化登记，减少资料报送环节，实现"马上办、网上办、一次办"。三是建议政府尽快出台市场监管负面清单，明确不需办理的事项。四是强化前期项目核定、评审条件规范，完善行业准入机制。

（二）提高政务服务质量和水平

一是要树立重商理念。在现有基础上营造一个制度化、法治化、国际化、便利化的营商环境，驰而不息，久久为功，树立一种安商、亲商、敬商、爱商的思想观念、行为习惯和文化修养。二是要抓好诚信建设。要从懂规矩、守纪律、讲诚信做起，政府率先垂范，抓好软环境建设，抓好法律法规和政策制度规章的制定，抓好安商、养商、敬商、亲商氛围的营造，抓好服务质量和服务水平的提高。三是增强服务意识。要牢固树立正确的政绩观，保持营商政策的连续性和稳定性，促进营商环境持续改善。优化政府人员服务效能，提高工作效率。加强政策宣传，积极做好指导性服务，改进服务态度，做到耐心、细心。

（三）强化政策扶持

规范供水、供电、供气等行业部门收费行为。核定第三方资质，规范第三方收费行为。放宽融资门槛，给予小微企业贷款的优惠条件。加大政府对高科技企业的财政倾斜力度，降低税费。加强劳动力供需对接，落实高素质人才引进计划及相应补贴。

52 创建特色小镇 助力乡村振兴

——马口"双弦"特色小镇建设调研报告

李 川

（《湖北统计资料》2018 年第 23 期；本文被省委《调查与研究》作为 2018 年第 5 期的封面文章全文刊登）

特色小镇因其独特的产业优势、灵活的体制机制、连接城乡的特殊区位等特点，被认为是深化供给侧改革、推进新型城镇化的新平台。在当前大力实施乡村振兴战略过程中，特色小镇将成为重要着力点。近年来，我省对特色小镇建设高度重视，出台了系列政策，加快了特色小镇的发展。近日，省统计局组织调研组赴对口联系的汉川市马口镇，对其"双弦"特色小镇建设进行调研。本文在调研基础上，对马口特色小镇建设的现状、存在的困难和问题进行了分析，并提出对策建议，供参考。

一、马口"双弦"特色小镇建设现状

（一）特色产业稳步发展

纺织与光纤光缆行业是马口镇两大支柱产业，也就是双弦特色小镇中的"双弦"。近年来，马口镇"双弦"产业保持了良好的发展势头，规模不断扩大，优势进一步显现。一是产业规模较大。在马口镇现有的 54 家规模以上工业企业中，有纺织企业 34 家，光纤光缆企业 5 家，两个行业企业数占比达 72.2%。2017 年，马口镇规模以上纺织与光纤光缆业总产值分别为 151.9 亿元、17.8 亿元，产值占比达 81.9%。目前，马口镇纺织企业纺锭规模近 200 万锭，占全省的 1/7，涤纶纱线产量占全国同类产品的 3/5。光纤光缆产值在全省行业中占比达到 12.8%，产品占中南地区 1/7 的市场份额。二是发展速度较快。2017 年，马口镇规模以上纺织业产值增长 13.2%，增速高于全省 1.3 个百分点。重点光纤光缆企业，福信电缆、楚天通讯材料有限公司产值分别增长 29.5%、30.6%，分别高于全省 9.8 个、11.0 个百分点。三是经济效益较好。2017 年，马口镇规模以上纺织企业主营业务收入增长 33.5%，利润增长 27.7%，分别高于全省 22.5 个、21.0 个百分点。名仁纺织、惠丰纺织、际华三五零九利润增幅均在 20% 以上。重点光纤光缆企业，楚天实业、福信电缆、楚天通讯材料有限公司的利润增幅明显高于全省平均水平。四是转型步伐较快。马口镇双弦产业近年来加快了兼并重组、转型升级步伐。12 家纺织龙头企业成立湖北马口汇利纱线有限公司，抱团发展。楚天实业延伸产业链，将上马光纤拉丝项目，加快发展特种光缆、出口型光缆、光通讯配套。

（二）生态环境逐步改善

近年来，马口镇大力推进生态环境治理与修复，加快了绿色发展步伐。一是加强了环保整改。将环评作为项目建设的硬性前置条件。拆除汉江流域金河段 528 口网箱，关停 2 处非法码头，关停印染企业 12 家，整改燃煤废气企业 44 家。全面禁止焚烧农作物秸秆。二是加大了生态修复。投资 40 亿元用于天屿湖生态修复治理工程，形成宜居宜游的生态休闲度假区。加强城市绿化工程，形成了金马大道、新北公路等"绿化长廊"。全面疏浚沟渠湖泊，加强山体复绿，严山村、五福村被列为省级美丽乡村试点。

（三）基础设施不断完善

一是加强规划引领。编制完成《马口"双弦"特色小镇发展规划》《马口地区城乡总体规划（2017－2030 年）》等。二是加快基础设施建设。马口城区现在已形成"大"字形便捷交通网络，实现了村村通客车，农村安全饮水全覆盖。2017 年，投资 1.44 亿元的污水处理厂 PPP 项目、投资 3596 万元的棚户区改造配套项目，均开工建设。完成 1000 万元小农水项目，改造泵站 22 座、渠道 8806 米。三是推动服务设施改善。全镇拥有保障性住房近 1600 套，建有可服务近 200 位老人的新型养老院。"网络+"已深入乡村，实现了摄像头、农村电商镇域全覆盖，后期还将推进基于三网融合的幸福新农村信息化建设，非公企业服务中心也正在筹建中。

（四）体制机制改革破题

作为全国 25 个强镇扩权试点镇之一的马口镇，近年来迈出了行政管理体制改革关键性一步：组建了六大综合管理办公室，对镇级内设机构进行了调整；对治安、交通、城管"三管合一"的综合行政执法管理进行组合，充实镇级行政管理人员，有效承接市级下放权力。

二、存在的困难和问题

我们在调研中，感受到当地干部群众建设特色小镇的愿望强烈，干劲十足，看到企业生产经营活跃，特色小镇建设稳步推进。同时，也发现在建设过程中，还存在一些困难和问题，值得关注。

（一）特色产业不强

通过走访企业，与当地干部及企业家座谈，我们了解到，马口的双弦产业虽然已有一定规模，但存在企业多而不强，规模大而不优的问题。一是处于价值链低端，产品附加值低。目前大部分纺织企业产品是低端的涤纶纱线，技术含量低，处于价值链底端。光纤光缆企业目前基本是为烽火、长飞等做代工，主要业务活动以光纤着色、套管、成缆等简单加工为主，产品附加值低。二是技术研发投入不足，发展后劲弱。大部分企业近年来没有引进和开发技术含量高的新产品，也没有这方面的规划。企业技术设备改造投入也普遍不足，即使投入了新设备，也仅停留在提高生产效率上，而没有实现产品的升级换代。

（二）发展空间不多

据反映，2010－2020 年，马口镇建设用地指标为 1800 亩，而截至目前，建设预留地指标已经用完。纺织和光电工业园用地已经饱和，新引进企业落户难、办证难。

（三）建设资金不够

据了解，按照特色小城镇的创建要求，需要加强小城镇道路、供水管网等基础设施建设，以及统筹布局建设学校、医院等公共服务设施，需要改建和新建的项目多，镇本级财力明显不足，同时，社会融资渠道狭窄，建设资金缺口较大。

（四）人才支撑不足

调研中，当地干部及企业主普遍反映人才引进难，留住人才更难。春节前后，当地发动镇村干部开展"春风行动",挨家挨户做工作,想方设法留人才,挽留外出务工人员在家门口就业,但到目前为止,仅纺织技工缺口就达 1500 人。光纤光缆行业发展需要高科技人才和大量技术工人,即使花重金也聘请不到。主要原因一是小城镇发展空间受限,二是生活服务配套设施比城市落后。虽然当地工资水平已不低,但不少年轻人仍选择到城市、到外地打工。

三、对策建议

2017 年 12 月召开的中央经济工作会议提出要"引导特色小镇健康发展"。随着乡村振兴计划的实施,应该因势利导,进一步对特色小镇健康发展加大引导和支持力度,使特色小镇成为乡村振兴的排头兵,起到引领和带动作用。

(一)进一步突出特色产业

产业发展是特色小镇建设的坚实基础,特别是马口这样的工业强镇,应进一步引导其做大做强特色产业,力争成为细分行业的"单打冠军"。一是搭建创新平台,推动产业升级。针对小镇以民营企业为主、人才资金短缺、研发力量弱的特点,加大政府引导和支持力度。利用我省科教优势,搭建高校、科研院所与特色小镇联合创新平台,建立专家库,协调引进专业创新团队,进行合作创新;发挥行业协会作用,制定特色产业创新规划,搭建公共创新服务平台,助推特色产业整体升级。二是支持龙头企业,带动产业升级。通过税收、贷款、奖补等政策,重点支持小镇龙头企业的新产品研发与技术改造,对其重点创新项目给予政策倾斜,对项目建设中的要素支撑不足、基础配套滞后等问题跟踪督办,及时解决。同时,加大特色产业链招商,重点引进产业链高端的龙头企业。力争聚集一批特色产业创新性龙头企业,带动特色产业加快升级。

(二)进一步拓宽融资渠道

马口镇所反映的公共设施建设资金短缺、融资渠道狭窄等问题,是特色小镇建设中普遍存在的问题。在政府给予支持的同时,更应充分挖掘市场力量,形成多元化融资渠道。一是充分发挥市场主体作用。利用小镇的要素成本相对较低的优势,进一步完善招商引资政策,引导社会资本参与小镇的基础设施建设。二是更好地发挥政府资金引导作用。用足用活现有财政金融政策,支持特色小镇符合条件的项目申请国家专项建设基金,省、市级战略性新兴产业、工业转型升级等专项资金,有效发挥政府资金的引导作用。

(三)进一步深化体制改革

进一步深化体制改革创新,激发特色小镇发展活力。一是深化管理体制改革。结合扩权强镇改革,率先推进有条件的特色小镇下放事权、扩大财权、改革人事权、保障用地等方面的改革创新,其管理职能和权限可按照县城或特大镇对待。结合"放管服"改革,进一步简化特色小镇项目审批流程,将特色小镇作为行政审批改革深化试验区。二是创新人才引进激励机制。探索建立高校、科研院所与特色小镇人才智力资源共享、定向培养技工大学生、农民大学生等机制,设立特色小镇专项创业补贴、引才奖励,定期举办特色小镇专场招聘会及培训班。

(四)进一步激发内生动力

特色小镇自身要增强内生动力,抢抓发展机遇,实现更高质量的发展。一要善谋。提前科学谋划,突出规划的前瞻性和协调性,要防止贪大、求多、图快,追求短期利益和表面形象变化。在土地利用、资金调度、项目引进上，要科学论证，统筹协调，着眼于可持续发展。二要勇创。特色小镇建设要求较高，但目前一些资源尚有限，要善于创新思路，向内挖潜。认真研究中央、省、市各项政策，用足用好政策，学习借鉴先进经验，在镇级体制创新、产业升级上，敢于先行先试。三要共享。建设中贯彻共享发展理念。通过发展特色产业，推进社会事业，促进就业与增收，改善生态与生活环境。探索通过土地或资金入股等方式，建立长期有效的开发收益分享机制，让小镇所在地更多的农民和村集体参与建设，更好地带动乡村振兴。通过成果共享，增加人民群众获得感，持续激发内生发展动力。

53 我省工业企业研发投入增速持续下降不容忽视

吴晓秦　杜云波　徐晓颖

（《湖北统计资料》2018年第58期；本文获常务副省长黄楚平签批）

研究与试验发展投入（R&D）是提升企业创新力和竞争力的重要源泉，是落实创新驱动发展战略的重要基础。国家最新反馈数据表明，我省规模以上工业企业研发经费内部支出增速持续下降，2017年仅增长5.2%，比2016年和2015年增速分别下降7个和4.3个百分点，处于中部末位，需引起高度关注。

一、工业企业研发是创新的主要源泉和经济增长的重要动力

1. 工业企业是技术创新的投入主体

研发经费投入是国际通用的反映企业自主创新能力的重要指标。从研发投入来看，工业企业是技术创新的投入主体。2017年，我省规模以上工业企业研发经费支出468.94亿元，占全社会研发经费的比重为66.9%，占各类企业研发经费支出的比重为85.6%。

2. 工业企业研发计入GDP的比重最高

为了更好地反映创新对我国经济发展的驱动作用，2016年，国家统计局开始实施研发支出核算方法改革，将能够为所有者带来经济利益的研发支出，不再作为中间消耗，而是作为固定资本形成计入GDP。我省研发支出主要在工业、科学研究和技术服务业、教育业。工业企业研发计入GDP的比重最高。以2016年为例，我省研发支出新增GDP为377.99亿元，其中工业280.93亿元，占比74.3%。

3. 加大工业企业研发投入有利于提高资本转换率

资本转换率是研发支出核算改革新增GDP占当年全省研发经费支出的比重，即研发支出计入GDP的比例。计入地区GDP的研发支出核算范围，是能够为所有者带来经济利益的研发支出，因此，企业的资本转换率比高等院校和科研机构的资本转换率要高。2011－2016年，我省资本转换率逐年上升，与工业企业研发投入占比逐年上升的趋势一致，见图1。说明工业企业研发投入越大，研发支出计入GDP的比例越高。

二、2017年我省工业企业研发投入增速处于中部末位

2017年，我省规模以上工业企业研发经费投入468.94亿元，增长5.2%，见图2。从近5年情况看，增速呈逐年下降趋势。2017年我省规模以上工业企业研发经费增速低于上年4.3个百分点，为近年最低。与中部六省相比，2017年我省规模以上工业企业研发经费投入总量首次从第一位退至第二位，比第一位河南少3.31亿元，比第三位湖南多7.17亿元，领先优势明显减弱；同时，研发经费投入增速落至中部最后，低于江西18.1个百分点，低于安徽12.4个百分点，低

于湖南 12.3 个百分点，低于河南 10.1 个百分点，低于山西 9.7 个百分点。

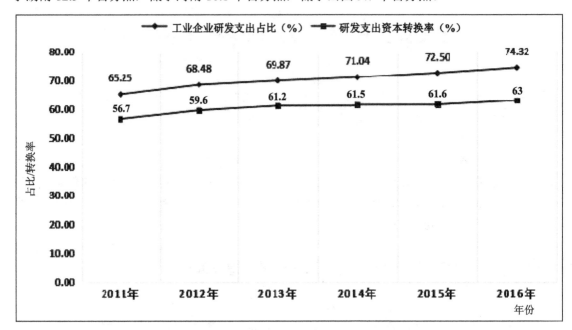

图 1 工业企业研发占比与资本转换率变化趋势

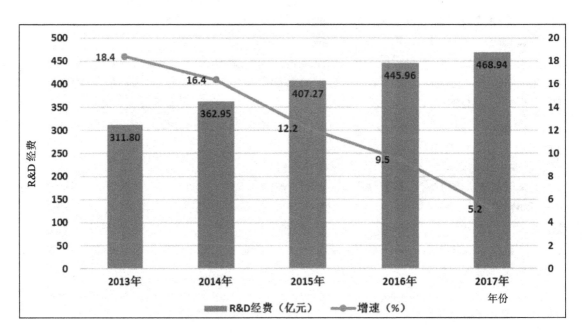

图 2 2013－2017 年我省规模以上工业企业研发投入情况

大型企业、传统支柱行业和重点地区投入持续递减是主要原因。

1. 大型企业支撑作用减弱

2016 年和 2017 年，全省大型企业研发经费支出分别为 241.3 亿元和 238.72 亿元，分别下降 4.1% 和 1.1%。2017 年，大型企业研发经费占规模以上工业企业研发经费的比重为 50.9%，比 2015 年下降 10.9 个百分点。

2．传统支柱行业研发经费投入减缓

2017 年，我省化学原料和化学制品制造业、有色金属冶炼和压延加工业研发经费支出分别下降 23.7% 和 33.1%，合计净减少研发经费支出 19.1 亿元，直接拉低全省规模以上工业企业研发经费支出增速 4.3 个百分点。

3．重点地区研发经费投入下降明显

2017 年，襄阳市规模以上工业研发经费投入 76.4 亿元，与 2016 年基本持平；宜昌市规模以上工业研发经费投入 47.1 亿元，较 2016 年净减少 32.9 亿元，下降 41.1%。"两副"占全省规模以上工业企业研发经费支出的比重由 2016 年的 35.11% 降至 26.34%。

三、加大工业企业研发投入刻不容缓

1．规划引领

要完善全省研发投入的具体规划，明确目标任务、重点工作和保障措施，引领指导全省创新发展战略的深入实施。如江西省政府办公厅印发了《江西省加大全社会研发投入攻坚行动方案》（赣府厅发〔2016〕85 号），鼓励加大全社会研发经费投入，强化企业技术创新主体地位，提升创新供给能力，值得学习借鉴。

2．政策激励

近年来，我省出台了一系列激励科技创新的政策制度，如《湖北省科技创新"十三五"规划》《湖北省激励企业开展研究开发活动暂行办法》（鄂政办发〔2017〕6 号）以及 10 项具体实施细则等，为湖北创新驱动发展提供了基本遵循。要加大相关政策落实的协调督办力度，充分调动企业加大研发投入的积极性。

3．落实责任

进一步明确相关部门的工作职责，加强对企业研发的政策解读和操作指引，加大对企业研发的指导培训、动态监测、跟踪服务和督导检查等，形成合力，确保工作落实。

54 关于确定 20 个左右县（市、区）建设成为新增长点的初步思考

王 道

（《湖北统计资料》2018 年第 56 期；本文获省委书记蒋超良、省长王晓东、常务副省长黄楚平批示）

2017 年 6 月，省委书记蒋超良在省第十一次党代会报告中明确指出"适应经济转型升级的变化和要求，全要素、全产业链、全地域谋划、布局和发展县域经济，支持 20 个左右发展后劲足、承载能力强的县（市、区）建设成为新的增长点"。确定 20 个左右县（市、区）名单是一项基础性工作，我们就这一问题进行了初步思考，供决策参考。

一、考量依据

（一）选定范围

以鄂办发〔2016〕60 号文件中确定的参加县域经济考核的 80 个县（市、区）为对象，在量化分析的基础上，结合各地经济发展的实际以及区域发展的需要，确定 20 个左右县（市、区）的名单。

（二）选择指标

根据省第十一次党代会精神，参照县域经济考核的有关方法和指标，从经济总量、发展后劲、承载能力 3 个大方面，选取 9 个有代表性的指标并确定权重，进行综合评价，见表 1。

表 1 量化评价指标及权重

指标	经济总量（30）		发展后劲（40）			承载能力（30）			
	GDP	人均 GDP	固定资产投资总额（不含农户）	"四上"单位数	科技创新综合指数	空气质量改善指数	地表水质量改善指数	万元 GDP 能耗降低率	单位 GDP 地耗降低率
权重	15	15	15	15	10	7.5	7.5	7.5	7.5

1. 经济总量

经济总量体现了目前的发展规模和实力，也是未来发展的基础。从本质上讲，经济总量也代表着发展后劲。选取 GDP 和人均 GDP 两项指标，从总体和人均角度反映经济规模和实力，并用三年的平均数来计算。

2. 发展后劲

发展后劲代表未来发展的潜力，选取固定资产投资总额、"四上"单位数以及科技创新综

合指数三项指标，从投资规模、市场主体和创新能力三个维度量化发展后劲，其中固定资产投资总额、"四上"单位数用三年平均数。

3. 承载能力

承载能力主要指的是生态系统所能承受的人类经济与社会发展的限度，我们这里重点考察环境和资源的承载能力，采用县域经济考核中的空气质量改善指数、地表水质量改善指数、万元 GDP 能耗降低率和单位 GDP 地耗降低率等四项指标。

（三）确定权重

总权重为 100，其中经济总量、发展后劲、承载能力权重分别为 30、40 和 30，并根据各个指标的重要性和代表性确定相应权重，见表 1。

二、评价结果

根据选取的指标和权重，我们计算得到 80 个县（市、区）综合评价排名（详见附件 1）。结合我省"一主两副多极"发展战略的布局和实施情况，兼顾空间布局和产业分布的协调性，同时综合考虑近几年县域经济考核的结果，我们提出以下参考方案

方案 1：考虑市辖区，兼顾均衡。

武汉市（江夏区、蔡甸区、黄陂区、新洲区），黄石市（大冶市），十堰市（丹江口市），宜昌市（宜都市、夷陵区、当阳市），襄阳市（襄州区、枣阳市），鄂州市（鄂城区），荆门市（东宝区、京山市），孝感市（孝南区），荆州市（公安县），黄冈市（麻城市），咸宁市（赤壁市），随州市（曾都区），恩施土家族苗族自治州（恩施市），仙桃市，潜江市，天门市。

2017 年，以上 23 个县（市、区）经济总量占县域经济总量的 51.0%，全省的 30.8%。每增长 1 个百分点，可拉动全省经济增长 0.31 个百分点。

方案 2：不考虑市辖区，兼顾均衡。

黄石市（大冶市），十堰市（丹江口市），宜昌市（宜都市、当阳市、枝江市），襄阳市（枣阳市、谷城县、宜城市），荆门市（京山市、钟祥市），孝感市（汉川市、应城市），荆州市（公安县、松滋市），黄冈市（麻城市、武穴市），咸宁市（赤壁市），恩施土家族苗族自治州（恩施市），仙桃市，潜江市，天门市。

2017 年，以上 21 个县（市、区）经济总量占县域经济总量的 40.1%，全省的 24.2%。每增长 1 个百分点，可拉动全省经济增长 0.24 个百分点。

方案 3：综合考虑方案 1 和方案 2，适度均衡。

武汉市（江夏区、蔡甸区、黄陂区、新洲区），黄石市（大冶市），宜昌市（宜都市、夷陵区、当阳市、枝江市），襄阳市（襄州区、枣阳市、谷城县），鄂州市（鄂城区），荆门市（东宝区、京山市、钟祥市），孝感市（汉川市），荆州市（松滋市），黄冈市（麻城市），咸宁市（赤壁市），随州市（曾都区），仙桃市，潜江市，天门市。

2017 年，以上 24 个县（市、区）经济总量占县域经济总量的 55.8%，全省的 33.7%。每增长 1 个百分点，可拉动全省经济增长 0.34 个百分点。

综合考量，我们倾向选择方案 3。这 24 个县（市、区）既有一定的经济规模，同时发展后劲、承载能力也比较强，有望打造成我省县域经济发展新的增长点。

三、几点建议

从当前我省县域经济发展情况看，无论是与先进省份相比，还是与中部地区相比，都存在明显不足。特别是2017年县域经济增长放缓，增速低于上年和全省平均水平。打造20个左右县域经济新的增长点，是贯彻落实省第十一次党代会有关精神的要求，也是加快我省县域经济发展的重要途径。为此，我们建议：

1．确定名单

省第十一次党代会对深化我省区域协调发展做出了总体部署，目前应尽快确定我省20个左右县（市、区）增长点的名单，尽快推动区域发展战略的深入实施，加快形成中心带动、多极发展、协同并进的局面。

2．出台政策

在认真研究有关县（市、区）的资源禀赋、产业优势和区位特点的基础上，因地制宜，出台实用管用的配套政策，对这些地方从土地、项目、资金等方面给予重点引导和扶持。

3．健全机制

一是建立动态调整机制。以3年为一个周期，根据县域经济发展的情况适当调整名单，不断培育壮大新的增长点。二是建立奖惩机制。加强对这20个左右县（市、区）发展情况的监测，通过建立奖惩机制充分调动地方积极性。三是建立责任机制。明确具体的部门和地方责任，加强督办指导，确保工作落到实处、取得实效。

附件1　80个县（市、区）综合评价排名

综合排名	县（市、区）	所属市（州）	综合排名	县（市、区）	所属市（州）
1	江夏区	武汉市	17	鄂城区	鄂州市
2	宜都市	宜昌市	18	赤壁市	咸宁市
3	大冶市	黄石市	19	京山市	荆门市
4	蔡甸区	武汉市	20	钟祥市	荆门市
5	襄州区	襄阳市	21	谷城县	襄阳市
6	夷陵区	宜昌市	22	天门市	天门市
7	潜江市	潜江市	23	孝南区	孝感市
8	枣阳市	襄阳市	24	咸安区	咸宁市
9	仙桃市	仙桃市	25	宜城市	襄阳市
10	当阳市	宜昌市	26	汉川市	孝感市
11	黄陂区	武汉市	27	麻城市	黄冈市
12	枝江市	宜昌市	28	老河口市	襄阳市
13	东宝区	荆门市	29	华容区	鄂州市
14	曾都区	随州市	30	南漳县	襄阳市
15	新洲区	武汉市	31	武穴市	黄冈市
16	远安县	宜昌市	32	汉南区	武汉市

综合排名	县（市、区）	所属市（州）	综合排名	县（市、区）	所属市（州）
33	应城市	孝感市	57	嘉鱼县	咸宁市
34	广水市	随州市	58	通山县	咸宁市
35	保康县	襄阳市	59	阳新县	黄石市
36	安陆市	孝感市	60	崇阳县	咸宁市
37	随县	随州市	61	五峰县	宜昌市
38	兴山县	宜昌市	62	竹溪县	十堰市
39	丹江口市	十堰市	63	石首市	荆州市
40	云梦县	孝感市	64	团风县	黄冈市
41	浠水县	黄冈市	65	房县	十堰市
42	黄州区	黄冈市	66	竹山县	十堰市
43	恩施市	恩施土家族苗族自治州	67	利川市	恩施土家族苗族自治州
44	秭归县	宜昌市	68	建始县	恩施土家族苗族自治州
45	蕲春县	黄冈市	69	巴东县	恩施土家族苗族自治州
46	公安县	荆州市	70	大悟县	孝感市
47	沙洋县	荆门市	71	监利县	荆州市
48	通城县	咸宁市	72	英山县	黄冈市
49	罗田县	黄冈市	73	洪湖市	荆州市
50	荆州区	荆州市	74	郧西县	十堰市
51	松滋市	荆州市	75	咸丰县	恩施土家族苗族自治州
52	孝昌县	孝感市	76	红安县	黄冈市
53	黄梅县	黄冈市	77	宣恩县	恩施土家族苗族自治州
54	长阳县	宜昌市	78	来凤县	恩施土家族苗族自治州
55	郧阳区	十堰市	79	鹤峰县	恩施土家族苗族自治州
56	梁子湖区	鄂州市	80	江陵县	荆州市

附件 2　指标解释及数据来源

GDP：是指一个国家（或地区）所有常住单位在一定时期内生产的全部最终产品和服务价值的总和，是衡量地区经济发展程度的重要指标。评价体系中采用统计部门公布的 2015 年、2016 年和 2017 年各地该项数据的算术平均数。

人均 GDP：将一个国家（或地区）核算期内（通常是一年）实现的国内生产总值与这个国家（或地区）的常住人口（或户籍人口）相比进行计算，可得到人均 GDP。评价体系中采用 2015 年、2016 年和 2017 年各地该项数据的算术平均数。

固定资产投资总额（不含农户）：是指以货币形式表现的在一定时期内建造和购置固定资产的工作量以及与此有关的费用的总称。评价体系中采用统计部门公布的 2015 年、2016 年和 2017 年各地该项数据的算术平均数。

"四上"单位数：是指规模以上工业、限额以上批零住餐业、规模以上服务业、具有资质的建筑业以及房地产业市场主体个数。评价体系中采用统计部门 2015 年、2016 年和 2017 年 3 年各地该项数据的算术平均数。

科技创新综合指数：是省科技厅编制的综合衡量各地区创新能力的重要指标。评价体系中采用省科技厅提供县域经济考核中用到的 2016 年数据。

空气质量改善指数：是省环保厅考核各县域环境空气中 PM_{10} 年平均浓度的指标。评价体系中采用省环保厅提供县域经济考核中用到的 2017 年数据。

地表水质量改善指数：是省环保厅根据各县域考核断面当年水质现状情况与上年变化情况，评价考核地区地表水环境质量改善情况的指标。评价体系中采用省环保厅提供县域经济考核中用到的 2017 年数据。

万元 GDP 能耗降低率：是指一定时期内一个国家（地区）每生产一个单位的国内（地区）生产总值所消耗的能源下降幅度。评价体系中采用统计部门提供县域经济考核中用到的 2017 年数据。

单位 GDP 地耗降低率：是指一定时期内一个国家（地区）每生产一个单位的国内（地区）生产总值所消耗的土地下降幅度。评价体系中采用国土部门提供县域经济考核中用到的 2017 年数据。

55 推动湖北质量变革的路径选择

宋 雪 王静敏 刘 颖 张慧源

（《湖北统计资料》2018 年第 42 期；本文获常务副省长黄楚平签批）

由高速增长阶段转向高质量发展阶段是新时代我国经济发展的基本特征。当下，湖北经济正处于建设现代化经济强省的重要窗口期，为助力湖北经济发展朝着更高质量的方向迈进，拟从结构优化、产业升级、质效提升、创新驱动、民生改善、绿色发展等六个方面选取代表性指标，构建经济增长质量效益综合评价指标体系。通过测算全省近五年经济增长质量效益综合指数，进行纵向分析，通过与全国和与江苏省进行横向比较，从而精准判断我省质量变革的进程，厘清存在的短板挑战，进而就推动湖北高质量发展的路径提出相关建议。

一、湖北质量变革的指标体系

为反映党的十八大以来湖北质量变革情况，研究分析优势和短板，推动湖北实现高质量发展，我们构建了湖北质量变革评价指标体系，包含六个方面共 21 个代表性指标，见表 1。

表 1 湖北质量变革统计评价指标体系

指标类型	代表性指标	单位	指标性质
结构优化（20%）	服务业增加值占 GDP 比重	%	正向型
	产业结构与就业结构偏离度	%	逆向型
	城乡居民收入比	以农村为 1	逆向型
产业升级（12%）	高技术制造业增加值占规模以上工业比重	%	正向型
	装备制造业增加值占规模以上工业比重	%	正向型
	人均文化及相关产业营业收入	%	正向型
	消费需求对经济增长的贡献率	%	正向型
质效提升（20%）	全社会劳动生产率	万元/人	正向型
	投资效果系数	—	正向型
	增加值率	%	正向型
	工业企业总资产贡献率	%	正向型
创新驱动（18%）	R&D 经费支出占 GDP 比例	%	正向型
	每万就业人员 R&D 人员全时当量	万人年	正向型
	万元 GDP 技术市场成交额	元	正向型
	万人发明专利拥有量	件/万人	正向型

续表

指标类型	代表性指标	单位	指标性质
民生改善 （15%）	人均可支配收入	元	正向型
	恩格尔系数	%	逆向型
	失业率	%	逆向型
绿色发展 （15%）	重点城市空气质量（AQI）优良天数比例	%	正向型
	单位 GDP 能耗降低率	%	正向型
	主要河流质量达到或好于Ⅲ类水体比例 （Ⅲ类及以上水质断面占比）	%	正向型

二、湖北质量变革趋势良好

对照指标体系，对 2013－2017 年湖北质量变革指数进行测算。测算结果显示：

（一）综合指数稳步提高

湖北质量变革综合指数从 2013 年的 62.61%提升到 2017 年的 74.03%，共提升了 11.42 个百分点，年均提升 2.85 个百分点，且每年度间提升较平稳，如图 1 所示。

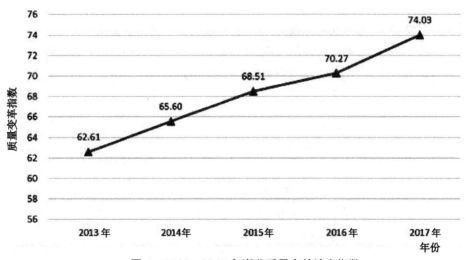

图 1　2013－2017 年湖北质量变革综合指数

综合指数的持续提升客观反映了党的十八大以来湖北认真贯彻习近平新时代中国特色社会主义思想，始终坚持"四个着力"，奋力推进湖北"建成支点、走在前列"总战略，湖北经济内在动力不断增强，经济发展质量不断提升，见表 2。

表 2　2013－2017 年湖北质量变革指数 单位：%

年份	综合指数	结构优化	产业升级	质效提升	创新驱动	民生改善	绿色发展
2013	62.61	66.20	56.84	66.17	50.07	60.62	73.66
2014	65.60	71.20	56.62	66.46	58.65	61.65	75.61

年份	综合指数	结构优化	产业升级	质效提升	创新驱动	民生改善	绿色发展
2015	68.51	73.33	57.95	63.79	67.50	67.70	78.45
2016	70.27	74.80	62.34	66.99	70.32	72.17	72.71
2017	74.03	75.91	72.24	71.69	74.15	73.04	

注：测算中，水质、消费贡献率、R&D、文化产业、就业偏离度等指标数据因年报未出，均采用预估数。

（二）绿色发展指数保持高水平

近年来，湖北大力实施"生态立省"战略，始终坚持发挥"绿水青山就是金山银山"指挥棒的引领作用。2013－2017 年，绿色发展指数一直处于 72%以上的较高水平。具体表现为：一是长江经济带水质不断提升。2016 年，全省 179 个河流断面中，水质优良符合Ⅰ～Ⅲ类标准的断面占 86.6%，比上年提高 2 个百分点。二是空气质量持续改善。2017 年，全省 17 个重点城市空气质量平均优良天数比例为 79.1%，较 2016 年提高 5.7 个百分点。三是单位 GDP 能耗不断下降。2013－2017 年，单位 GDP 能耗 5 年累计下降 24.7%。

（三）创新驱动指数大幅度提升

2013－2017 年，创新驱动指数共提升 24.08 个百分点，提升幅度在六个领域中居于首位。这得益于湖北把创新摆在全省发展的核心位置，大力实施创新驱动强省战略。主要体现在：一是科技投入持续增加。研究与发展经费投入占 GDP 比重持续提高，由 2013 年的 1.7%提高至 2017 年的 1.92%，累计提高 0.22 个百分点。二是技术市场服务能力显著增强。万元 GDP 技术市场成交额持续提高，2017 年为 291.87 元，比 2013 年提高了 131.49 元，技术合同成交额居全国各省市第 2 位。三是科技成果不断涌现。2017 年全省发明专利申请量和授权量分别达 51569 件、10880 件，分别比 2013 年提高 183.5%、168.5%。

（四）产业升级指数逐年加快

湖北大力谋划工业核心竞争力提升、服务业跨越发展、农业转型发展，产业升级指数逐渐加快，尤其在《湖北产业转型升级发展纲要（2015－2020》发布后提升迅速，2017 年产业升级指数比 2016 年提升近 10 个百分点，政策效果显现。一是高技术制造业和装备制造业加快发展。2017 年，高技术制造业增长 14.9%，高于规模以上工业增速 7.5 个百分点，占比达 8.4%，贡献率达 15.9%。装备制造业增长 12.2%，高于规模以上工业增速 4.8 个百分点，占比达到 31.7%，贡献率达到 50.8%。二是消费成为经济增长的主要拉动力。从结构看，2016 年最终消费支出占 GDP 比重为 45.5%，比 2012 年提高 1.5 个百分点；从增长动力看，消费对经济增长的贡献率从 2013 年的 38.2%稳步提高到 2016 年的 59.8%，成为经济增长的主要支撑。

（五）民生改善指数显著提升

2013－2017 年，民生改善指数提升了 12.42 个百分点，表明湖北经济发展成果较好地惠及城乡居民，人民获得感不断增强。一是居民收入快速提高。2013－2017 年，我省城乡居民收入持续较快增长，城镇、农村居民人均可支配收入年均增速分别为 9.0%、12.8%，不仅快于经济增长，并且分别比全国快 0.74 个和 0.05 个百分点。二是失业率低位运行。5 年来城镇登记失业率逐年下降，2017 年年末城镇登记失业率 2.59%，低于 4.5%的控制目标。重点群体就业保障较好。2017 年年末城镇失业人员再就业 31.37 万人，比上年增加 0.46 万人。就业困难人员实现就业 16.23 万人。

三、对比分析湖北省质量变革中存在的问题

近年来，虽然湖北经济综合实力明显提升、结构调整明显加快、发展质效明显增强，但是对照习近平总书记切实推进高质量发展、奋力谱写新时代湖北发展新篇章的重要指示，着眼湖北建设社会主义现代化强省的目标追求，对标外省市先行发达地区取得的显著成绩，仍存在较大差距。

（一）质量效益还有待大幅提升

从宏观上看，投入产出效率在下滑。2017 年，湖北全社会劳动生产率为 10.09 万元/人，低于全国（10.12 万元/人）和江苏（18.08 万元/人）。2016 年，湖北全省增加值率为 25.5%，低于江苏同期水平，且在近 5 年内呈整体下行趋势。投入产出的较低效率根源在于传统发展模式的路径依赖，增长模式粗放、发展动力不足、投资效率低下等深层次矛盾依然存在，调结构补短板、转型升级任重道远。从微观上看，企业有效供给能力不足。2016 年，湖北工业企业总资产贡献率为 13.5%，低于江苏 1.9 个百分点，且在近 5 年内呈整体下行趋势。企业盈利能力较弱的根源在于大部分工业企业处于价值分配链条的附属地位。产品结构存在着结构性短缺，一般产品、中低档产品、初级产品多，优质、高技术含量、高附加值的产品少，供需仍不能有效匹配。

（二）产业结构仍处于较低层次

一是高新产业发展不足。2017 年，湖北高技术制造业增加值占规模以上工业比重为 8.4%，分别低于全国、江苏 4.3 个、34.3 个百分点。2017 年，湖北装备制造业增加值占规模以上工业比重 31.7%，低于全国 1 个百分点。传统行业依然是湖北工业最大支撑，新兴产业不仅占比低、规模小，难以稳定基本面，而且扩散带动效应较弱，难以引领整体升级转型。二是服务业短板亟待补齐。2017 年，湖北服务业增加值占 GDP 比重为 45.2%，分别低于全国、江苏 6.4 个、5.1 个百分点。作为培育经济新增长点、提升发展质效的重要抓手，2016 年，湖北人均文化及相关产业营业收入为 3844 元，比全国少 2978 元，不足江苏的 1/4。作为经济增长和结构转型的主引擎，服务业总量不足、比重偏低、领域狭小、业态传统等短板，制约了全省市场经济完善、资源优化配置、转型升级进程。2016 年，湖北产业结构与就业结构偏离度为 52.06%，分别高于全国、江苏 13.86 个、27.56 个百分点。这其中既有人力资本低层次供给过剩与中高层次供给不足并存的结构性偏差因素，也受产业高度化进程缓慢影响。

（三）创新驱动缺"心"少"金"，转化率低

一是核心技术缺乏。2017 年，湖北万人发明专利拥有量为 6.87 件/万人，分别低于全国、江苏 2.88 件/万人、15.63 件/万人。原始创新能力较弱，掌握的核心技术不多，难以支撑大批高科技含量、高附加值的新产品开发。二是资金、人力投入不足。2016 年，湖北全社会研发投入占 GDP 比重仅为 1.9%，分别低于全国、江苏 0.2 个、0.8 个百分点。2016 年，每万就业人员 R&D 人员全时当量仅为 37.6 人·年，均低于全国（50.0 人·年）和江苏（114.3 人·年）。企业创新积极性不高，研发人员总数仅为江苏的 1/4，研发经费支出增速逐年放缓，拖累投入整体增速，科技创新人才储备不足。三是省内转化率较低。2017 年，万元 GDP 技术市场成交额持续提高到 291.87 元，技术合同成交额居于全国各省市第 2 位，但是科技进步贡献率比全国低 2 个百分点左右，仅 20%左右的科研成果在湖北落地，科教优势仍没有有效转换成发展

优势。

四、推进湖北质量变革的路径选择

面对新时代、新征程、新任务，湖北必须坚持以习近平新时代中国特色社会主义经济思想为统领，以"三个第一"科学论断为指导，凝心聚力推进质量变革，激发湖北高质量发展的新动力。

（一）精准定位，始终坚持发展是第一要务

对标湖北实际，以高质量发展为纲，切实提升经济运行质效。精准扩大有效投资，夯实高质量发展基石。不遗余力地优化融资结构，扩大直接融资，大力招商引资，积极向上争资，谋划项目聚资，不断提高投资边际效益。提升核心竞争力，着力发展高端制造业。紧跟大数据、云计算等前沿技术，推进智能化生产、网络化协同等制造模式，支持发展独角兽企业，培植隐形冠军企业，推动制造业向价值链高端延伸。补齐服务业短板，大力发展服务业。积极发展现代金融、文化创意、健康养老等产业基于互联网的服务新业态，培育中高端消费、绿色低碳、数字经济等领域新的增长点。

（二）创新引领，加快推进新旧动能转换

以创新"第一动力"助推"三量"齐头并进。做大增量，以新技术壮大新经济。充分挖掘我省科教资源，增"金"强"心"，切实加强科技创新资金投入，提升企业自主创新能力。紧跟大数据、云计算、人工智能等前沿技术，提升新技术向新兴产业转化的能力，培育共享经济、中高端消费等新的增长点，形成新动能。做优存量，以新模式推动传统产业内涵式发展。加快重大园区和企业的循环化改造，对重化工等高污染行业企业集中整治，加快绿色改造，实施清洁生产，提升传统产业可持续发展的能力。做强变量，创新发展方式推进融合发展。大力推进信息化与工业化的融合、制造业与服务业的融合，发挥融合发展的"乘数效应"。

（三）聚焦人才，倾力打造智力新高地

大力度招揽人才，多层次吸引人才。赋予创新领军人才更大的人财物支配权和技术路线决定权，完善科研人员收入分配政策，实施"技能人才振兴计划"，提高"湖北工匠"的经济待遇和社会地位，释放知识和技术"红利"。搭建发展平台，全方位用好人才。给予配套政策支持，形成"引进一个领军人才、集聚一个创新团队、创办一个高科技企业、形成一个特色产业基地、发展壮大一个新兴产业"的模式，形成人尽其才、才尽其用的生动局面。优化育人机制，精准培养人才。充分发挥我省科教资源优势，深化"荆楚卓越人才"协同育人机制，引导行业、企业和用人单位参与高校人才培养，提高人才与地方的匹配度。

（四）深化改革，持续优化营商环境

优化政务环境，构建亲清新型政商关系。深入推进"放管服"改革，全面落实"一网覆盖，一次办好"的政务服务体系，配套建设三大支撑平台，提高办事效率，提升投资信心，扮演好"服务者"的角色；优化市场环境，激发发展活力。降低准入门槛，打破各类市场主体进入市场的制度瓶颈，营造公平竞争的市场环境，激发市场活力和社会创造力。优化政策环境，保护合法产权。全面落实国家出台的政策，借鉴外省卓有成效的政策，大胆出台适宜我省发展实际的创新政策，保护知识产权，维护企业家合法权利，以政策洼地托举发展高地。

56 为什么我省工业经济稳增长面临较大压力

龙江舫 陈晓 李川

（2018年6月发布；本文获常务副省长黄楚平签批）

当前湖北工业经济与全国及中部省份相比，面临较大增长压力，这主要是由湖北工业经济本身所固有的深层次矛盾和问题决定的。

一、工业结构偏重，动能转换较难

根据经典经济学理论，经济结构对经济增长有重要影响，湖北工业经济增长压力较大首先是由长期形成的偏重产业结构造成的。

一是重工业占比较高，增长负担重。新中国成立以来，湖北作为老工业基地，党和政府在湖北布局了一大批工业项目，这些项目以钢铁、化工、重型机械、电力等重工业为主。由于历史渊源，我省工业经济结构一直偏重。近年来，虽然结构不断优化，但与全国及中部其他省份相比，我省传统重工业占比依然较高。2017年，我省重工业占比为66.4%，特别是化工行业，占比达12.3%，高于安徽（10.6%）、江西（10.3%）、河南（9.9%）、湖南（10.7%），为中部第二高。我省占比在5%以上的6个主导行业中，化工、建材、汽车和电力4个行业都属于传统重工业。长期以来重工业都是我省工业经济增长的最重要支柱，但在经济由高速发展进入高质量发展的新阶段，化工、建材等行业受制于资源环境的约束，关停并转企业增多；电力受缺煤少油及来水影响，生产不稳定；汽车产业受市场趋饱和影响，发展趋缓，重工业发展负担日益加重。江西、安徽的重工业虽然也有不同程度的放缓，但一方面，其重工业整体占比低于我省；另一方面，两省相对我省具有较大的资源优势，重工业转型升级难度小于我省，对工业经济增长的拖累相对较小。除汽车行业和电力行业外，安徽、江西两省其他一些重工行业增速大多高于我省。今年1—4月，我省化学原料和化学制品业增加值增长6.8%，低于全省规模以上工业增速0.8个百分点，低于安徽（7.9%）、江西（7.7%）、河南（8.5%）3省的同行业增速；钢铁行业增长−2.0%，低于我省规模以上工业增速9.6个百分点，低于安徽（6.0%）、江西（7.1%）、河南（−0.4%）、湖南（3.0%）4省的同行业增速。

二是新兴产业占比低，贡献力量弱。2017年，我省战新产业占比仅为10.8%，江西、安徽的战新产业占比达到15%以上。今年1—4月，我省高技术产业增速为12.8%，占比为8.1%，占比低于全国平均水平4.6个百分点，对工业经济增长的贡献率为13.1%。而安徽的高技术产业占比为9.6%，对工业经济增长的贡献率为16%。湖南高技术产业占比为10.8%，贡献率为22.4%。江西仅医药、电气、计算机三个行业占比就达到18.3%，三个行业的贡献率超过20%。

二、国企发展放慢，民企活力不足

一是国有工业占比较大，增长放缓。国有及国有控股工业企业在我省工业经济中一直占很高比重。2017 年，我省国有及国有控股工业企业资产占比达 51.2%，仅次于山西，居中部第 2 位。在经济新常态下，由于体制机制、行业布局、历史包袱等多重因素影响，我省以重化工业为主的国有企业在改革转型中出现了许多困难与问题，发展速度放缓。今年一季度，国有控股工业企业主营业务收入增长 4.1%，大大低于全省规模以上工业主营业务收入 9.6% 的增幅，增幅居中部末位，对全省工业主营业务收入增长的贡献率只有 13.7%。国有控股工业企业利润增长 17.2%，增幅同样居中部末位。

二是民营经济活力不足，效益较低。民间投资不足。2017 年，我省民间投资占比为 61.6%，低于安徽（65.9%）、江西（70.8%）、河南（78.1%）。民营企业盈利能力不强。2018 年一季度，我省规模以上工业民营企业收入利润率仅为 5.3%，低于全国 0.4 个百分点，在中部居第 4 位，低于山西（6.0%）、江西（6.8%）、河南（7.5%）。

三、工业投资放缓，内生动力不足

投资是稳增长的"定海神针"。近几年来，我省工业投资增速不断下降，工业技改投资规模偏小，影响了工业经济增速的提升。一是工业投资增速明显下降。2012 年至 2016 年全省工业固定资产投资增速呈逐年下降态势，由 2012 年的 32.3% 逐年下降至 2016 年的 7.4%，2017 年增速为 11.9%，虽有回升，但仍低于江西（14.6%）、安徽（12.7%）。二是工业技改投资规模偏小。2017 年，我省工业技改投资额为 4959 亿元，虽然增速高，但规模依然偏小，少于安徽（7353 亿元）、湖南（6130 亿元）。

四、新增企业不多，规模以上企业减少

一是新增企业较少。由于投资增长趋缓，近年我省新增工业企业数量减少。2017 年，全省共新增规模以上工业企业 1147 家，比上年减少 441 家。新增企业拉动全省产值增速 1.4 个百分点，拉动作用比上年下降 1.2 个百分点。今年前 4 个月，我省新增规模以上企业 591 家，比去年同期减少 177 家，新增企业数少于安徽（825 家）、江西（1503 家）、河南（1684 家）、湖南（910 家）。二是规模以上企业减少。由于受环保、安全整治和去产能影响，当前停产减产企业较多。2017 年，我省退规企业超过 2000 家，今年 1—4 月，我省停产企业达 429 家。一些市州出现较大面积企业停产减产，如黄冈 4 月当月停产企业 79 家，比上月增加 12 家，减产企业 380 家，比上月增加 29 家，占全市企业总数的 33%。截至今年一季度，我省规模以上工业企业数为 15054 家，较上年年末净减少 1580 家，规模以上企业数在中部排第 4 位，低于河南（21963 家）、安徽（18875 家）、湖南（15165 家）。

五、分化失衡加大，多点支撑不力

从区域发展情况看，我省各市州工业经济发展不平衡的现象较严重，影响了全省工业经济整体实力的提升。今年 1—4 月，16 个市州、直管市（不包括林区）规模以上工业增速高于上年同期的市州有 8 个，低于上年同期的有 8 个，市州之间分化较大。增加值占比超过全省一半的"一主两副"，除武汉市增速高于全省平均 0.5 个百分点外，宜昌、襄阳增速分别低于全

省 0.9 个、0.4 个百分点。一主独撑，两副"塌陷"，全省工业经济增长支撑乏力。

江西、安徽等省，地市之间工业经济发展相对均衡，特别是其工业经济强市之间，总量梯度差距小于我省，增长速度均保持较高水平，形成多点支撑。今年 1—4 月，江西规模以上工业增加值增速为 9.0%，几个工业经济大市增速均不低，其中南昌、九江、宜春、赣州增速分别为 9.2%、8.8%、9.0%、8.9%，南昌市的带动作用尤为明显。安徽省规模以上工业增加值增速为 8.4%，合肥、芜湖、蚌埠、滁州增速分别为 8.8%、7.4%、9.5%、9.0%，除芜湖明显低于全省外，其他 3 个地市均高于全省较多，拉动作用明显。

六、内陆特征明显，对外开放不够

湖北地处内陆，相比安徽紧邻长三角，江西毗邻浙江、福建，湖南接近珠三角，河南靠近京津冀，湖北接受外向型经济体的辐射不强。一是利用外资额偏小。2017 年，我省实际使用外商直接投资 109.9 亿美元，同比增长 8.5%，低于江西（114.6 亿美元，9.8%）、安徽（158.9 亿美元，7.6%）、湖南（144.7 亿美元，12.6%）。二是出口额偏小。2017 年，我省出口额 2064.1 亿元，居中部第 4 位，居全国第 16 位。今年 1—4 月，我省工业品出口交货值呈现负增长，同比下降 0.2%，而江西增长 11.9%，安徽增长 8.4%，湖南增长 8.7%。

总之，当前我省工业经济稳增长压力较大，主要是由上述我省工业经济本身所固有的深层次问题所决定的。针对这些困难和问题，我们要立足当前，谋划长远，继续保持战略定力，增强发展信心，充分发挥我省优势，在调整中转型，在创新中突破，着力推进湖北工业经济高质量发展。